Klaus Fischer

Retrograde Terminierung

Werkstattsteuerung bei komplexen Fertigungsstrukturen

Klaus Fischer

Retrograde Terminierung

Werkstattsteuerung bei komplexen Fertigungsstrukturen

DUV **DeutscherUniversitätsVerlag**
GABLER · VIEWEG · WESTDEUTSCHER VERLAG

CIP-Titelaufnahme der Deutschen Bibliothek

Fischer, Klaus:
Retrograde Terminierung : Werkstattsteuerung bei komplexen
Fertigungsstrukturen / Klaus Fischer. — Wiesbaden : Dt. Univ.-
Verl., 1990
    (DUV : Wirtschaftswissenschaft)
    Zugl.: Münster (Westfalen), Univ., Diss., 1989

D 6

Der Deutsche Universitäts-Verlag ist ein Unternehmen der Verlagsgruppe Bertelsmann.

ISBN 978-3-8244-0038-6   ISBN 978-3-322-90638-0 (eBook)
DOI 10.1007/978-3-322-90638-0

Geleitwort

Ein in Industriebetrieben zur Zeit viel diskutierter Themen-
komplex ist die Fertigungssteuerung. Gerade kleinere und
mittlere Betriebe, die nach dem Prinzip der Werkstattfertigung arbeiten, stellen fest, daß ihre jahrelang praktizierte
Handsteuerung den komplexen Beziehungen im Unternehmen und
den Kundenanforderungen nicht mehr gerecht wird. Die Suche
nach einer geeigneten EDV-Lösung unter den vielen am Markt
erhältlichen Programmpaketen zur Produktionsplanung und
-steuerung (PPS) stellt die Unternehmen jedoch vor neue
Schwierigkeiten. Zum einen wird eine spezielle Stärke dieser
Unternehmen – die Möglichkeit, Mitarbeiter im Zeitablauf an
verschiedenen Arbeitsplätzen und mit am Bedarf orientierten
Arbeitszeiten einzusetzen - in der Kapazitätsplanung dieser
Programme nicht unterstützt. Zum anderen berücksichtigen die
PPS-Systeme in der Regel nicht, daß in den Betrieben Arbeiten
für einen Auftrag häufig zeitlich parallel erfolgen können
(vernetzte Fertigung).

Die vorliegende Dissertation bietet eine Lösung für diese
Probleme an. Mit der Retrograden Terminierung wird eine neues
Verfahren zur Termin- und Kapazitätsplanung vorgestellt, das
insbesondere bei personalorientierten Kapazitäten und vernetzten Fertigungsstrukturen zu guten Steuerungsergebnissen
führt. Der Lösungsansatz wurde bereits mit gutem Erfolg bei
einem Pilot-Anwender - einem mittelständischen Maschinenbau-
Unternehmen - eingesetzt.

PROF. DR. D. ADAM

Inhalt

Abbildungsverzeichnis   XII

Tabellenverzeichnis   XIII

Verzeichnis der verwendeten Abkürzungen   XV

Verzeichnis der verwendeten Indizes,
Variablen und Parameter   XVI

1. Problemstellung   1

   11. Gegenstand und Ziel der Arbeit   1

   12. Aufbau der Arbeit   8

2. Fertigungssteuerung bei Einzel- und
Kleinserienfertigung   12

   21. Merkmale und Rahmenbedingungen der Einzel- und
Kleinserienfertigung   12

      211. Auswirkungen des Marktwandels auf
Rahmenbedingungen in Fertigung und
Konstruktion   13

         2111. Gestiegene Komplexität in
Konstruktion und Fertigung   14

         2112. Geänderte Ziele der
Fertigungssteuerung   16

      212. Rahmenbedingungen in der Finanzierung   18

      213. Rahmenbedingungen im Bereich Organisation
und Personal   22

   22. Ein mittelständisches Pilot-Unternehmen   27

   23. Anforderungen an ein Produktionsplanungsmodell
für Betriebe mit Einzel- und Kleinserienfertigung   33

      231. Formen zentraler und dezentraler
Entscheidungen   34

      232. Flexibilität der Pläne   37

      233. Abbild der Prozeßstruktur   38

      234. Personalzuordnung   38

3. Produktionsplanung für die Einzel- und
   Kleinserienfertigung 39

   31. Fragestellungen der Produktionsplanung 39

   32. Berücksichtigung von Interdependenzen in der
       Produktionsplanung 42

       321. Mängel der klassischen Ablaufplanung aus
            Sicht der Werkstattfertigung 42

       322. Mängel klassischer Ansätze der Personal-
            einsatzplanung aus Sicht der Werkstatt-
            fertigung 49

4. PPS-Systeme 56

   41. Aufbau und Eignung klassischer PPS-Systeme 56

       411. Das Stufenkonzept klassischer PPS-Systeme 57

            4111. Produktionsprogrammplanung 59

            4112. Materialwirtschaft 61

            4113. Zeitwirtschaft 62

            4114. Auftragsveranlassung und -überwachung 67

       412. Mängel klassischer PPS-Systeme in der
            Werkstattfertigung 68

            4121. Mangelhafte Berücksichtigung von
                  Interdependenzen 68

            4122. Starke Abhängigkeit von mittleren
                  Durchlaufzeiten 70

            4123. Keine Abstimmung auf Unternehmensziele 72

            4124. Keine Berücksichtigung spezieller
                  Merkmale der Einzel- und
                  Kleinserienfertigung 74

       413. Einschränkende Einsatzvoraussetzungen
            klassischer PPS-Systeme 76

   42. Bestandsregelnde PPS-Systeme 77

43. Anforderungen an künftige PPS-Systeme für die Werkstattfertigung   82

    431. Modellaufbau   82

    432. Rolle des Menschen als Entscheidungsträger   85

    433. CIM-gerechte Konzepte   89

5. Retrograde Terminierung   93

  51. Grundideen und Einsatzvoraussetzungen des Verfahrens   93

    511. Aufgaben und Ziele   93

    512. Rahmenbedingungen   95

      5121. Rahmenplanung   95

      5122. Umfassender Planungshorizont und rollierender Planungsmodus   100

      5123. Planung im Mensch-Maschine-Dialog   101

    513. Das Stufenkonzept der Retrograden Terminierung   104

    514. Prämissen der Planungsmodelle   106

  52. Grundmodell bei linearen Fertigungsprozessen und gleicher Maschinenfolge   111

    521. Erste Stufe: Wunschterminierung   112

    522. Zweite Stufe: Vorläufige, zulässige Belegung   114

      5221. Alternative Planungsvarianten   117

      5222. Altbestand und Mindestübergangszeiten   121

    523. Dritte Stufe: Anpassung der vorläufigen Belegung an die erwartete Auftragslage   129

  53. Erweiterung des Modells bei komplexen Fertigungsprozessen   133

    531. Schwierigkeiten der Planung gegen die Zeitachse   133

- X -

532. Planung mit der Zeitachse   138

    5321. Zweite Stufe: Vorläufige, zulässige Belegung mit möglichst geringen Stillstandszeiten   140

    5322. Dritte Stufe: Auflockerung des vorläufigen Belegungsplanes   145

533. Steuerungsparameter der Retrograden Terminierung   149

    5331. Zeitpunkt der Auftragsfreigabe   154

    5332. Losgröße   156

    5333. Sicherheitszuschläge gegen Störungen   157

        53331. Notwendigkeit von Sicherheitszuschlägen   157

        53332. Formen und Einsatzmöglichkeiten von Sicherheitszuschlägen   160

    5334. Liefertermine für Auftragsanfragen   165

    5335. Kapazitätsanpassungen   168

54. Die Berücksichtigung personalorientierter Kapazitäten in der Planung   177

541. Determinanten für die Höhe personalorientierter Kapazitäten   180

    5411. Anwesenheitszeit der Mitarbeiter   180

    5412. Effizienz der Mitarbeiter   181

542. Flexibler Personaleinsatz in den Steuereinheiten   183

    5421. Personaleinsatzplanung als Teil der Kapazitätsplanung in der Retrograden Terminierung   184

    5422. Personaleinsatzplanung in der zweiten Stufe der Retrograden Terminierung   187

        54221. Zuordnung der Mitarbeiter aufgrund gegebener Gesamtnachfrage   187

54222. Berücksichtigung der Dringlichkeit von Aufträgen in der Personaleinsatzplanung   192

5423. Personaleinsatzplanung in der dritten Stufe der Retrograden Terminierung   199

543. Flexible Arbeitszeiten   203

5431. Grundlegende Begriffe und tarifvertragliche Bestimmungen   203

5432. Erweiterung des Modells der Retrograden Terminierung um die Planung flexibler Arbeitszeiten   208

55. Kopplung der Retrograden Terminierung mit einem Materialwirtschaft-Baustein   216

6. Personaleinsatz- und Terminplanung mit Hilfe der Retrograden Terminierung - ein Planungsmodell für die Werkstattfertigung   219

61. Die Simulation als Planungsinstrument   219

62. Eine Simulationsstudie zur Retrograden Terminierung   225

621. System-Definition und Modellbildung   225

622. Datenaufbereitung   228

623. Programmerstellung   233

624. Planung und Auswertung des Simulationsexperimentes   242

7. Ausblick auf den Ausbau der Retrograden Terminierung zu einem umfassenden PPS-System   255

Literaturverzeichnis   261

Abbildungsverzeichnis

Seite

Abb.   1: Auftragsabwicklung im Pilot-Unternehmen (1986)   1

Abb.   2: Auswirkungen des Marktwandels auf die
Bedingungen in Fertigung und Konstruktion   18

Abb.   3: Einflußfaktoren und Ergebnisse der
Retrograden Terminierung   103

Abb.   4: Legende für Arbeitspläne   110

Abb.   5: Ablaufdiagramm der 2. Terminierungsstufe   144

Abb.   6: Prinzipieller Ablauf der
Retrograden Terminierung   153

Abb.   7: Arbeitsplan des Beispiels zur Auftragsfreigabe   155

Abb.   8: Kapazitätsplanung mit der
Retrograden Terminierung   171

Abb.   9: Beispiel einer Einteilung in drei
Dringlichkeitsklassen   193

Abb. 10: Beispiel einer Einteilung in drei
Dringlichkeitsklassen für Unternehmen
mit ständigem Terminverzug   194

Abb. 11: Rahmenarbeitsplan im Pilot-Unternehmen   230

Abb. 12: Wunschbelastungsprofil der Lackiererei (1986)   236

Abb. 13: Verlauf der Differenz zwischen kumuliertem
Kapazitätsangebot und kumulierter
Kapazitätsnachfrage bei Wunschterminierung   237

Abb. 14: Wirkung unterschiedlicher Gewichtungen der
dritten Dringlichkeitsklasse (Parameter g_3)   247

Abb. 15: Wirkung unterschiedlicher Freigabe-
Konstanten (FK) bei schneller Freigabe (FM=5)   249

Abb. 16: Wirkung unterschiedlicher Freigabe-
Konstanten (FK) bei später Freigabe (FM=1)   250

Tabellenverzeichnis

Seite

Tab. 1: Auftragsabwicklung im Pilot-Unternehmen (1986) — 30

Tab. 2: Stufen der Retrograden Terminierung — 105

Tab. 3: Wunschtermine Auftrag A (Bsp. 1) — 113

Tab. 4: Wunschtermine Aufträge B bis D (Bsp. 1) — 113

Tab. 5: Wunschbelastungsprofil Beispiel 1 — 114

Tab. 6: Relative Wunschtermine in Steuereinheit 2 (Bsp. 1) — 119

Tab. 7: Relative Wunschtermine in Steuereinheit 1 (Bsp. 1) — 119

Tab. 8: Wunschtermine für Beispiel 2 — 120

Tab. 9: Wunschtermine Aufträge E und F (Bsp. 3) — 126

Tab. 10: Terminkollisionen mit Altbestand (Bsp. 3) — 128

Tab. 11: Wunschtermine in Beispiel 4 — 134

Tab. 12: Allgemeines Stufenkonzept der Retrograden Terminierung bei progressiver Gestaltung der zweiten Stufe — 138

Tab. 13: Wunschtermine in Beispiel 5 — 140

Tab. 14: Einzuplanende Arbeitsoperationen in Beispiel 5 — 141

Tab. 15: Vergleich der Termine in Stufe I bis III (Bsp. 5) — 146

Tab. 16: Kapazitätsangebot [VZE] in Beispiel 6 — 174

Tab. 17: Wunschtermine in Beispiel 6 — 174

Tab. 18: Wunschbelastung in Beispiel 6 — 175

Tab. 19: Übersicht flexibler Personalkapazitäten — 179

Tab. 20: Effizienzgradermittlung — 182

Tab. 21: Maximale Tagesleistung der Mitarbeiter (Bsp. 7) — 190

Tab. 22: Zuordnung nach maximaler Effizienz (Bsp. 7) — 191

Tab. 23: Dringlichkeitsklassen (Bsp. 7) — 194

Tab. 24: Gewichtete Kapazitätsnachfrage (Bsp. 7) — 195

Tab. 25: Ausgangssituation der Zuordnung (Bsp. 7) — 196

Tab. 26: Zuordnung in aufsteigender Reihenfolge (Bsp. 7) — 198

Tab. 27: Zuordnung in absteigender Reihenfolge (Bsp. 7) — 198

Tab. 28: Beispiel einer Arbeitszeitverteilung von 36 Wochenstunden auf 6 Arbeitstage — 207

Tab. 29: Angestrebte Veränderung des Kapazitätsangebotes (Bsp. 9) — 214

Tab. 30: Gruppenvorgabezeiten (Bsp. 9) — 215

Tab. 31: Auftragsstruktur im Pilot-Unternehmen (1986) — 233

Tab. 32: Dringlichkeitsklassen in der Simulationsstudie — 240

Tab. 33: Korrektur des Freigabetermines — 242

Tab. 34: Steuerungsparameter der Simulationsstudie — 243

Tab. 35: Ergebnisse Simulationsstudie (1. Teil) — 245

Tab. 36: Ergebnisse Simulationsstudie (2. Teil) — 246

Tab. 37: Warteschlangensituation des Beispiels — 252

Verzeichnis der verwendeten Abkürzungen

Abb.	Abbildung
AV	Arbeitsvorbereitung
BDE	Betriebsdatenerfassung
bzw.	beziehungsweise
CAD	Computer Aided Design
CAM	Computer Aided Manufacturing
CAP	Computer Aided Planning
CAQ	Computer Aided Quality Ensurance
CIM	Computer Integrated Manufacturing
CNC	Computerized Numerical Control
d.h.	das heißt
DNC	Distributed bzw. Direct Numerical Control
EDV	elektronische Datenverarbeitung
et al.	et alii (und andere)
e. V.	eingetragener Verein
f./ff.	folgende/fortfolgende
Hrsg.	Herausgeber
Int. J. Prod. Res.	International Journal of Production Research
KOZ	kürzeste Operationszeit
LP	Lineare Programmierung
NC	Numerical Control
Nr.	Nummer
OPT	Optimized Production Technology
OR	Operations Research
PC	Personal-Computer
PPS	Produktionsplanung und -steuerung
S.	Seite
Sp.	Spalte
SzU	Schriften zur Unternehmensführung
Tab.	Tabelle
VDMA	Verband Deutscher Maschinen- und Anlagenbau
vgl.	vergleiche
VStd	Vorgabestunden
VZE	Vorgabezeiteinheiten

WiSt	Wirtschaftswissenschaftliches Studium
WISU	Das Wirtsschaftsstudium
z. B.	zum Beispiel
ZE	Zeiteinheiten
ZfB	Zeitschrift für Betriebswirtschaft
zfbf	Zeitschrift für betriebswirtschaftliche Forschung
ZwF	Zeitschrift für wirtschaftliche Fertigung

Verzeichnis der verwendeten Indizes, Variablen und Parameter

A_{mt}	Anwesenheitszeit [ZE]
DKA_{st}	angestrebte Veränderung des Kapazitätsangebotes [VZE]
DT	Mindestüberschreitung des Wunschstarttermines, um zur Klasse der besonders dringlichen Aufträge zu gehören (Steuerungsparameter)
e_{ms}	Effizienzgrad [VZE/ZE]
FK	Freigabe-Konstante (Steuerungsparameter)
FM	Freigabe-Multiplikator (Steuerungsparameter)
F_{st}	maximaler effektiver Flexibilisierungsspielraum [VZE]
g_2/g_3	Gewichtung der zweiten/dritten Dringlichkeitsklasse (Steuerungsparameter)
GKN_{st}	gewichtete Kapazitätsnachfrage [VZE]
KA_{st}	Kapazitätsangebot [VZE]
KN_{st}	Kapazitätsnachfrage [VZE]
m	Index für Mitarbeiter
NKA_t	nutzbares Kapazitätsangebot [VZE]
s	Index für Steuereinheiten
t	Index für Tage
x_{mst}	Schaltvariable der Personalzuordnung
z_{st}	Menge der zugeordneten Mitarbeiter

1. Problemstellung

11. Gegenstand und Ziel der Arbeit

Industrie-Unternehmen können heute mit ihrem verfügbaren Kapital nur dann langfristig Gewinne erwirtschaften, wenn die Planung und Steuerung der Produktion auf dieses oberste Unternehmensziel abgestimmt ist. Auslöser für die vorliegende Arbeit waren Kontakte des Instituts für Industrie- und Krankenhausbetriebslehre der Westfälischen Wilhelms-Universität Münster mit einem mittelständischen Unternehmen aus dem Maschinenbau-Sektor. Dieser Betrieb hat große Probleme, auf manuellem Wege eine sinnvolle, zielgerichtete Planung und Steuerung seiner Aufträge durch die Werkstatt durchzuführen. Auf einem Zeitstrahl wird die mittlere Dauer einzelner Phasen der Auftragsabwicklung (Angaben in Tagen) deutlich:

Bestell- tag	Produktions- beginn	Liefer- termin	Produktions- ende
0	30	74,4	102

Abb. 1: Auftragsabwicklung im Pilot-Unternehmen (1986)

Im Mittel werden die Aufträge 27,6 Tage zu spät fertiggestellt. Etwa zwei Drittel der Aufträge ist von dieser Terminüberschreitung betroffen.

Anhand dieses Beispiels soll zunächst gezeigt werden, durch welche Maßnahmen im Bereich der Fertigungssteuerung sich die strategische Erfolgsposition eines Unternehmens verbessern läßt.

Da sich die Erlös- und Kostenwirkungen steuernder Maßnahmen häufig nicht quantifizieren lassen, ist es allgemein üblich, die Zielerreichung durch Ersatzkriterien zu bewerten, die eine leichtere Berechnung gestatten. Dazu zählen:

- die Länge der Durchlaufzeit[1] der Aufträge,
- die Auslastung der Betriebsmittel,
- die Höhe der Bestände im Rohstoff-, Zwischen- und Endlager,
- die Termintreue.

Die Länge der Durchlaufzeit hat Einfluß auf die Kapitalbindungs- und die Zwischenlagerkosten. Je kürzer die Durchlaufzeit ist, desto geringer sind tendenziell diese Kosten. Allerdings hängt die Richtigkeit dieser Aussage davon ab, wie das Produktionsende der Aufträge im Verhältnis zu ihren Lieferterminen liegt. Da die Kapitalbindung mit fortschreitender Produktionsdauer zunimmt, ist es im allgemeinen nicht sinnvoll, ein Produktionsende weit vor dem Liefertermin anzustreben. Ein ständiges Überschreiten des Liefertermines ist jedoch ebensowenig geeignet, die Wettbewerbssituation des Unternehmens zu verbessern. Wird einmal von möglicherweise fälligen Strafzahlungen abgesehen, führen verspätete Auslieferungen zu einem Good-Will-Verlust beim Kunden. Weil heute in vielen Produktbereichen gesättigte Märkte mit einem großen Angebotsüberhang bestehen, können es sich die Unternehmen nicht leisten, ein Abwandern enttäuschter Kunden zur Konkurrenz hinzunehmen. Angestrebt werden deshalb kurze Durchlaufzeiten mit einem Produktionsende, das mit dem Liefertermin zusammenfällt.

Neben der Bestandshöhe im Zwischen- und Endlager kann auch durch die Bereitstellungspolitik der Rohstoffe Einfluß auf die Kapitalbindung genommen werden. Die Kosten lassen sich in der Regel verringern, wenn eine möglichst bedarfssynchrone

---

[1] Unter der Durchlaufzeit eines Auftrages wird in dieser Arbeit die Zeit zwischen dem Produktionsbeginn der ersten Bearbeitungsstufe und der Beendigung der Arbeitsoperation in der letzten Produktionsstufe verstanden, vgl. Adam, D. (1986), S. 703.

Bereitstellung erfolgt. Dazu ist es erforderlich, in der Planung ein stimmiges Zeitgerüst für den Durchlauf der Aufträge aufzustellen, aus dem sich realistische Bedarfstermine für Rohstoffe ableiten lassen.

Der Auslastungsgrad der Betriebsmittel bzw. des Personals soll möglichst groß sein, um mit einer hohen Ausbringung positiv auf die Erlöse einzuwirken.

Zwischen den vier Ersatzzielen bestehen häufig Konfliktsituationen, in denen eine Verbesserung eines Teilziels - z. B. höhere Auslastung einer Maschinengruppe - nur durch eine Verschlechterung bei einem anderen Ziel erreicht werden kann - z. B. Verlängerung der Durchlaufzeit von Aufträgen -.

Das Pilot-Unternehmen kann seine strategische Position nur dann deutlich verbessern, wenn es gelingt die Durchlaufzeit drastisch zu kürzen und eine verbesserte Abstimmung des Produktionsendes auf die Liefertermine der Aufträge zu erreichen. Gleichzeitig muß versucht werden, die Zeitspanne zwischen Bestelltag und Produktionsbeginn (hauptsächlich bedingt durch Arbeiten in der Konstruktionsabteilung) ebenfalls deutlich zu verringern. Unterstellt man, daß der Markt eine Verschiebung des Liefertermines nach hinten nicht zuläßt, und teilt man den erforderlichen Zeitgewinn von 27,6 Tagen proportional auf die Zeit von Bestelltag bis Produktionsbeginn und die Durchlaufzeit auf, so muß eine Verringerung der ersten Phase um 8 Tage und der Durchlaufzeit um etwa 20 Tage angestrebt werden. Gleichzeitig müssen Produktionsend- und Liefertermin wesentlich besser koordiniert werden, ohne die Auslastung der Kapazitäten zu beeinträchtigen.

Prinzipiell stehen Unternehmen, die sich in einer ähnlichen Situation befinden, mehrere Verbesserungsmöglichkeiten offen. Sofern dies technisch möglich ist, läßt sich über die Art des Fertigungsprozesses beeinflussen, ob alle Arbeiten an einem Auftrag zeitlich nacheinander - lineare Fertigung - oder teilweise parallel - nicht lineare Fertigung - erfolgen. Mit einer parallelen Fertigung ist es möglich, die Mindestdurchlaufzeit eines Auftrages zu verringern. Das Pilot-Unternehmen nutzt diese Möglichkeit zwar, aber es gelingt der Handsteuerung des Betriebes nicht, die erhöhte Komplexität in der Koordinierung der Teilzweige des Fertigungsprozesses zu beherrschen.

Kurzfristig durch die Steuerung beeinflußbar sind folgende Determinanten für die Höhe der Zielniveaus:

1. Kapazitätsangebot,
2. Kapazitätsnachfrage,
3. Durchlauf der Aufträge durch die Werkstatt.

Zu 1: Das Kapazitätsangebot wird im Pilot-Unternehmen im wesentlichen durch die Personaleinsatzplanung (Auswahl der Arbeitskräfte und deren Einsatzort) bestimmt. Der Maschineneinsatz übt im Pilot-Unternehmen nur einen schwachen Einfluß auf das Kapazitätsangebot aus. Zum einen liegt die Intensität der Aggregate häufig technisch zwingend fest, zum anderen werden bis jetzt noch keine flexiblen Fertigungsautomaten eingesetzt. Die personalorientierte Seite des Kapazitätsangebotes ist dagegen von großer Bedeutung, weil der Arbeitsfortschritt der Kommissionen wesentlich von der Zuteilung qualifizierter Arbeitskräfte zu den Arbeitsoperationen abhängt. Die Mitarbeiter können je nach Erfahrung und Kenntnissen an unterschiedlichen Arbeitsplätzen eingesetzt werden. Auch die Dauer der täglichen Arbeitszeit kann durch Überstunden und die tarifvertraglichen Möglichkeiten der Arbeitszeitgestaltung in Grenzen flexibel gestaltet werden.

Zu 2: Die Kapazitätsnachfrage im Zeitablauf hängt wesentlich davon ab, welche Aufträge zu welchen Lieferterminen fertiggestellt werden müssen. Bereits bei der Auftragsannahme können große Schwierigkeiten vorprogrammiert sein, wenn der Liefertermin eines Auftrages nicht auf die kapazitären Möglichkeiten in der Werkstatt abgestimmt ist. Eine Entlastung der Kapazitäten ist eventuell möglich, wenn rechtzeitig über die Fremdvergabe von Aufträgen oder Teilen davon nachgedacht wird.

Zu 3: Durch die Zusammenfassung von Einzelaufträgen zu Losen und die Festlegung der Bearbeitungsreihenfolge der Aufträge an den einzelnen Maschinengruppen wird der Durchlauf der Aufträge durch die Werkstatt festgelegt. Die Einführung eines frühesten Auftragsstarttermines - eines Freigabetermines - erlaubt es, die Zeit vom potentiellen Produktionsbeginn bis zum Liefertermin eines Auftrages zu begrenzen. Die Auftragsfreigabe und die Reihenfolgeplanung der Aufträge soll zu kleineren Durchlauf- und Endlagerzeiten beitragen.

Dem Unternehmen stehen mit den kurz beschriebenen Determinanten eine Fülle von Steuerungsinstrumenten zur Verfügung, die alle so eingesetzt werden sollen, daß sie optimal zum obersten Unternehmensziel beitragen. Das Steuerungsproblem des Pilot-Unternehmens ist insgesamt zu komplex, um mit einer Handsteuerung befriedigende Lösungen zu erzielen. Es ist deshalb verständlich, wenn sich in den letzten Jahren immer mehr Unternehmen dazu entschlossen haben, ein PPS-System[2] zu installieren.

Die zumeist von Ingenieuren und Informatikern entwickelten Software-Pakete werben mit großartigen Versprechungen, die den Anwendern eine rosige Zukunft mit deutlich verbesserten Zielerreichungsgraden verheißen. Nach einer anfänglichen Euphorie ist bei einer großen Zahl von Betrieben, die diese Programme implementiert haben, inzwischen die Ernüchterung eingekehrt, da die Systemauslegungen nicht ausreichend an die praktische Problemstellung angepaßt sind und die Leistungsfähigkeit der Programme weit hinter den Versprechungen zu-

---

2 PPS-Systeme sind Programme zur Produktionsplanung und -steuerung.

rückbleibt. Teilprogramme wurden deshalb nacheinander außer Kraft gesetzt.[3] Nicht selten werden aus den umfangreichen PPS-Programmpaketen heute nur die reinen Datenverwaltungsfunktionen - z. B. Stücklistenauflösungen - noch genutzt.

Aufgabe der vorliegenden Arbeit ist es zu analysieren, wie durch geeignete Konstruktion die PPS-Funktionen betriebwirtschaftlich sinnvoll unterstützt werden können. Es wird gezeigt, welche Schwachstellen Ansätze der traditionellen Betriebswirtschaftslehre im Bereich der Ablaufplanung einerseits und Lösungsprinzipien klassischer PPS-Systeme andererseits aufweisen, wenn sie für Unternehmen eingesetzt werden, die nach dem Prinzip der Werkstattfertigung arbeiten.

Marktübliche PPS-Systeme genügen insbesondere nicht im ausreichenden Maße den folgenden Anforderungen für den Einsatz bei diesen Unternehmen:

1. Die Verfolgung einzelner, ausgewählter Aufträge im Gesamtsystem muß möglich sein.

2. Da die Fertigung in der Regel vernetzt erfolgt, müssen zeitlich parallel liegende Arbeitsoperationen mengenmäßig und zeitlich koordiniert werden.

3. Der Produktionsendtermin eines Auftrages muß mit dem Liefertermin abgestimmt werden.

4. Der Einfluß der personalorientierten Kapazitäten auf die Zielerreichung muß verdeutlicht, die Planung eines flexiblen räumlichen bzw. funktionalen und zeitlichen Personaleinsatzes muß möglich sein.

Im Rahmen dieser Arbeit wird nicht nur Kritik an ausgewählten, bisherigen Lösungsansätze der Produktionsplanung geübt,

---

[3] Vgl. Adam, D. (1988a), S. 7; Mertens, P. (1986), S. 16.

sondern es werden auch die Grundzüge eines neuen PPS-Systems vorgestellt, das den genannten Anforderungen genügt. Das Planungsverfahren trägt den Namen Retrograde Terminierung. Es ist als zentrales Steuerungsinstrument konzipiert, mit dessen Hilfe eine Termin- und Personaleinsatzplanung in der Werkstatt vorgenommen werden kann. Im Rahmen dieser Arbeit werden Grundideen und algorithmische Details der Retrograden Terminierung anhand kleinerer Beispiele vermittelt. Außerdem werden Ergebnisse einer Simulationsstudie präsentiert, die zeigen, daß das Verfahren bei einem konkreten, praktisch relevanten Fertigungssteuerungsproblem zu einer deutlichen Verbesserung der Zielerreichung gegenüber der derzeitigen Ist-Situation mit Handsteuerung kommt. Dazu wird die Situation des Pilot-Unternehmens im Jahr 1986 als Anwendungsfall herangezogen.

Das Simulationsprogramm ist gleichzeitig Kernstück eines Werkstattsteuerungssystems, das auf einem leistungsfähigen Personal-Computer lauffähig ist. Der allmähliche Ausbau der bestehenden Programmversion zu einem universellen PPS-System, das insbesondere für kleinere Betriebe einen risikolosen Einstieg in diesem Bereich ermöglicht, wird am Institut für Industrie- und Krankenhausbetriebslehre angestrebt und ist Gegenstand weiterer Arbeiten, die sich mit speziellen Fragestellungen z.B. im Bereich der Materialwirtschaft oder der lang- und mittelfristigen Kapazitätsplanung beschäftigen.

12. Aufbau der Arbeit

In Kapitel 2 werden Merkmale und Rahmenbedingungen von Unternehmen herausgearbeitet, die ähnlich wie das Pilot-Unternehmen in Einzel- und Kleinserienfertigung bzw. Werkstattfertigung arbeiten. Insbesondere werden das Pilot-Unternehmen und seine Probleme in der Fertigungssteuerung ausführlich vorgestellt. Aus den Rahmenbedingungen der betrachteten Betriebe lassen sich unmittelbar Mindestanforderungen für ein Produktionsplanungsmodell ableiten, damit es sinnvoll in der betrachteten Unternehmensklasse eingesetzt werden kann. Ergebnis des zweiten Kapitels sind folgende Punkte:

1. Nur ein Rahmenplanungskonzept, das dezentralen Instanzen (Meistern, Arbeitern) beschränkte Steuerungsfunktionen überträgt, ist für den Einsatz geeignet.

2. Die Planung sollte rollierend erfolgen, damit ständig die Auswirkungen eines aktualisierten Informationsstandes bewertet werden können.

3. Um dem Disponenten größtmögliche Freiheiten einzuräumen, ist ein interaktives Modell sinnvoll, das es erlaubt, innerhalb kurzer Zeit, verschiedene Strategien sowie Einschätzungen über künftige Entwicklungen (z. B. im Absatzbereich oder über Störungen, die Kapazitäten vermindern) in ihren Auswirkungen auf die Ziele der Steuerung zu studieren.

4. Das Planungsmodell muß den prinzipiellen Durchlauf der Aufträge durch die Werkstatt auch bei vernetzten Fertigungsprozessen abbilden.

5. Das Modell muß die personalorientierten Kapazitäten und ihre Flexibilisierungsmöglichkeiten berücksichtigen.

In den beiden folgenden Kapiteln wird erarbeitet, daß weder Modelle aus der traditionellen Betriebswirtschaftslehre noch verfügbare EDV-Programme von Software-Anbietern allen genannten Anforderungen genügen.

Kapitel 3 geht der Frage nach, ob die klassischen Ansätze der Betriebswirtschaftslehre im Bereich der Produktionsplanung geeignet sind, reale Probleme in Unternehmen mit Einzel- und Kleinserienfertigung zu lösen. Die Untersuchung von zwei ausgewählten Teilplänen - Ablaufplanung und Personaleinsatzplanung - belegt, daß durch die gesetzten Prämissen und die verfolgten Zielsetzungen gravierende Mängel bestehen, die einen Einsatz in einem Unternehmen wenig sinnvoll erscheinen lassen.

Kapitel 4 untersucht, wie existierende PPS-Systeme im Vergleich mit der an sie gestellten Anforderung einer betriebswirtschaftlich sinnvollen Steuerung abscheiden. Die Darstellung konzentriert sich in erster Linie auf klassische PPS-Systeme, deren Stufenkonzept zunächst erläutert wird. Anschließend zeigt ein Überblick die Schwachstellen und gravierenden Mängel dieser klassischen Verfahren, wenn sie in Unternehmen mit Werkstattfertigung eingesetzt werden. Die Kritikpunkte haben in den letzten Jahren zu einigen Neuentwicklungen geführt. Der Kerngedanke des Verbesserungsansatzes bei einigen wesentlichen Verfahren wird dargestellt. Eine Bewertung darüber, in welchen Situationen der Einsatz dieser neuen Steuerungskonzepte betriebswirtschaftlich sinnvoll ist, wird der angegebenen Literatur überlassen. Die Beschäftigung mit den Schwachstellen der untersuchten Verfahren bringt ergänzend zu den in Kapitel 2 aufgestellten Anforderungen weitere wünschenswerte Eigenschaften von PPS-Systemen. Sie betreffen den Modellaufbau des Gesamtsystems, den Umfang in der Unterstützung des Disponenten (unter anderem den Einsatz von Expertensystemen zur Entscheidungsfindung) und die vielfach diskutierte Integrationsfähigkeit in einem CIM-Verbund.

In Kapitel 5 wird die Retrograde Terminierung als ein neuer Ansatz vorgestellt, den Anforderungen an eine betriebswirtschaftlich sinnvolle Steuerung in Unternehmen mit Werkstattfertigung gerecht zu werden. Nach einem Überblick über Grundideen und Einsatzvoraussetzungen werden die algorithmischen Details des Verfahrens dargestellt, indem ausgehend von einem einfachen Grundmodell immer mehr einschränkende Prämissen aufgegeben werden. Zunächst (Abschnitt 52) wird davon ausgegangen, daß alle Aufträge eine lineare Fertigungsstruktur aufweisen und die Maschinen in gleicher Reihenfolge durchlaufen (Identical Routing, Identical Routing Passing). Ab dem Abschnitt 53 sind beliebige Routings - insbesondere auch vernetzte Fertigungsprozesse - zugelassen. In beiden Fällen werden die Kapazitätsangebote als gegeben angesehen. Die momentan höchste Ausbaustufe der Retrograden Terminierung erlaubt die integrierte Planung personalorientierter Kapazitäten (Abschnitt 54). Sowohl der Wechsel des Arbeitsplatzes als auch die tägliche Dauer der Arbeitszeit können als flexible Anpassungsinstrumente eingesetzt werden. Ein wesentliches Merkmal der Retrograden Terminierung ist die Möglichkeit des Disponenten, interaktiv durch das Setzen von Steuerungsparametern auf die Ergebnisse der Planung Einfluß zu nehmen. Die einzelnen Parameter werden im Laufe der fünften Kapitels vorgestellt. Zum Schluß des Kapitels werden Hinweise auf die nächste, bislang nicht realisierte Ausbaustufe der Retrograden Terminierung gegeben, in der die Interdependenzen zur Materialwirtschaft besser und umfassender abgebildet werden als in der jetzigen Version.

Nachdem im Kapitel 5 die theoretischen Grundlagen erarbeitet werden, stellt Kapitel 6 ein Simulationsmodell der Retrograden Terminierung vor, das die Bewältigung konkreter Fertigungssteuerungsaufgaben gestattet. Um einen Eindruck von der Eignung des Verfahrens und von der Wirkung der vorgestellten Steuerungsparameter zu bekommen, wird das Simulationsmodell auf die Situation im Pilot-Unternehmen während des gesamten

Jahres 1986 angewendet. Die Ex-post-Analyse zeigt, daß der Einsatz der Retrograden Terminierung selbst bei vorsichtiger Prämissenwahl hinsichtlich des beeinflußbaren Handlungsspielraumes zu einer deutlichen Verbesserung der Zielerreichungsgrade gegenüber der Handsteuerung hätte beitragen können.

Kapitel 7 beendet die Arbeit mit einem Ausblick auf den weiteren Ausbau der Retrograden Terminierung zu einem umfassenden PPS-System. Es werden Hinweise auf die Schritte gegeben, die erforderlich sind, um den in Kapitel 2 und 4 aufgestellten Anforderungen zu genügen, die bisher nicht oder nicht vollständig erfüllt sind.

2. Fertigungssteuerung bei Einzel- und Kleinserienfertigung

Das folgende Kapitel beschäftigt sich mit der heutigen Situation von Unternehmen, die in Einzel- und Kleinserienfertigung produzieren - zuerst allgemein, dann in einem konkreten Fall - und leitet aus diesen Rahmenbedingungen Anforderungen an ein Produktionsplanungsmodell ab.

21. Merkmale und Rahmenbedingungen der Einzel- und Kleinserienfertigung

Die im weiteren betrachteten Unternehmen zeichnen sich durch vier Merkmale aus:[1]

■ **1. Mehrproduktfertigung**: Es werden produktionstechnisch verschiedene Erzeugnisse in unterschiedlichen Varianten hergestellt.

■ **2. Mehrstufige Fertigung**: Es sind einzelne Arbeitsgänge zeitlich nacheinander oder parallel durchzuführen, die Bearbeitungsreihenfolge ist teilweise beeinflußbar. Sie ist insbesondere nicht für alle Erzeugnisarten gleich. Zwischen den einzelnen Arbeitsgängen treten Zwischenlagerzeiten auf.

■ **3. Einzel- und Kleinserienfertigung**: Die Nachfrage tritt in der Form von Kundenbestellungen auf, sie umfaßt häufig nur ein einzelnes Erzeugnis, selten eine kleine Stückzahl.

■ **4. Werkstattfertigung**: Maschinen- und Arbeitsplätze sind bei relativ geringem Mechanisierungsgrad nach dem Prinzip der Verrichtungszentralisation organisiert.

---

[1] Vgl. Küpper, H.-U. (1979), Sp. 1636 ff; Rieper, B. (1982), S. 431 f. Zu den Fertigungsformen vgl. Kortzfleisch, G. v. (1986), S. 157 ff.; Zäpfel, G. (1982), S. 15 ff.

Diese Unternehmen sahen sich in den letzten Jahren veränderten Rahmenbedingungen gegenüber, auf die in vielen Veröffentlichungen zur Produktionsplanung hingewiesen wird.[2]

In drei Punkten wird diese Entwicklung untersucht. Zuerst wird das Spannungsverhältnis zwischen Markt und der Situation in der Fertigung herausgestellt, anschließend die Rahmenbedingungen in den beiden Bereichen Finanzen sowie Organisation und Personal untersucht.

211. Auswirkungen des Marktwandels auf Rahmenbedingungen in Fertigung und Konstruktion

In der Wiederaufbauphase nach dem zweiten Weltkrieg bis hinein in die sechziger Jahre war der Markt für Produkte von Industriebetrieben dadurch gekennzeichnet, daß die große Nachfrage nicht durch ein entsprechendes Angebot befriedigt werden konnte. Die Unternehmen konnten es sich in diesen Zeiten weitgehend ungesättigter Märkte leisten, nicht auf Kundenwünsche einzugehen, sondern gleichartige Produkte in wenigen Varianten auf einem anonymen Markt zu verkaufen. Auf Seiten der Fertigung herrschte Massenfertigung in linearen Fertigungsprozessen vor. Dominierendes Ziel der Fertigungssteuerung war es, eine möglichst hohe Auslastung der Kapazitäten zu erreichen. Dieses Ziel war aufgrund des geringen Komplexitätsgrades der Fertigung durch eine manuelle Steuerung zu erreichen.

Allmählich setzte auf den Märkten ein Wandel von ungesättigten zu gesättigten Märkten, vom Verkäufer- zum Käufermarkt

---

2   Zu den folgenden Ausführungen vgl. Krautzig, J. (1981), S. 2 ff.; Brödner, P. (1982), S. 84 und S. 106 ff.; Kittel, Th. (1982), S. 7; Bullinger, H.-J. (1985); Kahl, H.-P. (1987), S. 101; Scheer, A.-W. (1987c), S. 158; Wiendahl, H.-P. (1987), S. 17 f.; Adam, D. (1988a), S. 6.

ein. Strategische Wettbewerbsvorteile wurden von den Unternehmen erzielt, die diese Entwicklung rechtzeitig entdeckten und sich auf die Kundenwünsche einstellten:

■ Die Kunden haben individuelle Produktansprüche und suchen maßgerechte Komplettlösungen.

■ Sie fordern
  - kurze Lieferfristen,
  - hohe Termintreue und
  - qualitativ hochwertige sowie preisgünstige Produkte.

Mit einer Verlagerung der Marktmacht von der Angebots- zur Nachfrageseite können heute nur solche Unternehmen noch erfolgreich am Markt bestehen, die flexibel auf die wechselnden Markterfordernisse reagieren. Der ohnehin schon hohe Wettbewerbsdruck wird auch für kleinere und mittlere Unternehmen durch die geplante Einführung eines europäischen Binnenmarktes noch größer.

Der Marktwandel führte in den Betrieben zu wesentlichen Änderungen, die im folgenden beschrieben werden sollen. Sie betreffen zum einen die Produktion (Programm, Fertigungsstruktur), zum anderen die Planungssituation (Zielinhalte, Zielgewichte, Dynamik).

2111. Gestiegene Komplexität in Konstruktion und Fertigung

Die Orientierung an den Kundenwünschen hat zunächst zu einer stark gestiegenen Zahl von Produkten und Varianten geführt. In der Konstruktion muß in vielen Fällen darauf geachtet werden, daß sich aus den Einzelprodukten unproblematisch Komplettlösungen für spezielle Kundenprobleme ableiten lassen. Mit der Variantenvielfalt steigt die Zahl der benötigten Teile und Baugruppen, Konstruktionsunterlagen und Kalkulationsdaten. Die Verwendung von Normteilen wird zunehmend schwieriger. Auch der Fertigungstyp hat sich verändert. Mit einer zunehmenden Zerlegung der Endprodukte in einzelne Baugruppen ist es nicht mehr nötig, die Arbeiten wie bisher zeitlich nacheinander durchzuführen - linearer Fertigungsprozeß -, sondern es können nun Arbeitsoperationen teilweise zeitlich parallel erfolgen - vernetzter Fertigungsprozeß -. Allerdings entsteht nun ein neues Steuerungsproblem, weil die Teilzweige des Fertigungsnetzes an den Knotenpunkten koordiniert werden müssen.

Der insgesamt deutlich gestiegene Komplexitätsgrad führte bei den Verantwortlichen, die eine Steuerung der gesamten Fertigung bisher manuell vornahmen, zu einer Überlastung. Diese Entwicklung hat die Entstehung EDV-gestützter Fertigungssteuerungskonzepte maßgeblich begünstigt und ihren Einsatz gefördert. Parallel dazu entstand für den Bereich der Konstruktion eine Vielzahl von CAD-Lösungen (Computer Aided Design).

Die gestiegene Komplexität ging einher mit einer stärkeren Bedeutung der Dynamik. In den Zeiten des Käufermarktes war die grundsätzliche Situation relativ starr, d. h., sie änderte sich im Zeitablauf nur geringfügig. Die Massenproduktion gleichartiger Produkte führte zu eingefahrenen Abläufen, die sich ständig in ähnlicher Form wiederholten. Somit schwankten auch die Durchlaufzeiten der Produkte wenig, sie waren relativ gut durch einen Mittelwert prognostizierbar. Der Wandel zum Verkäufermarkt brachte große Heterogenität in die Auftragsstrukturen. Gleichzeitig unterlag auch die Höhe der Nachfrage im Zeitablauf bisher nicht gekannten Schwankungen. Auf Seiten der Fertigung wirkte sich dies so aus, daß sich die Auslastung verschiedener Werkstätten (Unternehmensbereiche) aufgrund unterschiedlich starker Anforderungen ständig veränderte. Die Streuung der Durchlaufzeiten der Aufträge vergrößerte sich als Folge der sehr heterogenen Auftragsstruktur und der Nachfrageschwankungen ganz erheblich.[3] Die Ursache lag jedoch nicht nur in der wechselnden Auslastung der Werkstätten, sondern auch in der mangelnden Fähigkeit der Steuerung, den komplexeren Ablauf zu koordinieren.

2112. Geänderte Ziele der Fertigungssteuerung

Der Marktwandel führte zu veränderten Zielen in der Fertigungssteuerung. Bisher stand das Ziel im Vordergrund, eine hohe Kapazitätsauslastung zu erreichen. Mit einer Verlagerung der Marktmacht von der Angebots- zur Nachfrageseite wächst der Druck, auf die terminlichen Kundenwünsche stärker einzugehen. Termintreue und kurze Lieferzeiten kommt deshalb als Verkaufsargument und innerbetriebliches Ziel eine immer stärkere Bedeutung zu.[4]

Ein viertes Ziel - Abbau der Bestände im Umlaufvermögen - ist erst in den letzten Jahren verstärkt in den Blickpunkt des Interesses gerückt, als neue Fertigungssteuerungskonzepte entstanden, die auf den Kostencharakter der Bestände ihr Hauptaugenmerk richteten. Durch den Abbau von Rohstoff-, Zwischen- und Endlägern soll die Kapitalbindung im Umlaufvermögen und hiermit letztlich die Zinsbelastung der Unternehmen reduziert werden.[5] Dieses Ziel muß aus Sicht der finanziellen Rahmenbedingungen gesehen werden.[6]

Die Steuerungssituation wird nicht nur durch die größere Zahl von Zielen komplexer, sondern auch durch die Beachtung der

---

[3] Vgl. Helberg, P. (1986), S. 25; Wiendahl, H.-P. (1987), S. 42.

[4] Vgl. Seelbach, H. (1979), Sp. 20.

[5] Vgl. Bornemann, H. (1986), S. 11 f.

[6] Vgl. dazu den folgenden Abschnitt 212.

Zielbeziehungen. So besteht beispielsweise ein Zielkonflikt zwischen den Zielen "hohe Auslastung der Kapazitäten" und "kurze Durchlaufzeiten der Aufträge" (Dilemma der Ablaufplanung)[7]. Die Fertigungssteuerung muß daher dem Umstand Rechnung tragen, daß den Zielen der Steuerung im Zeitablauf unterschiedliches Gewicht in einzelnen Unternehmen zukommt und die Steuerung muß es gestatten, ihre Wirkungen auf das Zielniveau offenzulegen.

Die Ziele "kurze Durchlaufzeiten" und "hohe Liefertreue" brachten für die Betriebe einen verringerten zeitlichen Spielraum für die Auftragsabwicklung. Der Termindruck hat unmittelbare Auswirkungen auf die Unternehmen. Beispiele:

■ Er führt häufig zu einer Überlappung von Konstruktion und Fertigung. Damit sind Engpässe in der Materialdisposition, häufige Änderungen der Konstruktionspläne und technische Probleme in der Auftragsausführung verbunden. Konstruktionsmängel, die in der Werkstatt auffallen und dort abgestellt werden, werden in den Begleitpapieren nicht oder nicht fachgerecht verzeichnet, so daß die Konstruktionsabteilung aus ihren Fehlern nicht lernen kann.

■ Die Beschaffung von auftragsspezifischen Fremdbezugsteilen in kurzen Fristen ist - insbesondere in Zeiten mit gutem Konjunkturverlauf - sehr schwierig.

■ Die Einhaltung des Qualitätsstandards wird durch den Termindruck ebenfalls erschwert.

---

[7] Vgl. dazu Abschnitt 321.

Die folgende Übersicht faßt die Auswirkungen des Marktwandels
noch einmal zusammen:

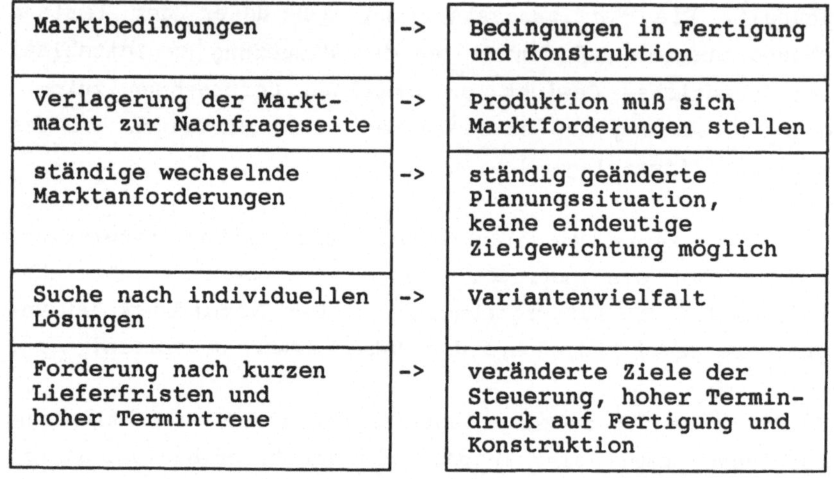

Abb. 2: Auswirkungen des Marktwandels auf die Bedingungen in
Fertigung und Konstruktion

212. Rahmenbedingungen in der Finanzierung

Fast alle Entscheidungen von Unternehmen, die in einem heute
ständig komplexer werdenden Umfeld getroffen werden, sind mit
großen Unsicherheiten verbunden. Die Unternehmen tragen dem
Rechnung, indem sie die Unternehmensziele nicht allein auf
das Gewinnstreben ausrichten, sondern auch ein Sicherheitsstreben einbeziehen. Dieses Streben wird hauptsächlich in
zwei Zielgruppen deutlich:[8]

■ Sicherung des Unternehmenspotentials,
■ Sicherung der Liquidität.

---

[8] Zum Sicherheitsstreben vgl. Heinen, E. (1985), S. 112 ff.

Die erste Gruppe von Zielen - Sicherung des Unternehmenspotentials - soll die zukünftige Leistungskraft der Betriebe aufrechterhalten. Um das Leistungspotential der Unternehmen an die geänderten Rahmenbedingungen anzupassen, sind in bezug auf diese Arbeit insbesondere Investitionen in die EDV und die Fertigungstechnologie zu prüfen. Zum einen müssen die Unternehmen die überkommene Handsteuerung, die der komplexen Fertigungssituation nicht mehr gerecht wird, durch eine geeignete EDV-gestützte Fertigungssteuerung ablösen. Zum anderen müssen sich die Betriebe fragen, ob ihre bestehende Fertigungstechnologie der geänderten Nachfragesituation gerecht wird. Neue Fertigungstechnologien (z. B. CNC- und DNC-Werkzeugmaschinen, flexible Fertigungssysteme[9]) bieten eine erhöhte fertigungstechnische Elastizität. Sie lassen sich schnell auf andere Fertigungsfunktionen und andere Produkte umstellen.

Das zweite Ziel - Sicherung der Liquidität - ist unverzichtbar, wenn nicht der Fortbestand der Betriebe gefährdet werden soll.[10] Die Unternehmen müssen nicht nur ihre kurzfristige Zahlungsfähigkeit sicherstellen sondern auch langfristige Investitionen unter dem Aspekt der Fristenkongruenz von Kapitalbindung und Kapitalbeschaffung betrachten, d. h., die Finanzierung der Investitionen muß auf deren Laufzeit abgestimmt sein, um strukurelle Liquiditätsprobleme zu vermeiden.[11] Damit wird verhindert, daß das Unternehmen z.B. Teile seiner Maschinen veräußern muß, um den Liquidationserlös zur Kapitalrückzahlung einzusetzen.[12] Viele mittelständische Unternehmen haben es in den vergangenen Jahren versäumt, dem Ziel der langfristigen Liquiditätssicherung die nötige Beach-

---

[9] Einen Überblick über flexible Fertigungssysteme bietet die Arbeit von Köhler, vgl. Köhler, R. (1988).

[10] Vgl. Perridon, L. / Steiner, M. (1986), S. 16.

[11] Vgl. Perridon, L. / Steiner, M. (1986), S. 314.

[12] Vgl. Vornbaum, H. (1986), S. 131.

tung zu schenken. Es zeigten sich häufig große strukturelle Liquiditätsengpässe, die nicht selten zum Unternehmenszusammenbruch führten.[13]

Die Beachtung der beiden Ziele des Sicherheitsstrebens ist mit großen Schwierigkeiten verbunden. Die Finanzierung der Investitionen in EDV und Fertigungstechnologie stellt die zumeist mittelständischen Unternehmen vor große Probleme, die im wesentlichen auf die folgenden Rahmenbedingungen zurückzuführen sind.[14]

1. Mangelhafte bzw. fehlende finanzielle Führung[15]:

In vielen kleinen und mittleren Unternehmen fehlt eine integrierte Finanzplanung, die alle Finanzströme im sachlichen und zeitlichen Gesamtzusammenhang analysiert. Die Unternehmensleitung kennt dann die auf die Investitionen zurückgehenden finanziellen Belastungen im Zeitablauf nicht oder nur unvollständig. Wossidlo stellt in diesem Zusammenhang fest:[16] "Es fehlt an der Einsicht in die finanzwirtschaftlichen Probleme und Prozesse, die mehr noch als erfolgswirtschaftliche Überlegungen sorgfältige Planungen voraussetzen."

---

[13] Vgl. Wossidlo, P. R. (1982), S. 442.

[14] Vgl. Wossidlo, P. R. (1982), S. 445 ff.

[15] Die finanzielle Führung wird häufig auch als Finanz-Management bezeichnet.

[16] Wossidlo, P. R. (1982), S. 446 f.

2. Geringe Eigenkapitalausstattung und Schwierigkeiten bei
   der Beschaffung von Fremdkapital:

Im Vergleich zu den Aktiengesellschaften, die im Durchschnitt eine Eigenkapitalquote von 30,1 % aufweisen,[17]
liegt der Anteil des Eigenkapitals an der Bilanzsumme der
mittelständischen Unternehmen deutlich unter 20 %, und die
Tendenz ist weiter sinkend.[18] Die Umsatzrendite dieser Unternehmen war in der Vergangenheit zudem nicht hoch genug,
um den aus dem Wachstumsstreben resultierenden zunehmenden
Kapitalbedarf zu finanzieren. Da diese Betriebe nicht das
Gleichgewichtsergebnis[19] erzielen konnten, mußte der zusätzliche Finanzbedarf überwiegend fremdfinanziert werden,
was zu einer weiteren Absenkung der Eigenkapitalquote
führte. Die schlechte Eigenkapitalausstattung erschwert
den Betrieben weitere Kreditaufnahmen, da das Risiko für
die Banken zu groß wird.[20] Zudem erfordern die Investitionen in EDV und Fertigungstechnologie hohe Kapitalbeträge,
die die ortsansässigen Volksbanken und Sparkassen nicht
mehr bereitstellen können. Die kleineren Fertigungsbe-
triebe haben aber auch Probleme, das erforderliche Kapital
bei größeren Kreditinstituten zu beschaffen, da diese sich
langfristige Planungskonzepte vorlegen lassen, aus denen
die zukünftigen Erfolgsaussichten und mögliche Gefährdun-
gen hervorgehen. Wegen der im ersten Punkt betrachteten
Situation können diese Informationen jedoch häufig nicht
bereitgestellt werden. Die Finanzierungsengpässe lassen
derartige Betriebe dann gegebenenfalls auf Leasingkon-

---

[17] Vgl. Institut der deutschen Wirtschaft (1989), Tab. 79.
Die Angabe bezieht sich aus Vergleichsgründen auf das Jahr
1983. Die Quote stieg im Jahr 1986 auf 32,8 %.

[18] Vgl. Vornbaum, H. (1986), S. 253. Für das Jahr 1983 wird
ein Wert von 18,4 % ausgewiesen.

[19] Vgl. Schierenbeck, H. (1980), S. 304 ff.

[20] Vgl. Schneider, D. (1980), S. 504 ff.

struktionen für die Investitionen in die Fertigungstechnik
ausweichen.

3. Notwendigkeit der Risikobegrenzung

Kleinere und mittlere Unternehmen können sich aufgrund ihrer geringen Eigenkapitalausstattung Fehlschläge größerer
Investitionsprojekte im Bereich EDV und Fertigungstechnologie nicht erlauben. Ein Risikoausgleich zwischen Investitionen, wie er in Großunternehmen möglich ist, kann
nicht vorgenommen werden. Unerwartete zusätzliche Aufwen-
dungen können zum Abbruch eines Projektes und eventuell
sogar zum Konkurs führen. Das Durchhaltevermögen mittelständischer Unternehmen ist vergleichsweise gering.

Investitionen in die EDV und die Fertigungstechnologie erfordern nicht nur einen hohen Kapitaleinsatz, sie sind zudem mit großer Unsicherheit über den wirtschaftlichen Erfolg verbunden. Die Vorteilhaftigkeit neuer EDV- oder
Technologielösungen kann meistens nicht mit den klassischen Methoden der Investitionsrechnung beurteilt werden.
Diesen Investitionen können keine direkten Einzahlungen
zugeordnet werden. Die indirekten Wirkungszusammenhänge
auf die Einnahmen des Unternehmens sind teilweise nicht
einmal näherungsweise vorhersehbar. Es besteht lediglich
die Hoffnung, daß nach einer Eingewöhnungsphase die Ziele
der Steuerung im Unternehmen besser als zuvor erreicht
werden und damit langfristig positive Wirkungen auf die
Einnahmen existieren. Zum Zeitpunkt der Investition können
bestenfalls Kostensenkungspotentiale geschätzt und nicht
monetär quantifizierbare Wirkungen (z. B. Qualitätssteige-
rung im Konstruktionsbereich, Durchlaufzeitreduzierung,
Produktivitätssteigerung, rasche Marktanpassung, Akzeptanz
der Anwender) herausgearbeitet werden.[21]

---

[21] Vgl. Wildemann, H. (1987c), S. 64 ff.

Die Unsicherheit über den Erfolg der Investition und die
Finanzierungsengpässe führen in der Unternehmensleitung
derartiger Betriebe zu einer Lähmung der Entschlußkraft,
d. h., die Unternehmen verpassen unter Umständen den stra-
tegisch richtigen Zeitpunkt für die erforderliche Umstellung und gefährden damit ihre Überlebenschance.[22] Die un-
entschlossene Haltung ist teilweise jedoch verständlich,
wenn die folgenden Schwierigkeiten bei der Einführung EDV-
gestützter Fertigungssteuerungskonzepte bedacht werden:

■ Es liegen keine zufriedenstellenden Hilfsmittel zur Auswahl und Gestaltung vor.[23] Die Unternehmen sind überfordert zu entscheiden, welches der am Markt erhältlichen
Programmpakete für ihre speziellen Probleme und Voraussetzungen geeignet ist, welche Programm-Module erworben
werden sollten, ob und wie sich die Software in eine
eventuell bestehende EDV-Welt integrieren läßt.

■ Die Veränderungsgeschwindigkeit von Hard- und Software
birgt die Gefahr in sich, daß ein System erworben wird,
das in zwei bis drei Jahren vollständig überholt sein
kann.[24] Die Unternehmen befinden sich damit in einer
Dilemma-Situation. Einerseits erscheint es sinnvoll, abzuwarten und zu hoffen, als Nachahmer aus den Fehlern
anderer Anwender - insbesondere Erstanwender - lernen
zu können. Andererseits besteht die große Gefahr, eine
entscheidende Entwicklung nicht rechtzeitig einzuleiten

---

[22] Vgl. Wildemann, H. (1987c), S. 37 ff.

[23] Vgl. Schomburg, E. (1980), S. 174. Die Dissertation stellt
einen Versuch dar, ein Instrumentarium zu entwickeln, das
systematisch die Anforderungen an EDV-gestützte Planungs-
systeme im Maschinenbau analysiert. Inwieweit diese Anforderungen durch bestehende Programme erfüllt werden, analysiert die ebenfalls in Aachen entstandene Dissertation von
Speith, vgl. Speith, G. (1982). Die Ergebnisse können aus
heutiger Sicht als veraltet bezeichnet werden.

[24] Vgl. Spur, G. (1987), S. 4.

und damit strategische Nachteile zu erleiden, die möglicherweise eine Marktelimination durch fehlendes Know How zur Folge haben.

213. Rahmenbedingungen im Bereich Organisation und Personal

Ein Verständnis für viele Probleme im Bereich der Fertigungssteuerung ist nur möglich, wenn die organisatorische und personelle Situation beachtet wird, wie sie in diesen Unternehmen vielfach vorlag und gerade in kleineren Betrieben auch heute noch vorliegt.

Üblicherweise legte die Arbeitsvorbereitung (AV) eine Vorgabezeit für einzelne Fertigungsabläufe fest und nahm eine Vorkalkulation des Auftrages vor.

In den einzelnen Werkstätten besaßen die Meister (Facharbeiter) das Recht der Arbeitszuteilung. Die einzelnen Arbeiter konnten die ihnen zugeteilten Aufträge weitestgehend in einer selbst gewählten Reihenfolge erledigen. Ziele, die in einer Werkstatt verfolgt wurden, waren zumeist nur auf die eigene Werkstatt bezogen (z.B. Auslastungsgrad). Diese dezentrale Sicht führte zu einer rein stellenbezogenen, aber nicht betriebsübergreifenden Sicht der Aufträge mit erheblichen Übergangszeiten zwischen den Abteilungen. Die Koordination des betrieblichen Ablaufes war gering, es mußten immer wieder fehlende Teile besorgt werden, und als Ergebnis herrschten lange Durchlaufzeiten, hohe Materialbestände und mangelhafte Termineinhaltung vor. In Kleinbetrieben gab es noch größere Probleme, weil kaum Aufzeichnungen darüber vorlagen, wie lange verschiedene Fertigungsvorgänge benötigten. Je kleiner ein Betrieb ist, umso größer ist seine Abhängigkeit vom Erfahrungswissen der Mitarbeiter.

In den Werkstätten arbeiten häufig nicht nur Spezialisten, sondern auch universell einsetzbare Arbeitskräfte, die aufgrund ihrer Erfahrung an verschiedenen Arbeitsplätzen eingesetzt werden können. Sie bieten damit die Möglichkeit, die im vorigen Abschnitt erwähnte unterschiedliche Auslastung einzelner Werkstätten im Zeitablauf durch Personalumsetzungen zu erreichen.

Viele Unternehmen mit Einzel- und Kleinserienfertigung sind relativ klein und nicht mit den schwerfälligen Organisationsapparaten großer Unternehmen behaftet. Die alleinige Verantwortung liegt häufig bei einer Person, die zugleich Inhaber und Geschäftsführer des Unternehmens ist, und die im Gespräch mit erfahrenen Mitarbeitern Chancen und Risiken innovativer Prozesse schneller bewerten und in eine Entscheidung umsetzen kann. Damit können sich diese Unternehmen schneller veränderten Marktbedingungen anpassen. Der Einsatz neuer Fertigungskonzepte und Technologien darf nicht nur aus Sicht der zuvor besprochenen finanziellen Rahmenbedingungen gesehen werden, sondern muß auch die Personal- und Organisationsstruktur einbeziehen.

In diesem Bereich sind die Betriebe relativ schlecht auf die Probleme der Produktionssteuerung vorbereitet, die sich aus dem Marktwandel, der als Folge veränderten Produktionsweise und den veränderten Zielen der Steuerung ergeben. Die Schwierigkeiten sollen an einigen Punkten verdeutlicht werden.

■ Die Einführung EDV-gestützter Steuerungskonzepte ist eine Management-Aufgabe. Eine Studie von Franke und anderen zeigt deutlich, daß die Verantwortlichen durch die Parallelität von Tagesgeschäft und betrieblicher Zukunftsvorsorge überlastet sind und hier eine große Beratungslücke besteht.[25] Eine vollständige Einführung durch ein Beratungsunternehmen ist aber nicht sinnvoll. Eine der Erfolgsvor-

---

[25] Vgl. Franke, J. u.a. (1987).

aussetzungen ist die frühzeitige, organisatorische Eingliederung von Führungskräften der höchsten Unternehmensebene in den Planungsprozeß.[26]

■ Die Personalqualifikation wird zu einem wichtigen Problem während der Einführung.[27] Mitarbeitern, die jahrelang mit bestimmten Methoden und Hilfsmitteln gearbeitet haben, fällt eine Umstellung häufig schwer. Die Einführungsstrategie sollte darauf achten, daß das Projekt nicht an den Widerständen der Mitarbeiter (mangelnde Akzeptanz) scheitert.

■ Um den Erfolg neuer Steuerungskonzepte nicht zu gefährden, müssen die Abteilungen koordiniert, nicht stellenegoistisch vorgehen. Die geänderte, ganzheitliche Sichtweise läßt sich jedoch nicht von heute auf morgen erzwingen.

Um den Rahmenbedingungen gerecht zu werden, ist es deshalb erforderlich, die Einführungsstrategie an die individuellen Belange und Voraussetzungen des Unternehmens anzupassen. Dazu zählen z. B. folgende Punkte:[28]
- Wahl des Einführungszeitpunktes,
- Art der Systemänderung (kontinuierliche Modifikation, stufenweise Einführung, sprunghafte Umstellung),
- Anteil der Eigenentwicklung.

Gerade der zuletzt genannte Punkt betrifft wiederum die personellen und finanziellen Rahmenbedingungen. Schlüsselfertige Standardsoftware wird selten den Unternehmensbelangen gerecht, so daß mehr oder weniger große Änderungen und Ergänzungen an den Programmen erforderlich sind. Die unternehmensinternen EDV-Abteilungen sind im allgemeinen entweder stark überlastet oder fachlich dazu nicht in der Lage. Die Unterstützung externer Berater stellt wiederum starke Anforderungen an die Finanzkraft der Unternehmen.

---

[26] Vgl. Wildemann, H. (1987c), S. 166.

[27] Vgl. Wildemann, H. (1987c), S. 168 f.

[28] Vgl. Wildemann, H. (1987c), S. 147 ff.

22. Ein mittelständisches Pilot-Unternehmen

Nach den allgemeinen Ausführungen des Abschnittes 21 zu einer
ganzen Klasse von Unternehmen soll in diesem Abschnitt ein
Unternehmen vorgestellt werden, das sich für eine Pilot-Stu-
die zur Verfügung gestellt hat und dessen Probleme Auslöser
für die vorliegende Arbeit waren.[1]

Es handelt sich um ein mittelständisches Maschinenbau-Unter-
nehmen aus dem Münsterland, das sich auf die Fertigung von
Förderanlagen für Schüttgüter jeglicher Art spezialisiert
hat. Die Geräte und Anlagen werden zum Entleeren von Behäl-
tern aller Art, Form und Größe eingesetzt. Spezielle Aufgaben
(Dosieren, Abwiegen, Umfüllen, Zu- und Abführen) werden durch
eigengefertigte oder zugekaufte Aggregate gelöst. Der Firmen-
umsatz betrug im Jahre 1986 ca. DM 6 Millionen. Der Marktan-
teil liegt bei mehr als 20 %, der Stammkundenanteil ist mit
etwa 15% relativ gering.

Die Fertigung erfolgt im wesentlichen als auftragsbezogene
Einzelfertigung. Nur in Ausnahmefällen werden für Großkunden
mehrere baugleiche Maschinen in einer Kleinserie gefertigt.
Der Kunde kann zwischen 70 Grundtypen wählen. Durch die Ergänzung um Zusatzbauteile, die Einhaltung spezieller Kundenanforderungen (Maße, Auflagen hinsichtlich der Schaltpläne
für elektrische Bauteile) und den wachsenden Anteil der Zu-
sammenstellung von Einzelgeräten zu Gesamtanlagen - Anlagenbau - entsteht ein großes Variantenspektrum. Die Tendenz zu
einer steigenden Zahl von Varianten hat sich in der Vergangenheit von Jahr zu Jahr verstärkt. Es besteht ein starker
Trend von der Produktion einfacher Maschinen hin zur Herstel-

---

[1] Die Ausführungen des Abschnittes 22 entsprechen im wesent-
     lichen einer vom Autor dieser Arbeit bereits veröffent-
     lichten Fallstudie im SzU-Band 39, vgl. Fischer, K.
     (1988).

lung kompletter Anlagen. Der Anteil des Anlagenbaus am Umsatz hat 35% erreicht. Die Erfahrungen, die bei der Erstellung kundenindividueller Anlagen gewonnen wurden, haben zu ständigen Produktinnovationen geführt - z.B. computergesteuerten Anlagen -, die auch zu einer Veränderung des Kundenkreises beigetragen haben.

Das Unternehmen arbeitet nach dem Prinzip der Werkstattfertigung. Die Produktion der Maschinen bzw. Anlagen erfolgt in vernetzter Fertigung, d.h. an den Einzelteilen der Aufträge wird zeitlich parallel gearbeitet.[2] Die Fertigung erfolgt räumlich stark beengt. Immer wieder blockieren Teile angefangener Aufträge die Wege in der Werkhalle.

In der Fertigung und im Außendienst - Montage und Kundendienst - arbeiten ca. 50 Mitarbeiter, die flexibel eingesetzt werden können. Fast jeder Mitarbeiter hat einen Stammarbeitsplatz, auf dem er aufgrund seiner Erfahrung eine hohe Effizienz erreicht. Er kann jedoch auch auf anderen Arbeitsplätzen eingesetzt werden, falls es die Fertigungssituation erfordert, z.B. bei Krankheit eines für den Fertigungsfortschritt wichtigen Mitarbeiters. Im allgemeinen ist ein Arbeitsplatzwechsel mit einem Effizienzverlust verbunden.

In einem Kalenderjahr werden ca. 250 Kundenaufträge bearbeitet. Zusätzlich werden noch Normteile, Ersatzteile und Kleingeräte in geringem Umfang produziert. Die Größe der Werkstatt und das Jahresauftragsvolumen erlauben es somit, auf einem Personal-Computer ein Fertigungssteuerungskonzept für dieses Unternehmen zu entwickeln.[3]

---

[2] Eine detaillierte Betrachtung des Ablaufes erfolgt in Kapitel 6, in dem die Grundlagen einer Simulationsstudie erläutert werden.

[3] Zu Einsatz-Beispielen von Personal-Computern in der Fertigungssteuerung vgl. VDMA (1985); Hansmann, K.-W. (1987).

Die allgemeinen Markttendenzen
- steigender Termindruck durch die Kunden,
- abnehmende Zeit zwischen Bestellung und Soll-Liefertermin,
- verstärkter Zeitdruck auf Konstruktion, Arbeitsvorbereitung, Fertigung und Kundendienst,
wirken nachhaltig auf das betrachtete Unternehmen.

Der Betrieb hat sich zwar fertigungstechnologisch auf die geänderten Anforderungen einzustellen versucht - z.B. durch den
Einsatz von NC-Werkzeugmaschinen und CAD-Einsatz in der Konstruktion -, dennoch ergeben sich bei der Auftragsabwicklung
erhebliche Probleme, da bislang kein geschlossenes Steue-
rungskonzept und keine geeignete Aufbereitung der erforderlichen Daten existieren.

Alle Planungsaufgaben werden momentan weitestgehend manuell
im Wege der Improvisation gelöst. Entscheidungen werden vom
Betriebsleiter intuitiv und spontan aufgrund seiner Erfahrungen getroffen.[4] Der Komplexitätsgrad der Produktion ist in
den letzten Jahren so gestiegen, daß der Techniker, der bislang die Werkstatt im "2-Augen-Betrieb" steuert und gleichzeitig auch noch konstruiert, überfordert ist.

Ein PPS-System oder Teilmodule davon sind im Betrieb nicht
installiert. Die EDV wird hauptsächlich für Verwaltungsaufga-
ben eingesetzt. Der Betriebsleiter kann durch sein "Manage-
ment-by-walk-around" die ständig komplexer werdende Fertigungssituation jedoch nicht mehr in allen Zusammenhängen erfassen. Die zeitliche Belastung der Arbeitsplätze durch die
aktuell vorhandenen Aufträge ist unbekannt, da keine - nicht
einmal grobe - Soll-Terminpläne aufgestellt werden. Eine be-
gründete Entscheidung für die Annahme oder Ablehnung von Ter-

---

[4] Manske spricht in diesem Zusammenhang von einem "Betriebs-
     leiter alten Typs", der vielfältige planende, steuernde
     oft sogar noch konstruierende Funktionen ausfüllen muß,
     vgl. Manske, F. (1987), S. 184.

minwünschen bei Kundenanfragen ist deshalb zur Zeit nicht möglich.

Fremdbezugsteile und eigenproduzierte Normteile müssen rechtzeitig bestellt bzw. produziert werden. Geplante Materialbereitstellungstermine gibt es jedoch bislang nicht. Als Folge dessen muß die Produktion der Kommissionen zum Teil unterbrochen werden, da Teile fehlen. Dies fällt häufig erst in dem Moment auf, in dem die Teile für den Einbau benötigt werden, so daß wichtige Zeit für die Beschaffung verloren geht.

Die Kapazität des Unternehmens ist personalorientiert, d.h. das Leistungsvermögen der Arbeitsplatzgruppen wird ganz wesentlich durch die Personalzuordnung bestimmt. Eine systematische Personalzuordnung findet jedoch nicht statt. Bei Personalumsetzungen, die z.B. bei Krankheit oder Urlaub erforderlich werden, wird die Effizienz der Mitarbeiter an bestimmten Arbeitsplätzen nur intuitiv berücksichtigt.

Einige Daten aus dem Jahr 1986 sollen die Terminsituation in der Auftragsabwicklung verdeutlichen. Zunächst erfolgt ein tabellarischer Überblick.

Zeitraum	Mittelwert (Tage)	Standard- abweichung
1. Bestelltag - Produktionsbeginn	30.0	19.4
2. Produktionsbeginn - Produktionsende	72.0	39.0
3. Produktionsende - Solliefertag	-27.6	46.8

Tab. 1: Auftragsabwicklung im Pilot-Unternehmen (1986)

<u>Phase 1:</u> Bestelltag bis Produktionsbeginn
Im Mittel werden für die Arbeiten in der Arbeitsvorbereitung und insbesondere in der Konstruktion 30 Tage benötigt. Wird

diese Zeit in ein Verhältnis zu der mittleren Zeit zwischen Bestelltag und Solliefertag (74,4 Tage) gesetzt, läßt sich feststellen, daß bereits hier ein relativ großer Anteil der vom Kunden tolerierten Zeitspanne bis zur Lieferung verbraucht wird (40,3 %). Dies deutet auf Kapazitätsengpässe in der Konstruktion hin. Möglicherweise wird auch die Durchlaufzeit der Aufträge in der Arbeitsvorbereitung unterschätzt, so daß einige Aufträge zu spät in die Produktion gehen.

2. Phase: Durchlaufzeit
Die mittlere Durchlaufzeit von 72 Tagen[5] unterliegt relativ starken Streuungen (Standardabweichung 39 Tage). Dies ist eine Auswirkung der starken Schwankungen in Art und Anzahl der vorliegenden Aufträge im Zeitablauf bzw. der daraus resultierenden Auslastungssituation. Häufig sind auch fehlende Teile für eine Verlängerung der Durchlaufzeit verantwortlich.

3. Phase: Endlager bzw. Verspätung
Die mittlere Termineinhaltung ist sehr schlecht (27,6 Tage Terminverzug) und resultiert daraus, daß ein relativ großer Anteil der Aufträge (22,5 %) mit mehr als 5 Wochen Verspätung ausgeliefert wird, immerhin 42,2 % mit 1 bis 4 Wochen Verspätung fertig werden, nur 22 % der Aufträge in etwa termingerecht beendet werden und 13,3 % bis zu 2 Wochen Endlagerzeit haben. Das Unternehmen muß deshalb Good-Will-Verluste und zum Teil auch hohe Konventionalstrafen in Kauf nehmen. Eine der Ursachen für diese schlechte Termineinhaltung ist die mangelnde Fähigkeit der Arbeitsvorbereitung, für eine Kundenanfrage einen realistischen, einhaltbaren Liefertermin vorzuschlagen. Lieferterminzusagen sind nicht auf die Verhältnisse in Konstruktion und Produktion abgestimmt, sondern werden primär als verkaufsförderndes Argument eingesetzt. Dies läßt sich belegen, wenn man aus der Gesamtheit der Aufträge die

---

[5] Aufträge, die eine Durchlaufzeit von mehr als 200 Tagen hatten (Anlagenbau), wurden in der Durchschnittsbildung nicht berücksichtigt.

besonders umsatzträchtigen herausfiltert. Zum Teile sind diese mit Konventionalstrafen belegt, falls eine verspätete Auslieferung erfolgt. Die Höhe einer bereits beim Vertragsabschluß erwarteten Verspätung wird dann in der Kalkulation bereits berücksichtigt. Für diese Auftragsklasse ergibt sich gar eine mittlere Verspätung von 33,2 Tagen, also noch etwa eine Woche mehr als bei den Werten des Gesamtprogrammes. Die ersten beiden Phasen ergeben für diese Klasse ähnliche Zeitwerte (34,1 Tage bis zum Produktionsbeginn und eine Durchlaufzeit von 74,3 Tagen).

Die Beschreibung der Betriebssituation mag den Anschein erwecken, daß die Ausgangslage für ein Pilotprojekt untypisch schlecht ist. Viele Gespräche mit anderen kleinen mittelständischen Unternehmen mit ähnlicher Fertigungsstruktur zeigen jedoch, daß diese Vermutung nicht zutrifft. Man kann daher durchaus von einem repräsentativen Beispiel sprechen.[6]

---

[6] In der Literatur der letzten Jahre finden sich sehr viele Berichte mittelständischer Unternehmen über Probleme in der Fertigungssteuerung und realisierte EDV-Anwendungen in diesem Bereich, von denen einige hier zu Vergleichszwecken aufgeführt werden sollen: Bauernfeind, U. (1987); Bernhardt, R. (1983); Eisele, K. (1987); Gasser, U. / Studer, H. U. (1983); Griese, J. / Kupicz, R. (1984); Mantel, F. S. / Bruweleit, M. (1986); Popp, M. (1987); Schaeffer, B. (1986).

23. Anforderungen an ein Produktionsplanungsmodell für Betriebe mit Einzel- und Kleinserienfertigung

Damit ein Unternehmen erfolgreich am Markt bestehen kann, ist es unerläßlich, eine Planung des Betriebsgeschehens vorzunehmen.[1] Aufbauend auf einer gegebenen unternehmerischen Zielsetzung[2], die sich im allgemeinen an einer Gewinnmaximierung orientiert, soll mit Hilfe der Planung ermittelt werden,
- welche Handlungsalternativen für das Unternehmen existieren,
- welche Alternative das gegebene Ziel am besten erfüllt,
- welche Handlungen erforderlich sind, um diese Alternative im Zeitablauf zu realisieren und
- welche Zielerreichungsgrade daraus für das Unternehmen resultieren.[3]

Die Planung liefert für einen betrachteten Zeitraum Sollvorgaben, die eine ständige Kontrolle erfordern, um rechtzeitig auf Abweichungen vom geplanten Verlauf reagieren zu können und Erkenntnisse für neue Planungsaufgaben zu gewinnen.[4]

Aufgabe der Produktionsplanung ist es, für einen Planungszeitraum festzulegen,
- welche Leistungen
- zu welchen Zeitpunkten
- unter Einsatz welcher Produktionsfaktoren
produziert werden sollen.[5]

---

[1] Vgl. Gutenberg, E. (1983), S. 7; Koch, H. (1982), S. 8 f.

[2] Vgl. Heinen, E. (1976), S. 17 ff.

[3] Vgl. Jacob, H. (1986a), S. 385; Adam, D. (1969), S. 17.

[4] Vgl. Jacob, H. (1986a), S. 385.

[5] Vgl. Gutenberg, E. (1983), S. 149; Adam, D. (1988c), S. 1.
Wie Haupt und Klee zeigen, vgl. Haupt, R. / Klee H. W. (1986), fassen fast alle Autoren Bereich und Inhalt der Produktionsplanung unterschiedlich weit, außerdem werden

Die Produktionsplanung ist dabei als Teilgebiet der Theorie des Güterumwandlungsprozesses anzusehen, die sich ihrerseits mit der Beschaffung, Produktion und Verwertung der Güter befaßt.[6]

Aus den zuvor beschriebenen Rahmenbedingungen lassen sich unmittelbar allgemeine Anforderungen ableiten, die ein Produktionsplanungsmodell erfüllen muß, damit es in den Betrieben mit Einzel- und Kleinserienfertigung bei Werkstattfertigung sinnvoll eingesetzt werden kann. Weil aufgrund der komplexen Situation praktisch nur ein EDV-Programm alle benötigten Daten verwalten kann, können diese Anforderungen als erste Meßlatte für die Eignungsbeurteilung entsprechender Software eingesetzt werden.

231. Formen zentraler und dezentraler Entscheidungen

Viele Software-Anbieter versuchen, ihre Erfahrungen, die sie im Bereich der Serienfertigung gesammelt haben, direkt auf die Einzelfertigung zu übertragen. Das Resultat ist eine zentralisierte Totalplanung.[7] In ihrer reinen Form läßt diese Philosophie weder Meistern noch Arbeitern Steuerungsbefugnisse, vielmehr wird durch einen zentral ermittelten Plan eine Terminfeinplanung vorgenommen, die eine genaue Bearbei-

---

Bereiche gleichen Inhalts unterschiedlich bezeichnet, sowie gleiche Begriffe unterschiedlich interpretiert.

[6] Vgl. Busse von Colbe, W. / Laßmann, G. (1983), S. 9.

[7] Vgl. Manske, F. (1986), S. 91 ff.; derselbe (1987), S. 187 f.

tungsreihenfolge aller Aufträge in allen Werkstätten fest-
legt.

Die Hauptmängel dieses Konzepts liegen in zwei Bereichen. Zum
einen ist es völlig unmöglich, ein genaues Abbild der Fertigung im Rechner zu erstellen und alle störenden Einflüsse zu
berücksichtigen. Als Konsequenz daraus sind die Ergebnisse
der Reihenfolgeplanung bereits nach kurzer Zeit veraltet.
Verfechter des Konzepts versuchen, durch immer genauere,
zeitnahe Systeme zur Betriebsdatenerfassung (BDE) an ihrem
Anspruch festzuhalten, eine zentrale Totalplanung vorzunehmen. Damit verbleiben dem Betrieb nur Ausführungs- und Rück-
meldefunktionen. Der zweite Mangel tritt als Konsequenz dieser Situation auf. Massive Kontrolle und Fremdbestimmung führen beim Werkstattpersonal zu einem Nachlassen der Motivation
und zu einem "Dienst nach Vorschrift",[8] die angestrebte höhere Produktivität wird nicht erreicht.

Denkbar ist es, den dezentralen Instanzen vollständig zu
überlassen, in welcher Reihenfolge sie die ihnen übertragenen
Arbeiten erledigen. In diesem extremen Fall orientieren sich
die Ziele der Abteilungen nicht mehr am übergeordneten Unternehmensziel sondern an den subjektiven Interessen der dort
beschäftigten Mitarbeiter. Unangenehme Tätigkeiten bleiben
liegen, eine Koordination des gesamten Ablaufes findet nicht
statt. Die Ziele des Unternehmens können durch Sondermaßnahmen ("Feuerwehraktionen") nur noch im geringen Maße beachtet werden.

Offensichtlich muß ein Kompromiß gefunden werden, der die
Vorteile der Totalplanung übernimmt und ihre Nachteile vermeidet. Eine solche Konzeption ist die zentrale **Rahmenplanung**
mit dezentralen (personellen) Planungsleistungen.[9] "Ferti-

---

[8] Vgl. Manske, F. (1987), S. 188 f.

[9] Vgl. Manske, F. (1986), S. 92 ff.; derselbe (1987),
     S. 188.

gungssteuerung ist nach diesem Ansatz eine Synthese aus EDV-Leistung und personeller Leistung - die personelle Leistung ist gerade nicht als bloße Ausführung eines mittels EDV erstellten Plans charakterisierbar."[10] An zentraler Stelle wird in diesem Konzept nur ein grober Rahmenplan aufgestellt, aus dem sich Termineckdaten für die Auftragsdurchläufe ergeben. Die Terminabläufe werden transparenter, und Spielräume für die einzelnen Werkstätten erlauben Meister und Arbeitern, aktiv steuernd einzugreifen. Die Vorteile der bisherigen Organisationsform mit dezentralen Kompetenzen bleiben also zum Teil erhalten. Auch wenn die Kontrolle viel grober als im Konzept der Totalplanung erfolgt - z.B. wird nur die Gesamtheit der im Rahmenplan hinterlegten Aufträge angesprochen -, kann auf eine ausgebaute BDE nicht verzichtet werden.

Aus verschiedenen Gründen heraus[11] ist die Produktion im Maschinenbau nur sehr begrenzt im voraus planbar, so daß die Schwächen der Totalplanung besonders offen zu Tage treten. "Die Komplexität der Fertigung führt dazu, daß die Betriebe auf die technisch-fachlichen Kompetenzen der Arbeiter - und der Meister, kurz: der Werkstatt insgesamt - ebenso angewiesen bleiben wie deren Motivation: Die Arbeiter sind vom Betrieb als 'Produzenten' ernst zu nehmen, deren Einsatz für eine funktionsfähige Fertigung unabdingbar ist."[12]

Die erste Forderung kann deshalb nur lauten, daß nur ein Rahmenplanungskonzept, das Meistern und Arbeitern beschränkte Steuerungsfunktionen überträgt, als Konzept für ein Produktionsplanungsmodell bei Einzelfertigung in Frage kommt.

---

[10] Manske, F. (1986), S. 94.

[11] Vgl. Manske, F. (1986), S. 103 ff.

[12] Manske, F. (1986), S. 105.

232. Flexibilität der Pläne

Ein wesentliches Merkmal der beschriebenen Situation ist die ständige Änderung der Rahmenbedingungen, denen sich die Unternehmen mit Einzel- und Kleinserienfertigung gegenüber sehen. Ein Planungsmodell muß diesen Wechsel berücksichtigen und es erlauben, darauf schnell und flexibel zu reagieren. Die Planung sollte deshalb rollierend erfolgen. In einem festen zeitlichen Raster oder bei Bedarf (z. B. bei unerwarteten großen Störungen) sollten die Planungen vorgenommen werden und sich einer aktualisierten Datenbasis bedienen. Die Ergebnisse sollten relativ schnell zur Verfügung stehen - die Planungsalgorithmen sollten nicht zu rechenzeitintensiv sein -, damit alternative Strategien und Datensituationen simulativ bewertet werden können. Die Ergebnisse sollten ferner in verschiedenen Detaillierungsniveaus abrufbar sein, um nach einer groben Einschätzung (z. B. durch Mittelwerte ausgewählter wichtiger Kenngrößen) bei Bedarf tiefere Einsichten in den simulierten Ablauf zu gewinnen. Die zuletzt genannten Forderungen lassen es deshalb sinnvoll erscheinen, ein interaktives Planungsmodell anzustreben.[13]

Die ständige Änderung der Rahmenbedingungen erfordert es, die Ergebnisse der Planung so auswerten zu können, daß es möglich ist, Beziehungen zwischen den genannten Zielen zu studieren. Ob und in welchem Ausmaß sich verschiedene Zielerreichungsgrade konfliktär oder verträglich verhalten, muß durch das Planungsmodell offenkundig werden. Die Zielbeziehungen lassen sich nur untersuchen, wenn das Planungsmodell Gestaltungsalternativen für den Durchlauf der Aufträge zuläßt, d. h., das Modell muß über geeignete Steuerungsparameter verfügen, über die der Disponent in der Lage ist, den Ablauf zu beeinflussen, um in Simulationen die Wirkung der Einstellung dieser Parameter auf die Ziele zu untersuchen.

---

[13] Zur Dialogverarbeitung vgl. Scheer, A.-W. (1987a), S. 29 ff.

Andererseits ist es auch sinnvoll, Kenntnisse über die Unternehmenssituation (z. B. erwartete Auftragslage) in Prioritäten für bestimmte Ziele (Auslastung, Durchlaufzeit, Termintreue) zum Ausdruck bringen zu können. Die Gewichtung der Steuerungsziele sollte also nicht statisch verankert, sondern flexibel an die jeweilige Situation anpaßbar sein.

233. Abbild der Prozeßstruktur

Weil die Arbeiten an einem Auftrag im allgemeinen nicht streng zeitlich nacheinander erfolgen, sondern vielfach zeitlich parallel durchgeführt werden können, bevor an einem Knotenpunkt ein Zusammenfügen einzeln erstellter Teile vorgesehen ist, kommt dem Planungsmodell eine Koordinierungsfunktion zu. Es reicht dazu nicht aus, die maximale Höhe der Bestände an den Arbeitsplätzen zu reglementieren, vielmehr muß der prinzipielle Durchlauf einzelner Aufträge durch die gesamte Fertigung erfaßt und so beeinflußt werden, daß an Knotenpunkten in Montageprozessen keine zu langen Wartezeiten entstehen. Nur so ist es möglich, realistische Bedarfstermine für Teile und Liefertermine für Auftragsanfragen zu ermitteln.

234. Personalzuordnung

Die Notwendigkeit, auf den im Zeitablauf unterschiedlichen Arbeitsanfall an einzelnen Arbeitsplätzen steuernd einzuwirken, und die Fähigkeit vieler Mitarbeiter, an unterschiedlichen Arbeitsplätzen zu arbeiten, müssen im Planungsmodell berücksichtigt werden. Die Kapazitätsnachfrage an bestimmten Arbeitsplatzgruppen sollte der Ausgangspunkt von Überlegungen sein, Mitarbeiter von unterausgelasteten Bereichen abzuziehen und in überlasteten Bereiche einzusetzen. Das Planungsmodell muß es daher erlauben, die Kapazitäten durch Personaleinsatzplanung an die Kapazitätsnachfragesituation anzupassen.

3. Produktionsplanung für die Einzel- und Kleinserienfertigung

Im folgenden Kapitel wird die allgemeine Vorgehensweise der traditionellen Betriebswirtschaftslehre in der Produktionsplanung dargestellt und ihre Eignung für den Einsatz in den beschriebenen Unternehmenssituationen untersucht. Zuerst wird die Fragestellung der Produktionsplanung in einzelne Teilprobleme aufgelöst und aufgeführt, welche Bedeutung diese speziellen Planungsaufgaben für Betriebe mit Einzel- und Kleinserienfertigung besitzen. Anschließend wird untersucht, ob das klassische betriebswirtschaftliche Vorgehen in der Modellbildung geeignet ist, die Zielerreichung auch tatsächlich in realen Problemstellungen in gewünschter Form beeinflussen zu können.

31. Fragestellungen der Produktionsplanung

Folgende Punkte werden in einem umfassenden Modell der Produktionsplanung behandelt:

■ Produktionsprogramm[1]:

Die Festlegung, welche Produkte in welchen Mengen zu fertigen sind, stellt sich in erster Linie für den Serienfertiger, der seine Erzeugnisse auf einem anonymen Markt veräußern möchte. Für den Auftragsfertiger stellt sich das Problem in anderer Form. Er muß in Verhandlungen mit dem Kunden eine Kombination von Preis, Liefertermin und sonstigen Konditionen finden, die es erlaubt, einen angemessenen Deckungsbeitrag für den Auftrag zu erzielen. In Ausnahme-

---

[1] Zur Programmplanung vgl. Gutenberg, E. (1983), S. 151 ff.; Backhaus, K. (1979); Jacob, H. (1986b), S. 405 ff.; Adam, D. (1988c), S. 339 ff.; Hoitsch H.-J. (1985), S. 76 ff; Zäpfel, G. (1982), S. 45 ff. Kayser, P. (1978) beschäftigt sich speziell mit der Programmplanung bei Auftragsfertigung, ebenso Hoitsch H.-J. (1985), S. 146 ff; Zäpfel, G. (1982), S. 148 ff.

fällen (z. B. in der Erprobungsphase neuer Produktlinien) kann kurzfristig das Gewinnstreben bei einzelnen Aufträgen zurückgestellt werden, um längerfristig die strategische Wettbewerbsposition zu verbessern.

- Losgröße:
Aus den Marktaufträgen lassen sich innerbetriebliche Aufträge ableiten, die zu Losen zusammengefaßt werden, um Rüstzeiten und -kosten einzusparen. Für die Einzelfertigung ist dieser Punkt von untergeordneter Bedeutung, weil innerhalb eines kurzfristigen Zeitrahmens nur selten mehr als ein Exemplar von einem Teil bzw. einer Baugruppe gefertigt werden.[2] Allenfalls stellt sich dieses Problem für die Eigenfertigung von Normteilen, die in mehreren Produktvarianten eingesetzt werden können.

- Bearbeitungsreihenfolge der Aufträge an den Maschinen:
Warten an einer Bearbeitungsstation zu einem Zeitpunkt mehrere Aufträge, muß entschieden werden, welcher Auftrag zuerst gefertigt wird. Da über die Reihenfolge die Durchlaufzeiten und die Termintreue der Aufträge beeinflußt werden, kommt diesem Punkt eine erhebliche Bedeutung für die Einzel- und Kleinserienfertigung zu, wenn sich vor den Bearbeitungsstationen größere Warteschlangen bilden.

- Personalzuordnung:
Sind Mitarbeiter an verschiedenen Arbeitsplätzen einsetzbar, sollte die Zuordnung des Personals dem Arbeitsanfall angepaßt werden. Wie bereits betont wurde, ist dieser Punkt für die Einzel- und Kleinserienfertigung von nicht zu unterschätzender Bedeutung.

- Saisonale Schwankungen in den Absatzerwartungen:
Branchenspezifisch ist es denkbar, daß Produkte starken saisonalen Einflüssen unterliegen. Die Spitzennachfragewerte im Jahr können unter Umständen nicht durch die Produktionsmöglichkeiten abgedeckt werden, so daß eine Produktion auf Lager nötig ist, falls die Produkteigenschaften dies zulassen.

---

[2] Vgl. Helberg, P. (1987), S. 156.

Ausgangspunkt der Überlegungen ist in den Modellen der Produktionsplanung die Programmplanung. Die Ergebnisse dieser Stufe - Produktionsprogramm nach Art und Menge - sind Dateninput für die Produktionsdurchführungsplanung[3], die sich mit den übrigen oben genannten Punkten beschäftigt und die Planungsprobleme üblicherweise in vier Fragestellungen behandelt:

■ Welche Produktionsfaktoren (Arbeit, Betriebsmittel, Werkstoffe) sind in welchen Mengen, wann und gegebenenfalls mit welcher Intensität einzusetzen? (Produktionsaufteilungsplanung)[4]

■ Wie können die Produktionsendtermine so auf die Absatztermine der Erzeugnisse abgestellt werden, daß möglichst geringe Kosten für Produktion und Lagerung der fertigen Erzeugnisse entstehen? (Planung der zeitlichen Verteilung der Produktion)[5]

■ Wie groß sind die innerbetrieblichen Aufträge, bei denen ein Minimum an Rüst- und Lagerkosten entsteht? (Planung innerbetrieblicher Auftragsgrößen)[6]

■ Wann sollen welche Aufträge auf welchen Betriebsmitteln unter Einsatz welcher Arbeitskräfte produziert werden? (Zeitliche Ablaufplanung)[7]

---

[3] Vgl. Adam, D. (1986), S. 651 ff.; derselbe (1988c), S. 93 ff.

[4] Vgl. Adam, D. (1988c), S. 93 f. und S. 128 ff.

[5] Vgl. Adam, D. (1986), S. 665 ff.; derselbe (1988c), S. 292 ff. und die umfassende Arbeit von Hoffmann, J. (1985).

[6] Vgl. Gutenberg, E. (1983), S. 201 ff.; Adam, D. (1986), S. 767 ff.; derselbe (1988c), S. 306 ff.

[7] Vgl. Gutenberg, E. (1983), S. 215 ff.; Adam, D. (1986), S. 702 ff.; derselbe (1988c), S. 327 ff.; Liedl, R. (1984).

32. Berücksichtigung von Interdependenzen in der Produktionsplanung

Innerhalb der vier Teilpläne der Produktionsdurchführungsplanung und gegenüber der Programmplanung bestehen eine Vielzahl von Interdependenzen[1], so daß nur im Zuge einer Simultanplanung ein theoretisches Optimum bestimmt werden kann.[2] Doch selbst alle Fortschritte im Bereich der EDV lassen eine solche Integration in einem Totalmodell aufgrund der hohen Komplexität im Augenblick und auch in absehbarer Zukunft illusorisch erscheinen.

Um dennoch zu einer Lösung zu kommen, wird die Gesamtplanung in Teilplanungen zerlegt, die ihrerseits von groben Prämissen über ausgeklammerte Probleme ausgehen. Anhand von zwei Beispielen, die für die Einzel- und Kleinserienfertigung von besonderer Bedeutung sind - Ablaufplanung und Personaleinsatzplanung - wird gezeigt, daß die Modellansätze der traditionellen Betriebswirtschaftslehre den realen Problemen nicht gerecht werden. Deshalb kann auf eine Darstellung der Lösungsmethoden weitgehend verzichtet werden.

321. Mängel der klassischen Ablaufplanung aus Sicht der Werkstattfertigung

Die Ablaufplanung soll innerhalb der Produktionsplanung die Kernfragen beantworten, in welcher Reihenfolge die Fertigungsaufträge auf den einzelnen Maschinen der Werkstatt abzuwickeln sind (**Auftragsreihenfolgeplanung**, sequencing theory), und wann die Maschinen der einzelnen Produktionsstufen für

---

[1] Vgl. Adam, D. (1986), S. 653 ff.; derselbe (1988c), S. 95 ff.; Zäpfel, G. (1982), S. 290 ff.

[2] Vgl. Gutenberg, E. (1983), S. 200; Adam, D. (1988c), S. 97.

die Aufträge einzusetzen sind (**Maschinenbelegungsplanung,** scheduling theory).[3]

Die Modelle zur Ablaufplanung gehen dabei häufig unter anderem von den folgenden **Prämissen** aus:[4]

■ Es liegt ein gegebenes Produktionsprogramm vor, das im Fall der Serien- oder Sortenfertigung bereits zu innerbetrieblichen Auftragsgrößen - Losen - zusammengefaßt ist.

■ Für jeden Auftrag liegt im Planungszeitpunkt fest,
   - welche Arbeitsoperationen in welcher (im allgemeinen technisch notwendigen) Reihenfolge auf welchen Maschinen zu erledigen sind und
   - wie lange diese Arbeitsoperationen dauern.

■ Die Bearbeitung kann erst dann beginnen, wenn vorausgehende Arbeitsoperationen beendet sind.

■ Begonnene Arbeitsoperationen werden ohne Unterbrechung zu Ende geführt.

■ Maschinenstörungen und knappe Lagerkapazitäten finden keine Berücksichtigung.

■ Die verplanbare Kapazität ist bekannt.

■ Im Fall der kundenorientierten Einzelfertigung ist zudem wichtig, daß für jeden Auftrag ein Liefertermin festgesetzt ist.

---

[3] Vgl. Adam, D. (1986), S. 702 f.; derselbe (1988c), S. 327; Müller-Merbach, H. (1979), Sp. 39.

[4] Vgl. Seelbach, H. (1979), Sp. 15 f.; Adam, D. (1986), S. 715 ff.

Eine Kritik dieser Prämissen zeigt, daß bereits hier gravierende Mängel vorprogrammiert sind.

1. Die Ablaufplanung geht von einer statischen Sicht des Problems aus, indem unterstellt wird, daß das gegebene Produktionsprogramm für die *gesamte* Planungsperiode im Planungszeitpunkt bekannt ist.[5] Real ist das Problem aber dynamisch, d. h., später kommen ständig Aufträge hinzu, die im Planungszeitpunkt noch unbekannt sind. Allenfalls für eine sehr kurzfristige Betrachtung kann die statische Sicht akzeptiert werden, es muß jedoch dann in der Modellierung sichergestellt werden, daß Erwartungen über künftige Aufträge in die Planung einfließen. Dies ist in den Modellen der klassischen Ablaufplanung jedoch nicht vorgesehen.

2. Die Losgrößenplanung wird vor der Ablaufplanung durchgeführt und muß Fragen der Durchsetzbarkeit der Lösung ausklammern. Die Interdependenzen zwischen Losgrößenplanung und Ablaufplanung werden nicht ausreichend berücksichtigt.

3. Falls Wahlmöglichkeiten bestehen, auf welcher Maschine eine Arbeitsoperation erledigt werden soll, muß die Maschinenzuordnung vorab festgelegt werden. Zuordnungsüberlegungen können dann zwar auf einem Fertigungskostenvergleich der Maschinen beruhen, jedoch nicht die Ablaufsituation berücksichtigen. Es kann real günstiger sein, eine gerade nicht genutzte Maschine mit höheren Kostensätzen für die Fertigung einzusetzen, wenn die kostengünstigere noch für einige Zeit blockiert ist, weil die eingesparten ablaufbedingten Kosten (Lagerkosten, eventuell Teminüberschreitungskosten) die höheren Fertigungskosten rechtfertigen.

---

[5] Die Modelle sind jedoch zeitablaufbezogen. Zu den Begriffspaaren zeitablaufbezogen, nicht zeitablaufbezogen und dynamisch, statisch vgl. Adam, D. (1986), S. 771 ff.

4. Die Prämisse einer konstanten Bearbeitungsdauer der Arbeitsoperationen ist für die Werkstattfertigung nicht
haltbar. In der Regel liegen personalabhängige Bearbeitungszeiten vor, d. h., die Dauer hängt davon ab, wer
(Meister, Lehrling) die Arbeit ausführt. Die Schwankungen
sind so groß, daß eine Approximation mit einem Mittelwert
zu ungenau ist.

5. Störungen des Ablaufes und knapper Lagerraum sind tägliche
Probleme in der Fertigung, die nicht ausgeklammert werden
dürfen.

6. Kapazitäten müssen vorab festgelegt werden, können damit
nicht aufgrund aktueller Kapazitätsnachfrage an einer Ar-
beitsstation an die Bedarfssituation angepaßt werden
(z. B. durch Personalumsetzungen, Überstunden, Fremdvergabe).

Weitere Mängel der klassischen Ablaufplanung werden offenkundig, wenn die Ziele der Planungsmodelle betrachtet werden.

In den meisten Fällen gehen von den Ergebnissen der Ablaufplanung sowohl Erlös- als auch Kostenwirkungen aus.[6] Erlös-
wirkungen liegen dann vor, wenn die Kapazität einzelner Bearbeitungsstufen knapp ist, so daß über die Ablaufplanung die
Zahl bzw. Auswahl der im Planungszeitraum erledigten Aufträge
beeinflußt werden kann. Die statischen Modelle vernachlässi-
gen diese Wirkung und unterstellen vereinfachend, daß alle
Aufträge im Planungszeitraum erledigt werden können, so daß
die Erlöse nicht beeinflußbar sind.

---

[6] Vgl. Adam, D. (1988c), S. 327; Liedl, R. (1984), S. 25 f.;
Weithöner, U. (1985), S. 22 ff.

Kostenwirkungen treten hauptsächlich in den folgenden Formen auf:[7]

- Maschinenstillstandskosten,
- reihenfolgeabhängige Rüstkosten,
- Kapitalbindungskosten,
- Zwischenlagerkosten,
- Endlagerkosten,
- Terminüberschreitungskosten[8].

Theoretisch ist es denkbar, ein Modell zur Ablaufplanung zu konstruieren, das als Zielsetzung verfolgt, die Differenz von beeinflußbaren Erlösen und Kosten zu maximieren.[9] Sieht man einmal vom Lösungsdefekt[10] eines solchen Modells in realistischen Größenordnungen ab, so bereitet die Quantifizierung der einzelnen Erlöse und Kosten große Schwierigkeiten.[11]

Deshalb ist es in der traditionellen Betriebswirtschaftslehre schon seit langem üblich, ausgewählte Zeitgrößen und Kapazitätsauslastungskennziffern, die im direkten Zusammenhang mit Erlös- und Kostengrößen stehen, als Ersatzzielkriterien zu benutzen.[12] Es wird akzeptiert, daß diese Vorgehensweise selten zum gewinnmaximalen Optimum führt.[13] Besondere Bedeutung

---

[7] Vgl. Seelbach, H. (1979), Sp. 19 ff.; Paulik, R. (1984), S. 92 ff.; Hoitsch, H.-J. (1985), S. 186 ff.; Koffler, J. (1987), S. 10 ff.

[8] Speziell zu den Terminüberschreitungskosten vgl. Zäpfel, G. (1982), S. 190 f.

[9] Vgl. Liedl, R. (1984), S. 24 ff.; Paulik, R. (1984), S. 88.

[10] Vgl. Witte, Th. (1979), S. 76 ff.; Adam, D. / Witte, Th. (1979).

[11] Vgl. Liedl, R. (1984), S. 27 ff.

[12] Vgl. die Übersicht bei Liedl, R. (1984), S. 18 ff.

[13] Vgl. Adam, D. (1986), S. 718 ff; Hoitsch, H.-J. (1985), S. 190 ff.

kommt in vielen Modellen der Durchlaufzeit und der Endlagerzeit der Aufträge sowie den Stillstandszeiten der Maschinen
zu.[14]

Damit greift die Ablaufplanung drei von den üblicherweise
vier in der Fertigungssteuerung benutzten Zielen auf; die
Höhe der Bestände ist dagegen kein Planungsgegenstand. Werden
mehrere Zeitzielgrößen gleichzeitig betrachtet, treten eventuell Zielkonflikte auf. Der bekannteste ist der erstmals von
Gutenberg als **Dilemma der Ablaufplanung** bezeichnete Effekt,[15]
der aussagt, daß es nicht möglich ist, gleichzeitig möglichst
geringe Stillstandszeiten der Maschinen und möglichst geringe
Durchlaufzeiten (bzw. Zwischenlagerzeiten) der Aufträge anzustreben.[16] Zur Lösung von Zielkonflikten werden in der Literatur zahlreiche Möglichkeiten angeboten,[17] die jedoch in den
Modellen der Ablaufplanung nur wenig Berücksichtigung gefunden haben. Zumeist wird ein Ziel (hohe Auslastung bzw. mini-
male Durchlaufzeiten) einseitig in den Vordergrund gestellt,
ohne die Wirkung dieser Ziele auf das übergeordnete Unternehmensziel - Gewinn - zu beachten. Aber selbst mit dieser
einfachen Sicht - nur eine Zielinhalt - ist in realen Prob-
lemdimensionen keine Optimierung möglich. Das zu lösende Planungsproblem gehört zur Klasse der Reihenfolgeprobleme und
weist damit eine Struktur auf, in der analytische Verfahren
sehr schnell versagen oder nur mit unvertretbar hohem Rechen-

---

[14] Vgl. Schneeweiß, Ch. (1987), S. 227; Koffler, J. (1987),
S. 20 ff.; Haupt, R. (1974), S. 11 ff.; derselbe (1989),
S. 4 f.; Zäpfel, G. (1982), S. 248 ff.

[15] Vgl. Gutenberg, E. (1951), S. 158 ff.

[16] Vgl. Adam, D. (1986), S. 714 f. Adam verdeutlicht das Dilemma an einem kleinen Beispiel, vgl. Adam, D. (1988c),
S. 331 ff.

[17] Vgl. Sägesser, R. (1976), S. 11; Biendl, P. (1984),
S. 51 f.; Paulik, R. (1984), S. 91; Dyckhoff, H. (1985).

aufwand gelöst werden können.[18] Nur in sehr speziellen Fragestellungen - zumeist in einfachen linearen Fällen mit wenigen
Maschinen - können analytische Modelle in akzeptabler Zeit
gelöst werden.[19] Auch erweiterte Verfahren der Netzplan-
technik erlauben es nicht, die Ablaufplanung bei Werkstattfertigung als Mehrprojektanalyse zu betrachten und zu
lösen.[20]

In der Praxis haben sich deshalb heuristische Lösungsstrate-
gien[21] durchgesetzt, die auf Basis einer **Prioritätsregel**, die
Bearbeitungsreihenfolge der Aufträge an den einzelnen Maschinen steuern.[22] Sie führen zwar nicht zum Optimum, jedoch vergleichsweise schnell zu einem Ergebnis, über dessen Qualität
allerdings keine unmittelbare Aussage möglich ist. Seit mehr
als dreißig Jahren haben deshalb zahlreiche Autoren Untersuchungen - in den meisten Fällen in der Form von Simulationsstudien - darüber angestellt, welche Prioritätsregel in welcher Situation zu einem günstigen Ergebnis führt. Einen aktuellen Literatur-Überblick gibt Haupt.[23]

Zusammenfassend kann zu den Modellen der Ablaufplanung festgehalten werden:

---

[18] Vgl. Adam, D. (1988c), S. 333; Müller-Merbach, H. (1979),
Sp. 39 f.; Zäpfel, G. (1982), S. 271.

[19] Vgl. Adam, D. (1986), S. 733 ff.; Fleischmann, B. (1988),
S. 360; Meckner, H. / Tangermann, H.-P. (1977),
S. 124 ff.; Müller-Merbach, H. (1979), Sp. 43 ff.;
Zäpfel, G. (1982), S. 262 ff.

[20] Vgl. Adam, D. (1986), S. 745; Seelbach, H. (1979), Sp. 22;
Schneeweiß, Ch. (1987), S. 212 ff.

[21] Vgl. Adam, D. (1983), S. 151 ff.

[22] Vgl. Paulik, R. (1984), S. 10; Müller-Merbach, H. (1979),
Sp. 45 f.; Berg, C. C. (1979); Witte, Th. (1988),
S. 109 ff.; Müller von Oesterreich, G. (1978), S. 28 ff.;
Weithöner, U. (1985), S. 135 ff.; Zäpfel, G. (1982),
S. 271 ff.

[23] Vgl. Haupt, R. (1989).

■ Die analytischen Verfahren sind nur für eine statische Sicht des Ablaufproblems geeignet.

■ Zielkonflikte werden mit den Modellen nicht verdeutlicht.

■ Die für eine moderne Steuerung wichtigen Zielbeziehungsanalysen werden nicht unterstützt.

■ Wechselnde Gewichtungen der Ziele im Zeitablauf werden nicht berücksichtigt.

Die statische, eingeschränkte Sicht des klassischen Ablaufproblems liefert keinen Beitrag für die Lösung des realen Ablaufproblems. Die Fertigungssteuerung muß deshalb nach Lösungswegen suchen, die den dynamischen Strukturen besser gerecht werden.

322. Mängel klassischer Ansätze der Personaleinsatzplanung aus Sicht der Werkstattfertigung

Aufgabe der Personaleinsatzplanung ist es, eine systematische Analyse der Alternativen zur Lösung des Zuweisungsproblems von verfügbaren Mitarbeitern auf bestimmte Arbeitsplätze vorzunehmen und diejenige Möglichkeit zu ermitteln, die für eine bzw. mehrere gegebene Zielsetzung(en) optimal ist.[24] Eine Personaleinsatzplanung kann aus verschiedenen Gründen notwendig sein. In unregelmäßigen Abständen können sich die Rahmenbedingungen der Fertigung ändern. Denkbare Ursachen können z.B. sein:[25]

- Neue Tätigkeitsbereiche müssen mit Mitarbeitern besetzt werden, umgekehrt können alte Tätigkeitsbereiche entfallen.
- Technische Ausstattungsänderungen erfordern neue Mitarbeiterqualifikationen.
- Mitarbeiter scheiden aus oder kommen neu hinzu.

---

[24] Vgl. Domsch, M. (1975), Sp. 1513; Zülch, G. (1979), S. 5.

[25] Vgl. Domsch, M. (1975), Sp. 1514 f.

Für die Werkstattfertigung in kleineren Unternehmen ist jedoch von größerer Bedeutung, daß in diesen Betrieben die Mitarbeiter nicht einmalig starr einem Arbeitsplatz zugeordnet werden, sondern flexibel innerhalb der Werkstatt eingesetzt werden können, um erhöhten Arbeitsanfall oder den Personalausfall von Kollegen auszugleichen.

Fragestellungen der Personaleinsatzplanung können sowohl rein quantitativ sein - alle Mitarbeiter, die für eine Aufgabe in Frage kommen, sind gleichwertig - oder qualitative Aspekte beinhalten, d.h. die unterschiedliche Eignung der einzelnen Mitarbeiter für die vorhandenen Tätigkeitsbereiche berücksichtigen.[26] Für Planungen im Bereich der Werkstattfertigung kommen nur Modelle in Frage, die auf die zum Teil sehr großen Eignungsunterschiede der Beschäftigten in der Planung eingehen.

Zwei Sichtweisen erläutern die Stellung der Personaleinsatzplanung innerhalb der Unternehmensplanung. Zum einen ist sie Teil der Personalplanung, die wiederum direkt neben anderen Planungsbereichen der Unternehmensplanung untergeordnet ist.[27] Innerhalb der Personalplanung werden neben der Personaleinsatzplanung verschiedene Planungsbereiche unterschieden. Wimmer[28] betrachtet Personalbedarfsplanung, Personalbeschaffungsplanung, Personalabbauplanung, Personalentwicklungsplanung und Personalkostenplanung. Eine eindeutige Aufteilung und Benennung der unterschiedlichen Planungsaufgaben innerhalb der Personalplanung hat sich in der Literatur nicht durchgesetzt.

---

[26] Vgl. Zülch, G. (1979), S. 5 f.

[27] Vgl. Domsch, M. (1975), Sp. 1514; Eckardstein, D. v. (1979), Sp. 1405 ff.

[28] Vgl. Wimmer, P. (1985), S. 16 ff.

Für die Fragestellung dieser Arbeit ist jedoch interessanter, die Personaleinsatzplanung als Teil der Produktionsplanung zu betrachten, speziell als Teil der Produktionsdurchführungsplanung. Durch die Produktionsaufteilungsplanung muß für ein nach Art und Menge gegebenes Produktionsprogramm unter anderem festgelegt werden, welche Arbeitskräfte mit welchen Beschäftigungszeiten für welche Aufträge eingesetzt werden.[29] Damit werden Eckdaten für die Ablaufplanung gesetzt, die üblicherweise davon ausgeht, daß diese Zeiten durch die Produktionsaufteilungsplanung vorgegeben sind. Hierin ist ein wesentlicher Mangel zu sehen, denn es ist in den Modellen zur Ablaufplanung unüblich, die Interdependenzen zur Produktionsaufteilungsplanung zu berücksichtigen, z.B. indem die Personaleinsatzplanung *innerhalb* der Ablaufplanung in regelmäßigen Abständen unter Berücksichtigung der bisherigen Planungen vorgenommen wird. Eine solche Einordnung der Personaleinsatzplanung ist jedoch unverzichtbar, um die vorhandene Flexibilität zielsetzungsgerecht auszunutzen.

Die Ziele, die in Modellen zur Personaleinsatzplanung verfolgt werden, lassen sich grob danach klassifizieren, ob sie ökonomische oder sozial-humanitäre Zielkomponenten verwenden.[30] Die Berücksichtigung der zuletzt genannten Zielvorstellungen ist nötig, um zu einem Ausgleich der Interessengegensätze von Arbeitgebern und Mitarbeitern zu gelangen.[31] Sozial-humanitäre Ziele werden im allgemeinen jedoch nur in der Form von Modellprämissen oder Nebenbedingungen in quantitativen Ansätzen berücksichtigt, einige Beispiele dafür mögen dies verdeutlichen:

---

[29] Vgl. Adam, D. (1986), S. 659.

[30] Vgl. Zülch, G. (1979), S. 6; Eckardstein, D. v. (1979), Sp. 1403 f.

[31] Vgl. Domsch, M. (1975), Sp. 1515 f.

- Mitarbeiter werden nur für längere Zeiträume einem Arbeitsplatz zugeteilt.
- Mitarbeiter werden nicht zu Tätigkeiten eingesetzt, bei denen sie (deutlich) unterfordert sind.
- Ältere und mindereinsatzfähige Mitarbeiter werden für bestimmte Tätigkeiten gesperrt.
- Ungeliebte Tätigkeiten werden nach Möglichkeit in einem Rotationsverfahren von den in Frage kommenden Mitarbeitern ausgeübt.

Im Vordergrund der Betrachtung stehen aber ökonomische Ziele, die sich auf eine günstige Beeinflussung von Erlösen und Kosten beziehen. Durch die Personaleinsatzplanung lassen sich die Erlöse des Unternehmens nicht direkt, aber doch indirekt beeinflussen, weil die Ergebnisse der Personaleinsatzplanung eine Wirkung auf die Zielerreichung in der Ablaufplanung ausüben. Alle Zeitgrößen (Bearbeitungs-, Rüst-, Warte-, Durchlauf-, Zwischenlager-, Endlager-, Verspätungs-, Personalleerzeiten) sind von dem gewählten Personaleinsatz mittelbar oder unmittelbar abhängig. Ein unzweckmäßiger Personaleinsatz liegt z. B. dann vor, wenn Arbeitskräfte für terminlich dringende Aufträge nicht zur Verfügung stehen, weil sie zu Aufgaben eingeteilt sind, die auch von anderen Kollegen hätten erledigt werden können. Entstehen vermeidbare Personalleerzeiten kann sich dies auch auf die Zahl der im Planungszeitraum abgewickelten Aufträge und damit auf die Höhe der Erlöse auswirken. Die indirekten Kostenwirkungen, die von den einzelnen beeinflußbaren Zeitgrößen ausgehen, wurden bereits im vorigen Abschnitt zur Ablaufplanung erläutert. Eine unzureichende Personaleinsatzplanung kann Ursache für notwendige Überstunden sein, eventuell sogar zu Neueinstellungen führen, wenn unzufriedene, wenig motivierte Mitarbeiter der Arbeit häufig fernbleiben. Darüber hinaus können durch die Personaleinsatzplanung eventuell Material- und Energiekosten sowie die Wartungs- und Reparaturkosten für Maschinen beeinflußt werden, wenn diese von einer sparsamen beziehungsweise sorgfältigen Arbeitsweise der Mitarbeiter abhängen.

Allerdings können die mitarbeiterindividuellen Arbeitsweisen in diesen Fällen nur selten quantitativ bewertet werden. Das Ausmaß der von der Personaleinsatzplanung direkt oder indirekt beeinflußbaren Kosten und Erlöse hängt sehr stark von der Situation des Betriebes ab.

Analog zu den Modellen des vorigen Abschnitts orientieren sich die Ziele der Personaleinsatzplanung, die nur in Abstimmung mit den Zielen der Ablaufplanung sinnvoll bestimmt werden können, häufig nicht unmittelbar an Kosten- und Erlösgrößen, weil ein Bewertungsdefekt[32] vorliegt. Die ökonomischen Konsequenzen einer Zuordnung eines bestimmten Mitarbeiters zu einer bestimmten Arbeitsoperation sind im allgemeinen nicht unmittelbar quantifizierbar. Es ist lediglich in einem beschränkten Umfang möglich, das Gesamtergebnis aus Ablaufplanung und vorweggeschalteter bzw. integrierter Personaleinsatzplanung zu bewerten. Eine Rückrechnung, wie eine ganz bestimmte Zuordnung zu diesem Ergebnis beigetragen hat, ist ausgeschlossen, ja selbst eine Entscheidung, ob das Verfahren der Ablaufplanung oder der Personaleinsatzplanung für einen bestimmten Effekt verantwortlich ist, kann aufgrund der engen Interdependenzen häufig nicht getroffen werden. Ersatzziele für die Personaleinsatzplanung orientieren sich deshalb häufig an Zeitgrößen - wie lange benötigt ein Mitarbeiter für eine bestimmte Tätigkeit - oder an skalierten Effizienzziffern.

Da die Personaleinsatzplanung nicht nur Bedeutung für Industriebetriebe, sondern für den gesamten privatwirtschaftlichen und öffentlichen Bereich besitzt,[33] wurden zahlreiche Modelle der Personaleinsatzplanung entwickelt, die aufgrund ihrer Strukturähnlichkeiten multifunktional zu verwenden

---

[32] Vgl. Witte, Th. (1979), S. 76 ff.; Adam, D. / Witte, Th. (1979).

[33] Vgl. Domsch, M. (1975), Sp. 1514.

sind.[34] Fast alle Modelle abstrahieren von Interdependenzen zu übergeordneten Planungsbereichen und betrachten das Zuordnungsmodell aus einem sehr begrenzten, statischen Blickwinkel.

Viele Personalzuordnungsmodelle sind Erweiterungen oder Varianten des klassischen Zuordnungsmodells, das in praktisch keinem Operations-Research-Lehrbuch fehlt.[35] Wichtige Prämisse dieses Ansatzes[36] ist, daß für jede Zuordnung eines Mitarbeiters zu einer Tätigkeit eine Kenngröße existiert, die die Vorteilhaftigkeit der Zuordnung angibt, z. B. Lohnkosten, Einarbeitungskosten, Bearbeitungszeit, Deckungsbeitrag, Ausschußanteil[37] oder Präferenzen der Arbeitskräfte für die Arbeitsplätze.[38] Das Problem läßt sich mit entsprechenden Methoden[39] zwar effizient lösen, behandelt die Fragestellung jedoch aus statischer Sicht, denn alle Aufgaben müssen zu Beginn der Planung bekannt sein. Weil eine Berücksichtigung des Zeitablaufes und die Verfolgung mehrerer Ziele nicht möglich ist, geht das klassische Zuordnungsproblem am realen Problem in der Werkstattfertigung vollkommen vorbei.

---

[34] Von den vielen Modellen sei hier beispielhaft auf ein EDV-gestütztes Verfahren für die Personaleinsatzplanung in der Radiologie von Krankenhäusern hingewiesen, das der Verfasser der vorliegenden Arbeit mitentwickelt hat, vgl. Berens, W. / Fischer, K. et. al. (1988). Große Ähnlichkeiten bestehen zwischen den Planungssituationen des Personaleinsatzes bei Werkstattfertigung und bei Unternehmensprüfungen. Aufgrund der geringen Anzahl von gleichzeitig zu beachtenden Prüfungsaufträgen können dort jedoch vergleichsweise komplexe Modelle verwendet werden, vgl. Drexl, A. (1989).

[35] Vgl. Domsch, M. (1975), Sp. 1518.

[36] Zu den Prämissen und zur Modellstruktur vgl. z.B. Witte, Th. et al. (1975), S. 193 ff.

[37] Vgl. Domsch, M. (1975), Sp. 1518.

[38] Vgl. Wimmer, P. (1985), S. 155.

[39] Vgl. Witte, Th. et al. (1975), S. 200 ff.

Erweiterungen des klassischen Ansatzes betreffen[40]

- die Zusammenfassung von anforderungsgleichen Tätigkeiten
  und eignungsgleichen Mitarbeitern,
- eine Berücksichtigung mehrerer Zuordnungsperioden mit unterschiedlichem, über die Ablaufplanung aber nicht beeinflußbaren Bedarf,[41]
- die Einführung mehrerer Zielgrößen, die jedoch wieder zu
  einem eindimensionalen Oberziel verdichtet werden,
- die Veränderung des Personalbestandes und der Eignungspro-
  file im Zeitablauf,
- die Abkehr von sicheren Erwartungen über die Eignungskenn-
  größen (stochastische Modelle).

Doch auch diese Erweiterungen können die genannten Kritikpunkte an der prinzipiellen Eignung eines klassischen Zuordnungsmodells nicht entkräften. Auch die Berücksichtigung des
Zeitablaufes in mehrperiodigen Modellen geschieht insofern
statisch, als daß alle Daten zu Beginn der Planung festgelegt
werden müssen und die Zwischenergebnisse einer Teilperiode -
z.B. die Anzahl bzw. Struktur der noch nicht erledigten Tätigkeiten - nicht als Dateninput für nachfolgende Perioden
eingehen können. Diese Forderung ist jedoch für ablaufplane-
rische Überlegungen unverzichtbar.

Insgesamt kann festgestellt werden, daß klassische Modellansätze der Personaleinsatzplanung ebensowenig wie die der Ablaufplanung geeignet sind, dem realen Planungsproblem gerecht
zu werden. Sie behandeln nur einen kleinen Ausschnitt des Ge-
samtproblems, ohne jedoch dessen Dynamik wenigstens ansatzweise zu erfassen. Optimierende, isolierte Lösungsansätze
bieten deshalb eine sehr zweifelhafte Hilfestellung für die
Produktionsplanung.

---

[40] Vgl. Domsch, M. (1975), Sp. 1519 ff.

[41] Entscheidend ist hier, daß der Bedarf zu Beginn der Pla-
     nung für alle Teilperioden vorgegeben werden muß und keine
     periodenübergreifenden Beziehungen abgebildet werden.

4. PPS-Systeme

41. Aufbau und Eignung klassischer PPS-Systeme

Seit Beginn der sechziger Jahre erobert die EDV auch den Einsatzbereich der Produktionsplanung. Stufenweise kommen neue Aufgaben hinzu, die mit Hilfe der EDV angegangen werden. Anfänglich wurden lediglich reine Datenverwaltungsaufgaben erledigt, die allmählich immer benutzerfreundlicher gelöst wurden.[1] Amerikanische Unternehmen entwickelten die ersten Standardsoftwarepakete zur computergestützten Produktionsplanung und -steuerung, für die sich die Kurzform PPS-System eingebürgert hat. Sie orientierten sich stark an den Fertigungs- und Marktstrukturen in den USA,[2] wurden jedoch in fast unveränderter Form auch in Europa eingesetzt.

Die Aufgaben der PPS-Systeme resultieren aus den betriebswirtschaftlichen Modellen zur Produktionsplanung, wie sie in Kapitel 3 beschrieben sind, und umfassen damit alle Elemente der Programmplanung, Produktionsdurchführungsplanung und Bereitstellungsplanung.[3] Weil der Einsatz von Totalmodellen, die alle Interdependenzen abbilden, praktisch nicht realisierbar ist,[4] verfolgen klassische PPS-Systeme ein Stufenplanungskonzept, mit dem die Planungsaufgabe in akzeptabler Zeit gut, wenn auch nicht optimal gelöst werden soll.[5]

---

[1] Vgl. Zäpfel, G. / Missbauer, H. (1988a), S. 73.

[2] Vgl. Meynert, J. / Kurbel, K. (1986), S. 42.

[3] Vgl. Adam, D. (1988a), S. 8.

[4] Vgl. Adam, D. (1988a), S. 8; Zäpfel, G. / Missbauer, H. (1988a), S. 73 und Abschnitt 32 dieser Arbeit.

[5] Vgl. Adam, D. (1987a), S. 17; derselbe (1988a), S. 8; Scheer, A.-W. (1983), S. 141.

Im folgenden soll dieses Stufenkonzept kurz dargestellt und anschließend die von vielen Autoren beklagten Mängel zusammengefaßt werden, die auftreten, wenn die klassischen PPS-Systeme bei Betrieben mit den in Kapitel 2 beschriebenen Merkmalen eingesetzt werden. Neuere Fertigungssteuerungskonzepte oder Ergänzungen klassischer Systeme greifen einige dieser Schwachstellen auf und versuchen, diese zu beseitigen. Im Abschnitt 42 werden die Grundideen dieser Verfahren vorgestellt. Tiefergehende Beschreibungen der algorithmischen Details und Eignungsanalysen für Betriebe mit Werkstattfertigung können der zitierten Literatur entnommen werden.

411. Das Stufenkonzept klassischer PPS-Systeme

Das Grundmerkmal des Stufenkonzeptes besteht darin, daß die Gesamtaufgabe der PPS in einzelne Teilpläne zerlegt wird, die schrittweise nacheinander durchgeführt werden und Vorgaben für die nachfolgenden Planungsstufen liefern.[6] Die Lösung der Teilplanungsaufgaben erfolgt aus den bereits in Abschnitt 32 angegebenen Gründen mit Methoden, die größtenteils heuristischer Natur sind. Üblicherweise werden die einzelnen Planungs- bzw. Steuerungsschritte in PPS-Systemen nur einmal durchlaufen. Dieser lineare Planungs- und Steuerungsprozeß wird jedoch den Verpflechtungen zwischen den Stufen nicht gerecht.

Grundsätzlich ist es jedoch denkbar, durch Rückkopplungen zwischen den Planungsstufen Interdependenzen abzubilden und eine iterative Verbesserung des Gesamtplanes anzustreben.

---

[6] Vgl. Zäpfel, G. / Missbauer, H. (1988a), S. 73; Adam, D. (1987a), S. 17.

Im folgenden werden in einem Überblick die Teilaufgaben eines PPS-Systems vorgestellt, die üblicherweise durch eigene Stufen - Programmbausteine - vertreten werden,[7] anschließend die einzelnen Schritte genauer dargestellt.

1. Produktionsprogrammplanung (Primärbedarfsplanung):
   In der ersten Planungsstufe wird festgelegt, welche Enderzeugnisse in welchen Mengen und gegebenenfalls bis zu welchem Liefertermin produziert werden sollen. Die Planung betrifft die strategische Wettbewerbssituation der Unternehmen und kann aufgrund des zeitlichen Vorlaufes einzelner Maßnahmen - z. B. Anpassen der zeitlichen Verteilung der Produktion an einen saisonalen Trend - nur langfristig erfolgen. Gegenstand der Planung ist die prinzipielle Abstimmung zwischen Absatz- und Produktionsmöglichkeiten auf einem hohen Aggregationsniveau.

2. Materialwirtschaft (Mengenplanung):
   Diejenigen Enderzeugnisse, die in der ersten Stufe für die Produktion in einem mittelfristigen Zeitrahmen vorgesehen sind, werden daraufhin überprüft, ob sie mengenmäßig zu realisieren sind. Mit der Verkürzung des Zeithorizontes geht auch eine Verringerung des Aggregationsniveaus einher. Die Überlegungen konzentrieren sich auf die Beschaffung bzw. Produktion von Baugruppen und Einzelteilen.

3. Zeitwirtschaft (Terminplanung):
   Die Terminplanung setzt die Vorgaben der Mengenplanung in einem ersten Teilschritt in einen Grobterminplan um, der jedoch noch nicht auf die tatsächlich verfügbaren Kapazitäten abgestimmt ist. Grundlage dieses Schrittes sind mittlere, in der Vergangenheit beobachtete Produktionszeiten für Teile und Baugruppen. In einem zweiten Teilschritt

---

[7] Vgl. Zäpfel, G. / Missbauer, H. (1988c), S. 26; Helberg, P. (1987), S. 26; Wiendahl, H.-P. (1987), S. 27; Scheer, A.-W. (1988a), S. 78 f. und Adam, D. (1988a), S. 9.

wird überlegt, welche Maßnahmen nötig sind, um einen Grobterminplan zu erhalten, der auf die vorgegebene Höhe der
Kapazitäten Rücksicht nimmt (Verschieben der Kapazitätsangebote bzw. Auftragsgrobtermine im Zeitablauf). Erst in
einem dritten Teilschritt - Feinterminierung - wird überprüft, ob die bisherigen statischen Überlegungen zu einer
zulässigen Reihenfolgelösung führen.

4. Produktionssteuerung:
   Alle Maßnahmen, die nötig sind, um einen festgesetzten
   Plan in der Werkstatt zu veranlassen und seine Einhaltung
   zu überwachen, werden in der Produktionssteuerung zusammengefaßt.

4111. Produktionsprogrammplanung

Zur Beurteilung der ersten Stufe muß unterschieden werden, ob
der Primärbedarf durch Kundenaufträge - typische Situation in
der Werkstattfertigung - oder durch Absatzprognosen - charakteristisch für die Serienfertigung - ausgelöst wird.[8] Beide
Fälle bringen unterschiedliche Anforderungen an ein PPS-System mit sich. Darauf haben sich die Software-Anbieter erst
allmählich eingestellt und aus den für die Serienfertigung
vorgesehenen Modulen Varianten für die Auftragsfertigung erstellt, die es erlauben, Liefertermine für Kundenaufträge
vorzugeben und kundenindividuelle Produktspezifikationen[9]
vorzunehmen.[10]

---

[8] Vgl. Meynert, J. / Kurbel, K. (1986), S. 44.

[9] Einen sehr umfassenden Überblick über Probleme und Lö-
     sungswege im PPS-Bereich bei Unternehmen mit einer großen
     Variantenvielfalt ihrer Erzeugnisse bietet Zimmermann, G.
     (1988).

[10] Vgl. Meynert, J. / Kurbel, K. (1986), S. 44.

Die langfristigen Absatzmöglichkeiten müssen in beiden Fällen mit den Produktionsmöglichkeiten verglichen werden, um zu erkennen, ob eine Realisierung eines gegebenen Absatzplanes überhaupt möglich ist. Die Programmplanung geht diese Überprüfung mit einer statischen, hoch aggregierten Sicht der betrieblichen Möglichkeiten an.[11] Der langfristige Planungszeitraum (z. B. ein Jahr) wird in einem groben Maßstab in Teilperioden (z. B. Monate) eingeteilt. Für jeden Teilzeitraum werden globale Restriktionen für die Kapazitäten (Monatsstunden für die gesamte Werkstatt) oder für die Materialbeschaffung (Monatsbudget in DM) festgelegt. Für das geplante Produktionsprogramm muß auf demselben Aggregationsniveau ermittelt werden, welche Ressourcen in welchen Teilperioden in welcher Höhe beansprucht werden. Dabei geht üblicherweise für jedes Enderzeugnis ein in der Vergangenheit ermittelter Mittelwert ein. Die Kapazitätsbelastung wird nicht weiter danach differenziert, welche Arbeitsplätze betroffen sind, vielmehr wird eine einheitliche Betrachtung der gesamten Werkstatt vorgenommen. Aufgrund der hohen Aggregationsebene wird im allgemeinen keine Unterstützung in der Frage angeboten, welche Liefertermine für Kundenanfragen sinnvoll sind.

Die bisher beschriebene Vorgehensweise - Vorgabe eines Produktionsprogrammes, danach grobe Realisierungsprüfung - kann theoretisch auch simultan erfolgen. Umfassende Modellansätze, die auf der Linearen Programmierung beruhen, sind bisher nicht in PPS-Systeme integriert worden.[12]

---

[11] Vgl. Zäpfel, G. / Missbauer, H. (1988a), S. 76; Scheer, A.-W. (1988a), S. 409 ff.; Opitz, H. / Brankamp, K. (1970), S. 65 ff.; Grupp, B. (1987), S. 70 ff.

[12] Vgl. Scheer, A.-W. (1988a), S. 426.

4112. Materialwirtschaft

Aufgabe der Materialwirtschaft[13] ist es, aus dem im ersten Schritt ermittelten Produktionsprogramm den Bedarf an Baugruppen und Teilen nach Menge und Termin abzuleiten, zu Fertigungslosen zusammenzufassen[14] und für fremdbezogene Materialien eine Beschaffungsplanung auszulösen.[15] Diese Aufgabe kann nur erfüllt werden, wenn eine Bestandsführung (Lagerverwaltung) vorgenommen wird.[16]

Für die Bedarfsermittlung existieren verschiedene Methoden, die danach klassifiziert werden können, ob sie eine verbrauchsgesteuerte oder eine bedarfsgesteuerte[17] Disposition vornehmen.[18] Wird der Bedarf einer Materialart auf der Basis von Vergangenheitsdaten mit Hilfe von Prognoseverfahren ermittelt, spricht man von verbrauchsgesteuerter Disposition.[19] Sie findet ihre Anwendung hauptsächlich für Materalien mit mindestens einer der folgenden Eigenschaften:[20]

---

[13] Unter Materialwirtschaft wird in dieser Arbeit der Materialwirtschaftbaustein eines PPS-Systems verstanden. Begriff und Aufgaben der Materialwirtschaft werden in betriebswirtschaftlichen Lehrbüchern zumeist umfassender definiert und enthalten dann auch strategische Planungsaufgaben, vgl. Franken, R. (1984), S. 21 ff.; Bichler, K. (1986), S. 15 ff.

[14] Vgl. Zäpfel, G. / Missbauer, H. (1988a), S. 76.

[15] Vgl. Scheer, A.-W. (1988a), S. 79.

[16] Vgl. Kurbel, K. / Meynert, J. (1987), S. 3.

[17] Häufig wird auch der Begriff programmgesteuert verwendet.

[18] Vgl. Bichler, K. (1986), S. 81.

[19] Vgl. Glaser, H. (1986a), S. 5 ff.; Bichler, K. (1986), S. 144 f.; Franken, R. (1984), S. 108 ff.; Grochla, E. (1978), S. 58 ff.; Hoitsch, H.-J. (1985), S. 173 ff.; Kurbel, K. / Meynert, J. (1987), S. 7 ff.; Zimmermann, G. (1988), S. 349 ff.

[20] Vgl. Grochla, E. (1978), S. 58 ff.

- Es besteht kein Zusammenhang zwischen Primär- und Sekundär-
  bedarf.
- Der Verbrauch ist relativ gleichmäßig (z. B. Schmier-
  mittel).
- Die Materialien haben zu lange Lieferfristen, um sie nach
  Aufstellung eines Produktionsprogrammes noch zu beschaffen.
- Der Verbrauch hängt nur wenig vom Leistungsprogramm ab (z.
  B. Heizöl).

Die übrigen benötigten Teile werden bedarfsgesteuert dispo-
niert, d.h. aus dem vorgegebenen Produktionsprogramm durch
Stücklistenauflösung ermittelt.[21]

4113. Zeitwirtschaft

In der dritten Stufe erfolgt die Terminplanung für alle Aufträge bzw. Arbeitsgänge in zwei Grob- und einer Feinplanungs-
phase. Die Auftragsterminierung baut sowohl auf den vereinbarten bzw. geplanten Fertigstellungszeitpunkten der Aufträge
als auch auf der Losbildung in der zweiten Stufe - Materialwirtschaft - auf.[22]

Erster Grobterminierungsschritt ist die Durchlaufterminierung, die für die einzelnen Arbeitsgänge vorläufige Starttermine ermittelt, ohne auf die insgesamt an den einzelnen Ar-

---

[21] Vgl. Glaser, H. (1986a), S. 29 ff.; derselbe (1986b),
S. 486 ff.; Scheer, A.-W. (1988a), S. 118 ff.; Bichler, K.
(1986), S. 124 ff.; Franken, R. (1984), S. 128 ff.;
Grochla, E. (1978), S. 42 ff.; Hoitsch, H.-J. (1985),
S. 157 ff.; Kurbel, K. / Meynert, J. (1987), S. 4 ff.;
Zimmermann, G. (1988), S. 481 ff.; Boos, H. (1976),
S. 30 ff.

[22] Vgl. Glaser, H. (1987), S. 200.

beitsplätzen verfügbaren Kapazitäten Rücksicht zu nehmen.[23]
Lediglich die Reihenfolge der Arbeitsgänge laut Arbeitsplan
und die *mittleren* Arbeitsgang-Durchlaufzeiten aller Aufträge
werden beachtet. Die Arbeitsgang-Durchlaufzeit entspricht der
Zeitspanne zwischen dem Eintreffen am Arbeitsplatz und dem
Eintreffen am Arbeitsplatz des nachfolgenden Arbeitsganges.
Die Mittelwerte ergeben sich aus Zeiten von Aufträgen, die in
der Vergangenheit durchgeführt wurden. In einer Rückwärtsrechnung wird ein spätester Starttermin für alle Arbeitsgänge
ermittelt, der eine pünktliche Fertigstellung des Gesamtauftrages ohne Endlager garantiert, falls alle geplanten Arbeitsgang-Durchlaufzeiten auch tatsächlich eingehalten werden
können.

Ausgehend vom Liefertermin des Auftrages wird die mittlere
Durchlaufzeit des letzten Arbeitsganges abgezogen und ergibt
den spätesten Starttermin dieses Arbeitsganges. Retrograd
werden für die zeitlich vorher zu erledigenden Arbeitsgänge
ihre spätesten Starttermine ermittelt.

In einigen Systemen wird ausgehend vom Tag der Planung
- Heute-Linie - durch eine Vorwärtsrechnung festgestellt,
wann die Bearbeitung der einzelnen Arbeitsgänge frühestens
beginnen kann, falls die mittleren Arbeitsgang-Durchlaufzeiten Gültigkeit besitzen.

In beiden Berechnungsweisen - rückwärts, vorwärts - findet
nur der Mittelwert der Durchlaufzeiten Verwendung, das Ausmaß
der Streuung wird nicht berücksichtigt.

---

[23] Zur Durchlaufterminierung und ihren im folgenden grob
skizzierten Schritten vgl. Adam, D. (1988a), S. 10 f.;
Busch, U. (1987), S. 93 f.; Glaser, H. (1986a), S. 69 ff.;
derselbe (1987), S. 201 ff.; Hoitsch, H.-J. (1985),
S. 263 ff.; Koffler, J. (1987), S. 55 ff.; Mertens, P.
(1988c), S. 162 ff.; Pabst, H.-J. (1985), S. 44 ff.;
Scheer, A.-W. (1988a), S. 196 ff.; Wiendahl, H.-P. (1987),
S. 30 ff.; Zäpfel, G. (1982), S. 221 ff.

Ergebnis der Durchlaufterminierung ist entweder ein zeitlicher Spielraum (frühester bis spätester Starttermin) oder die Erkenntnis, daß der späteste Starttermin laut Rückwärtsrechnung vor dem frühest möglichen Starttermin laut Vorwärtsrechnung liegt. Um die Termineinhaltung dennoch zu realisieren, erlauben die PPS-Systeme einige durchlaufzeitreduzierende Sondermaßnahmen:[24]

- Die ursprünglich angesetzten Durchlaufzeiten werden einfach gekürzt.
- Lose werden aufgeteilt und an mehreren Arbeitsplätzen gleichzeitig bearbeitet (Lossplitting).
- Teillose werden nach ihrer Fertigstellung zum nächsten Arbeitsplatz weitergeleitet, ohne daß das Gesamtlos bearbeitet ist (Überlappung).

Die Wirkung dieser Maßnahmen auf die Durchlaufzeit anderer Aufträge wird nicht erfaßt, eine Rückkopplung zu den Inputgrößen der Durchlaufterminierung entfällt somit.

Das Gesamtergebnis der Durchlaufterminierung läßt sich in einem Belastungsprofil wiedergeben.[25] Für jede Arbeitsplatzgruppe wird pro Periodenabschnitt (z.B. Tag oder Woche) des Planungshorizontes ein Belastungskonto geführt, auf dem die Vorgabestunden der einzelnen Arbeitsgänge periodengenau addiert werden. Das Belastungsprofil stellt somit die Kapazitätsnachfrage an einer Arbeitsplatzgruppe im Zeitablauf dar.

Ist der zeitliche Puffer zwischen frühestem und spätestem Starttermin eines Arbeitsganges positiv, ist nicht unmittelbar klar, für welchen Zeitraum die Belastung verbucht werden soll. In diesem Fall existiert kein eindeutig definiertes Bedarfsprofil.

---

[24] Vgl. Glaser, H. (1987), S. 203 f.; Wiendahl, H.-P. (1987), S. 33 ff.

[25] Vgl. Wiendahl, H.-P. (1987), S. 29.

Da die Durchlaufterminierung auf die tatsächlich verfügbaren Kapazitäten keine Rücksicht genommen hat, zeigt eine Ergänzung des Belastungsprofils um das Kapazitätsangebot, in welchen Periodenabschnitten Kapazitätsüber- und -unterdeckungen bestehen.

Nachdem die Materialwirtschaft den mengenmäßigen Teilebedarf ermittelt hat, liefert die Durchlaufterminierung späteste Bereitstellungstermine, die allerdings aus der isolierten Betrachtung der einzelnen Aufträge stammen. Damit lassen sich aus den Bedarfswerten für Fremdbezugsteile Bestellmengen und -zeitpunkte berechnen. Die selbst zu fertigenden Teile werden gegebenenfalls zu Losen zusammengefaßt, wobei in diesem Planungsschritt zumeist die klassische Losgrößenformel verwendet wird, ohne die einschränkenden Prämissen zu beachten, unter denen Optimalität der Lösung gegeben ist.[26] Beispielsweise werden alle Überlegungen, die knappe Produktions- und Lagerkapazitäten betreffen, außer acht gelassen. Ferner werden Interdependenzen zwischen den Produkten und zwischen den anderen Teilplanungsaufgaben des PPS-Systems ignoriert.

Ein realistischer Terminplan muß eine Abstimmung zwischen Kapazitätsangebot und -nachfrage beinhalten. Dieser zweite Teilschritt der Terminplanung wird als **Kapazitätsabgleich** bezeichnet.[27] Es sind eine Fülle von Maßnahmen denkbar, die einzeln oder kombiniert eingesetzt werden können. Sie lassen sich grob danach strukturieren, ob sie die Belastung verändern (z. B. durch Terminverschiebungen), die Kapazität an die

---

[26] Vgl. Adam, D. (1986), S. 782 ff.

[27] Zum Kapazitätsabgleich vgl. Adam, D. (1988a), S. 11 ff.; Busch, U. (1987), S. 95; Glaser, H. (1986a), S. 77 ff.; derselbe (1987), S. 204 f.; Hoitsch, H.-J. (1985), S. 269 f.; Koffler, J. (1987), S. 61 ff.; Mertens, P. (1988c), S. 170 ff.; Pabst, H.-J. (1985), S. 59 ff.; Scheer, A.-W. (1988a), S. 202 ff.; Wiendahl, H.-P. (1987), S. 37 ff.; Zäpfel, G. (1982), S. 232 ff.

Belastung anpassen (z. B. durch Maßnahmen der zeitlichen, quantitativen und/oder intensitätsmäßigen Anpassung) oder beides gleichzeitig anstreben.[28]

Einige PPS-Systeme unterstützen einen automatischen Kapazitätsabgleich, der mit teilweise sehr komplizierten Algorithmen durchgeführt wird,[29] andere Programme überlassen die Abstimmung dem Disponenten im Dialog.[30]

Die ersten beiden Terminierungsschritte legen die Fertigungszeiträume für die einzelnen Arbeitsgänge in einem relativ groben Raster (tage- oder sogar nur wochengenau) fest.[31] Eine genaue Reihenfolgeplanung erfolgt anschließend in der Feinterminplanung. Viele neuere PPS-Systeme delegieren diesen Schritt an die Meister vor Ort und nehmen keine zentrale Feinterminierung vor.

Vor der eigentlichen Feinterminierung steht die Verfügbarkeitsprüfung,[32] in der festgestellt wird, ob die benötigten Materialien und Betriebsmittel zu den in der Grobterminierung festgelegten Periodenabschnitten bereitgestellt werden können. Nur solche Aufträge, deren Prüfung positiv endet, können in den weiteren Überlegungen berücksichtigt werden.

In der Feinterminierung wird festgelegt, in welcher Reihenfolge die Aufträge an den einzelnen Arbeitsplätzen bearbeitet werden. Aus Sicht der Aufträge lassen sich damit voraussicht-

---

[28] Vgl. Glaser, H. (1987), S. 204.

[29] Vgl. Brankamp, K. (1967), S. 123 ff.; Opitz, H. / Brankamp, K. (1974), S. 50 ff.; Falkenhausen, F.-F. (1978), S. 111 ff.

[30] Vgl. Meynert, J. / Kurbel, K. (1986), S. 45.

[31] Vgl Glaser, H. (1987), S. 200.

[32] Vgl. Adam, D. (1988a), S. 13; Busch, U. (1987), S. 104; Mertens, P. (1988c), S. 173.

liche Produktionstermine für die einzelnen Arbeitsgänge ableiten, die nun nicht mehr auf den Mittelwertbetrachtungen
der Grobterminierung beruhen, sondern auf der geplanten Reihenfolge und den Vorgabezeiten der Arbeitsgänge. Das Ergebnis
der Feinterminierung aus Sicht der Arbeitsplätze wird als Ma-
schinenbelegungsplan bezeichnet. Üblicherweise werden für die
Maschinenbelegungsplanung die bereits beschriebenen Priori-
tätsregelverfahren eingesetzt.[33]

4114. Auftragsveranlassung und -überwachung

Neben den drei Planungsstufen umfaßt ein PPS-System auch Mo-
dule zur **Produktionssteuerung**. Die Aufgabenschwerpunkte dieser Bausteine liegen in den folgenden Bereichen:[34]

- Veranlassen der zuvor ermittelten Produktionsvorgaben
  (Bereitstellen der Produktionsfaktoren, Verteilen der
  Arbeit an die Arbeitsplatzgruppen),
- Ist-Produktionszustand feststellen und mit Sollwerten vergleichen,
- Abweichungen analysieren, auswerten und melden,
- gegebenenfalls Sondermaßnahmen einleiten (z. B. Nacharbeiten bei fehlerhaften Teilen)
- eventuell Planungen wiederholen, wenn eine Arbeitsplatzgruppe Vorgaben aufgrund von Störungen auch mit Sondermaßnahmen nicht einhalten kann.

---

[33] Vgl. dazu Abschnitt 321 sowie Adam, D. (1988a), S. 14 ff.;
Glaser, H. (1986a), S. 83 ff.; Hoitsch, H.-J. (1985),
S. 271 ff.; Koffler, J (1987), S. 70 ff.; Mertens, P.
(1988c), S. 176 ff.; Pabst, H.-J. (1985), S. 68 ff.;
Scheer, A.-W. (1988a), S. 232 ff.

[34] Vgl. Zäpfel, G. (1982), S. 246; Koffler, J. (1987),
S. 74 ff.; Meynert, J. / Kurbel, K. (1986), S. 45 f.

Ein funktionierendes Steuerungssystem setzt eine ausgebaute Betriebsdatenerfassung voraus, die alle Planungsdaten für das PPS-System ständig auf einen aktuellen Stand bringt. Eine vertiefte Darstellung von BDE-Systemen soll in dieser Arbeit nicht vorgenommen werden.[35]

412. Mängel klassischer PPS-Systeme in der Werkstattfertigung

Das in wesentlichen Zügen skizzierte Stufenkonzept hat in zahlreichen Literaturveröffentlichungen einen kritischen Widerhall gefunden. Die folgenden Ausführungen sollen einen Überblick über die erwähnten Schwachstellen für die Fertigungssituation geben, wie sie in Kapitel 2 beschrieben wurde, ohne im einzelnen auf genaue Ursachen und Verbesserungsmöglichkeiten der Punkte einzugehen, die in den weiteren Teilen der Arbeit nicht angesprochen werden.

4121. Mangelhafte Berücksichtigung von Interdependenzen

Obwohl das Stufenkonzept prinzipiell eine geeignete Lösung ist, die Komplexität des Gesamtplanungsproblems zu reduzieren,[36] ergeben sich große Fehleinschätzungen, wenn die Interdependenzen zwischen den Planungsstufen schlecht oder gar nicht berücksichtigt werden. Typisch für das Stufenkonzept der PPS-Systeme ist, daß die Gesamtplanung in Einzelschritte zerlegt wird, deren Beziehung zueinander nur durch ideali-

---

[35] Vgl. Czeguhn, K. / Franzen H. (1987); Roschmann, K. (1979).

[36] Vgl. Adam, D. (1987a), S. 17.

sierte Prämissen abgebildet wird und daß keine Rückkopplungen zwischen den Planungsstufen vorgesehen sind.[37]

Diese grobe Sicht nachgelagerter Stufen führt teilweise zu völlig unzureichenden Plänen, im Extremfall können die Vorgaben einer Stufe nicht mehr in einen zulässigen Plan der nachfolgenden Stufe umgesetzt werden.[38] Erfolgt die Planung einer nachgelagerten Stufe mit einem relativ großen zeitlichen Abstand (z. B. einige Tage später) organisatorisch getrennt, wie es z. B. in dezentralen Leitstandsystemen vorgesehen ist,[39] bestehen keine Korrekturmöglichkeiten mehr.[40]

Das Zerschneiden der Interdependenzen soll an einigen Beispielen aufgezeigt werden.

■ In der ersten Stufe - Programmplanung - gibt es nur sehr grobe Überlegungen, um die kapazitätsmäßige Realisierbarkeit aller Aufträge zu prüfen.[41] In der nachgelagerten Material- bzw. Zeitwirtschaft wird versucht, einen zulässigen Plan für das vorgegebene Programm zu erzielen, ohne die ökonomischen Konsequenzen von eventuell notwendigen Sondermaßnahmen (z. B. Überstunden, Fremdvergabe) zu bewerten. Eine Rückkopplung, wenn Fertigungskosten ein in der Programmplanung unterstelltes Niveau überschreiten, ist nicht vorgesehen.

---

[37] Vgl. Adam, D. (1987a), S. 22; derselbe (1988a), S. 9; Scheer, A.-W. (1987c), S. 155; Hoitsch, H.-J. (1985), S. 326.

[38] Vgl. Adam, D. (1987a), S. 22.

[39] Vgl. Kurbel, K. (1988), S. 194 ff.; Kurbel, K. / Meynert, J. (1988), S. 581 ff.; Zäpfel, G. / Missbauer, H. (1987), S. 885 ff.

[40] Vgl. Adam, D. (1987a), S. 23.

[41] Vgl. Helberg, P. (1986), S. 24; Fleischmann, B. (1988), S. 350; Grupp, B. (1987), S. 76 f.

■ Die Modelle zur Losgrößenplanung innerhalb der Materialwirtschaft berücksichtigen weder die Beziehungen der Produkte zueinander noch Fragen der Durchsetzbarkeit.[42] Innerhalb der Zeitwirtschaft werden eventuell Korrekturen an den
Losgrößen vorgenommen, ohne zu beachten, welche Wirkungen
auf Bedarfsmengen und -zeitpunkte davon ausgehen.

■ Ergebnisse der Grobterminierung stellen sich innerhalb der
Feinterminierung häufig als nicht realisierbar heraus.[43]

■ Dringliche Aufträge können an der Verfügbarkeitsprüfung
scheitern, ohne daß rechtzeitig über Sondermaßnahmen zur
Beschaffung benötigter Teile nachgedacht wird.[44]

4122. Starke Abhängigkeit von mittleren Durchlaufzeiten

Wesentliche Planungsergebnisse sind nicht realitätsnah, weil
sie von mittleren Durchlaufzeiten als Dateninput abhängen.
Die Grobterminierung führt nur dann zu einem stimmigen Zeitgerüst, wenn die tatsächlich für einen Arbeitsgang benötigte
Zeit immer in der Nähe des angesetzten Mittelwertes bleibt.
Tatsächlich streuen die Durchlaufzeiten in der Einzel- und
Kleinserienfertigung sehr stark, unter anderem, weil die Auslastung einzelner Werkstätten im Zeitablauf ebenfalls starken
Schwankungen unterliegt. Somit sind die in der Grobtermini-
rung abgeleiteten Starttermine für einzelne Aufträge nicht
brauchbar. Als Folge geht die Bestellpolitik von unrealisti-
schen Bedarfszeitpunkten aus. Gleichzeitig sind auch die Aus-
gangsdaten für den Kapazitätsabgleich unstimmig, weil die auf

---

[42] Vgl. Helberg, P. (1987), S. 154 f.; Hoitsch, H.-J. (1985),
S. 326; Fleischmann, B. (1988), S. 350.

[43] Vgl. Adam, D. (1988a), S. 13 f.

[44] Vgl. Adam, D. (1988a), S. 13.

den mittleren Durchlaufzeiten beruhenden Kapazitätsnachfrage-
kurven den Bedarf zu einem nicht realistischen Zeitpunkt an-
zeigen.

Viele Unternehmen mißtrauen nach den schlechten Erfahrungen
mit der Realitätsnähe der Planung den Ergebnissen des PPS-Systems. Als Konsequenz daraus werden im Lager hohe Sicher-
heitsbestände geführt,[45] die Kapital im Umlaufvermögen bin-
den. Der unbrauchbare Dateninput für den Kapazitätsabgleich
und die teilweise nicht nachvollziehbaren Ergebnisse eines
automatischen Abgleiches haben viele Unternehmen dazu veran-
laßt, auf diesen Schritt ganz zu verzichten und die Grobter-
mine der Durchlaufterminierung sofort anschließend einer
Feinterminierung zu unterziehen.[46]

Es ist für die Unternehmen schwierig, den prinzipiellen Ablauf der Terminierung beizubehalten und die mittleren Durchlaufzeiten durch eine realistischere Größe zu ersetzen, die
den stark streuenden Werten besser gerecht wird. Eine Schätzung der Wartezeiten als wesentlicher Bestandteil der Durchlaufzeiten ist praktisch unmöglich, zumal der Disponent keine
Unterstützung erfährt, die die Abhängigkeit der Durchlaufzeiten von wesentlichen Rahmenbedingungen - z.B. der Auslastungssituation des Unternehmens - verdeutlicht.[47] Erschwe-
rend kommt noch hinzu, daß es in der betrieblichen Praxis üblich ist, Eilaufträge - zum Teil am PPS-System vorbei - durch
die Werkstatt zu schleusen, so daß vorliegende Planungsergebnisse schnell veralten.[48]

---

[45] Vgl. Wildemann, H. (1987b), S. 17.

[46] Vgl. Helberg, P. (1986), S. 26; Zimmermann, G. (1987),
S. 16 f.; Fleischmann, B. (1988), S. 350; Wiendahl, H.-P.
(1987), S. 40; Scheer, A.-W. (1983), S. 142.

[47] Vgl. Helberg, P. (1987), S. 158.

[48] Vgl. Adam, D. (1988a), S. 15; Busch, U. (1987), S. 51;
Wiendahl, H.-P. (1987), S. 22; Zäpfel, G. / Missbauer, H.
(1988c), S. 27; Zimmermann, G. (1987), S. 18.

Aufgrund der großen Bedeutung der Durchlaufzeiten für die Planung und der Unsicherheit des Disponenten über die anzusetzenden Höhen, kommt es in vielen Unternehmen zu einem Teufelskreis, der allgemein als **Durchlaufzeit-Syndrom** bezeichnet wird.[49] Der Disponent überschätzt aus Sicherheitsgründen die Durchlaufzeiten, um eine frühzeitige Auftragsfreigabe zu erzwingen. Dies hat sowohl eine Überlastung der Fertigung mit hohen Werkstattbeständen als auch eine erhöhte Unsicherheit über die Teilebedarfszeitpunkte zur Folge. Letzteres führt bei eigengefertigten Teilen über Eilaufträge wiederum zu einer noch stärkeren Belastung der Werkstatt. Insgesamt vergrößern sich die Durchlaufzeiten, und die Streuung nimmt weiter zu. In dieser Situation kann sich der Disponent wiederum genötigt sehen, seine Durchlaufzeitschätzung für neue Aufträge nach oben zu korrigieren. Die langfristigen Folgen für das Unternehmen sind leicht absehbar.

4123. Keine Abstimmung auf Unternehmensziele

Ein weiterer wesentlicher Mangel der PPS-Systeme besteht darin, daß die Wirkung einzelner Maßnahmen auf wesentliche Zielgrößen nicht analysiert wird, Zielkonflikte nicht verdeutlicht werden und keine Rückkopplungen zu übergeordneten Unternehmenszielen vorgesehen sind.[50] Wiendahl beklagt, daß teilweise nicht einmal alle Zielgrößen - Durchlaufzeiten, Termintreue, Bestandshöhen - überhaupt gemessen werden und lediglich die Auslastung mit zwei Stellen nach dem Komma an-

---

[49] Vgl. Kettner, H. / Jedralski, J. (1979), S. 410 ff.; Tatsiopoulos, I. P. / Kingsman, B. G. (1983), S. 351 ff.; Helberg, P. (1986), S. 25; Fleischmann, B. (1988), S. 350; Zäpfel, G. / Missbauer, H. (1988a), S. 77; dieselben (1988c), S. 27.

[50] Vgl. Adam, D. (1987a), S. 19 ff.; derselbe (1988a), S. 7 f.; Wiendahl, H.-P. (1987), S. 22.

gegeben wird.[51] Einige Beispiele sollen auch hier die Probleme verdeutlichen.

Eine Berücksichtigung der Unternehmenssituation (z. B. momentane und erwartete Auslastung) ist im PPS-System nicht vorgesehen. Sind z.B. in Zeiten hoher Auslastung kurze Durchlaufzeiten sinnvoll, können in konjunkturschwachen Zeiten durchaus lange Durchlaufzeiten besser sein, wenn dadurch Endlagerkosten eingespart werden können.[52]

Gerade für die betrachteten Unternehmen kommt es darauf an, die Ziele der Steuerung in Abhängigkeit von den aktuellen Rahmenbedingungen unterschiedlich zu gewichten. Die klassischen PPS-Systeme gehen aber von einer starren Zielgewichtung aus, die einseitig eine hohe und gleichmäßige Kapazitätsauslastung betont. Besonders in Situationen, in denen geringe Bestände und kurze Durchlaufzeiten gefragt sind, versagt die Abstimmung auf die Unternehmensziele.

Die Planungsphilosophie der PPS-Systeme hat eher die Tendenz zu überhöhten Beständen[53] und langen Durchlaufzeiten (Durchlaufzeiten-Syndrom) und erreicht damit die angestrebten Ziele nicht.

Allen Planungsstufen fehlt eine Orientierung an ökonomischen Zielen.[54] Beispielsweise zielt der Kapazitätsabgleich auf eine Lösung um jeden Preis ab, Kostenüberlegungen für Kapazitätsanpassungen spielen keine Rolle.[55] Maßnahmen zur Reduk-

---

[51] Vgl. Wiendahl, H.-P. (1987), S. 42.

[52] Vgl. Adam, D. (1987a), S. 20.

[53] Vgl. Zimmermann, G. (1987), S. 18; Zäpfel, G. / Missbauer, H. (1988a), S. 77; Wiendahl, H.-P. (1987), S. 42.

[54] Vgl. Adam, D. (1988a), S. 18.

[55] Vgl. Zäpfel, G. (1982), S. 307.

tion der Durchlaufzeiten innerhalb der Durchlaufterminierung werden ökonomisch nicht bewertet.[56]

Das Ziel einer hohen Termintreue kann nur erreicht werden, wenn bereits bei der Annahme eines Kundenauftrages betrachtet wird, welcher Produktionsendtermin aufgrund der aktuellen Auftragssituation frühestens möglich ist. Klassische PPS-Systeme bieten keine Hilfestellung für die Vereinbarung von Lieferterminen.[57]

4124. Keine Berücksichtigung spezieller Merkmale der Einzel- und Kleinserienfertigung

Viele Planungsstufen nehmen keine Rücksicht auf bestimmte Merkmale, die üblicherweise in der Einzel- und Kleinserienfertigung vorliegen. Zwei wesentliche Merkmale - stark streuende Durchlaufzeiten, im Zeitablauf wechselnde Zielgewichte - wurden bereits angesprochen, ferner sind folgende Punkte von Bedeutung:

- Die Programmplanung setzt die genaue Spezifikation der Kundenaufträge voraus (Arbeitsplan, benötigte Teile).[58] Es wäre deshalb gut, wenn das PPS-System das Auffinden ähnlicher Aufträge aus der Vergangenheit erleichtern würde.[59] Die Unterstützung einer Variantenfertigung ist allgemein gering.

---

[56] Vgl. Adam, D. (1988a), S. 11.

[57] Vgl. Adam, D. (1987a), S. 23; derselbe (1988a), S. 17 f.

[58] Vgl. Brödner, P. (1982), S. 13.

[59] Vgl. Helberg, P. (1986), S. 23; derselbe (1987), S. 153.

■ Das PPS-System unterstützt nicht die spezielle Produktionsstrukturen der Unternehmen.[60] Beispielsweise wird der Abstimmung von Arbeitsgängen, die zeitlich parallel erfolgen,
keine Bedeutung beigemessen, so daß es insbesondere an den
Knotenpunkten von Teilzweigen eines Montageprozesses zu
überlangen Wartezeiten kommt. Klassische PPS-Systeme sind
somit nur auf lineare Fertigungsprozesse zugeschnitten.

■ Aufgrund wechselnder Rahmenbedingungen ist es nicht möglich, viele Größen (z. B. die Auslastungssituation der
Werkstätten, die Beschaffungsfrist von Fremdbezugsteilen)
als Mittelwert mit geringer Streuung abzubilden. PPS-
Systeme für die Einzel- und Kleinserienfertigung müssen
deshalb notwendige Maßnahmen teilweise mit erheblichen
zeitlichen Vorlauf erkennen, um diese rechtzeitig einleiten
zu können. Durch das Stufenkonzept der klassischen PPS-
Systeme mit einem stets kleiner werdenden Planungshorizont
wird diese langfristige Sicht nicht unterstützt.

■ Die PPS-Systeme erlauben keine getrennte Betrachtung von
Maschinen- und Personalkapazität.[61] Gerade diese Sicht ist
jedoch notwendig, um der großen Bedeutung der menschlichen
Arbeitskraft für den Arbeitsfortschritt der Aufträge gerecht zu werden.

■ Klassische PPS-Systeme erfassen das Problem der Personaleinsatzplanung und der damit beeinflußbaren Kapazitätsbereitstellung überhaupt nicht.

---

[60] Vgl. Scheer, A.-W. (1987c), S. 155.

[61] Vgl. Helberg, P. (1986), S. 26.

413. Einschränkende Einsatzvoraussetzungen klassischer PPS-Systeme

Die zuvor dargestellten Schwachstellen klassischer PPS-Systeme kommen nicht in allen Industriebetrieben gleichermaßen zum Tragen, sie haben jedoch speziell für die in Kapitel 2 vorgestellten Unternehmen eine große Bedeutung und lassen dort einen Einsatz derartiger Ansätze wenig sinnvoll erscheinen. Im Umkehrschluß lassen sich aus den angesprochenen Kritikpunkten die Einsatzvoraussetzungen klassischer PPS-Systeme ableiten:[62]

1. Es liegen relativ sichere Informationen über die Durchlaufzeiten vor, damit ein realistischer Dateninput für die Terminierung erfolgen kann.
2. Produktionsengpässe treten entweder nicht auf oder lassen sich in der Kapazitätsplanung relativ leicht beheben.
3. Die Bearbeitungszeiten für die einzelnen Arbeitsgänge streuen nur unwesentlich um die Vorgabezeit.
4. Der Ausfallanteil der Potentialfaktoren ist gering.
5. Das Produktionprogramm steht langfristig fest, das Ausmaß an Eilaufträgen ist möglichst gering.
6. Die Produktion erfolgt mit linearen Fertigungsprozessen (keine Koordinationsprobleme von Montageteilen).

Diese Einsatzvoraussetzungen können um weitere Punkte ergänzt werden. Allerdings sinkt mit jeder weiteren Forderung auch der Anteil derjenigen Unternehmen, für die ein klassisches PPS-System in Frage kommt. Prinzipiell sind die Einsatzmöglichkeiten am ehesten bei Unternehmen gegeben, die in Serienfertigung standardisierte Produkte herstellen.[63]

---

[62] Vgl. Adam, D. (1988a), S. 16.

[63] Vgl. Adam, D. (1988a), S. 16.

42. Bestandsregelnde PPS-Systeme

Die Kritikpunkte an den klassischen PPS-Systemen haben in den letzten Jahren zu einigen Neuentwicklungen geführt, die mehrheitlich gemeinsame Grundgedanken verfolgen und deshalb unter dem Namen bestandskontrollierte[1] bzw. bestandsregelnde Verfahren zusammengefaßt werden können. Zäpfel und Missbauer nennen folgende wesentliche Grundideen dieser Systeme:[2]

1. Über die Bestände vor den Arbeitsplätzen (Arbeitsvorrat in Vorgabestunden) lassen sich unmittelbar die mittleren Durchlaufzeiten und die Kapazitätsauslastungen beeinflussen.

2. Durch eine geeignete Freigabeplanung aller Fertigungsaufträge - auch von Eilaufträgen - muß dafür gesorgt werden, daß nur solche Aufträge in die Werkstatt gelangen, die festgelegte Bestandsniveaus an den einzelnen Kapazitätseinheiten einhalten.

3. Die Feinterminierung wird dezentral von den Meistern vor Ort vorgenommen.

Punkt 1 greift die Kritik auf, daß bei klassischen Systemen keine direkte Beeinflussung der Zielniveaus von Beständen, Durchlaufzeiten und Auslastungsgrößen möglich ist. Der prinzipielle Zielkonflikt zwischen kleinen mittleren Durchlaufzeiten (und damit möglichst geringen Beständen) und einer hohen Kapazitätsauslastung (und damit möglichst großen Bestän-

---

[1] Die Bezeichnung "bestandskontrolliertes" Verfahren ist jedoch irreführend, da es auf den bestandskontrollierenden Aspekt ankommt.

[2] Vgl. Zäpfel, G. / Missbauer, H. (1987). S. 892 f.; dieselben (1988b), S. 127 f.; dieselben (1988c), S. 28 ff.

den zum Ausgleich von Störungen) wird deutlich. Trotz zahl-
reicher Bemühungen ist es bisher nicht gelungen, einen allgemeinen Zusammenhang zwischen den drei Kenngrößen herzuleiten,
lediglich eine Vielzahl empirischer Ergebnisse und einige
Simulationsstudien lassen prinzipielle Rückschlüsse zu.[3]

Die zweite Grundidee muß Antwort auf zwei Fragen geben:
- Wie groß sind angemessene Bestandshöhen?
- Durch welche Entscheidungen lassen sich die Bestandshöhen
  beeinflussen?

Die Bestandshöhen hängen davon ab, welche Aufträge in welchen
Losen wann freigegeben werden - diesen Problemkreis nennen
Zäpfel und Missbauer **Beauftragung** - und welche Kapazitäten
zur Fertigung bereitstehen.[4] Die zweite Teilfrage wird von
den Verfahren zumeist unterschiedlich angegangen und hängt
davon ab, welcher Zusammenhang zwischen Bestandshöhen, mitt-
lerer Durchlaufzeit und Kapazitätsauslastung unterstellt
wird.

Punkt 3 gibt eine sehr radikale Antwort auf die Kritik, daß
in vielen Unternehmen die sehr aufwendig erstellten Feinter-
minpläne bereits nach kürzester Zeit veraltet sind:[5] Es wird
einfach keine zentrale Maschinenbelegung mehr vorgenommen.

In einem Kurzüberblick sollen für ausgewählte Verfahren die
speziellen Ansatzpunkte vorgestellt werden, mit denen sie
Mängel klassischer PPS-Systeme zu überwinden suchen. Auf die
Darstellung algorithmischer Details wird verzichtet.

---

[3] Vgl. Wiendahl, H.-P. (1987), S. 97 ff.; Zäpfel, G. /
Missbauer, H. (1988c), S. 29 f.; Zimmermann, G. (1984),
S. 1020 ff.

[4] Vgl. Zäpfel, G. / Missbauer, H. (1988c), S. 29.

[5] Vgl. Scheer, A.-W. (1983), S. 141 f.

■ In den klassischen PPS-Systemen sind keine Steuerungsmechanismen vorgesehen, um die Höhe der Bestände an einzelnen Bearbeitungsstationen zu beeinflussen. Dadurch entstehen insbesondere in Zeiten großer Nachfrage hohe Bestände an den Arbeitsplätzen, die zwar auch eine gute Auslastung der Kapazitäten ergeben, andererseits jedoch sich ungünstig auf die Länge der Durchlaufzeiten und die Termintreue auswirken. Die **belastungsorientierte Auftragsfreigabe**[6] greift diesen Mißstand auf und versucht, nicht mehr alle Aufträge sofort in die Werkstatt zu geben. Mit Hilfe einer zweistufigen, parametergesteuerten Vorgehensweise werden aus den vorliegenden Aufträgen die freizugebenden selektiert. Die Auswahl orientiert sich sowohl an der Dringlichkeit der Aufträge als auch an den angestrebten Sollbestandshöhen vor einzelnen Arbeitsstationen. Die Bestandshöhen werden zu einem Steuerungsinstrument. Die Festlegung geeigneter Werte stützt sich auf formelmäßige Beziehungen zwischen Durchlaufzeiten, Kapazitätsauslastung (Leistung) und Bestandshöhen, wie sie allerdings nur in einem idealisierten Gleichgewichtszustand gelten. Wiendahl leitet daraus drei Einsatzvoraussetzungen ab:[7]

1. Die mittlere Belastung einer Bearbeitungsstation entspricht der mittleren Leistung.

2. Die Bearbeitungszeiten sind klein und gleich.

3. Es finden keine Reihenfolgevertauschungen statt.

Weil einige Fragen ausgeklammert werden (Programmplanung, Losbildung) kann die belastungsorientierte Auftragsfreigabe nur ein Baustein eines PPS-Systems für die kurzfristige

---

[6] Die belastungsorientierte Auftragsfreigabe wurde in den letzten 10 Jahren am Institut für Fabrikanlagen der Universität Hannover entwickelt und hat vor allem im deutschsprachigen Raum starke Beachtung gefunden. Zum Verfahren vgl. Bechte, W. (1984); derselbe (1988); Buchmann, W. (1983); Erdlenbruch, B. (1984); derselbe (1986); Wiendahl, H.-P. (1986); derselbe (1987); derselbe (1988) und die Kurzdarstellungen bei Adam, D. (1988d), S. 98 ff.; Koffler, J. (1987), S. 108 ff.

[7] Vgl. Wiendahl, H.-P. (1989), S. 290 ff.

Planung sein. Die Integration in ein Gesamtsystem läßt aufgrund der für PPS-Systeme unüblichen Planungslogik des Verfahrens Abstimmungsprobleme erwarten.[8]

■ Für Unternehmen, in denen Teile produziert werden, die einen regelmäßigen, in etwa gleich hohen Bedarf haben und einen relativ großen Wert darstellen, kann die Steuerung vereinfacht werden, wenn diese nach dem Prinzip selbststeuernder Regelkreise organisiert wird - **Kanban**.[9] Für einen diskontinuierlichen Bedarf, wie er in der Einzelfertigung auftritt, ist das Verfahren nicht einsetzbar.[10]

■ Das **Fortschrittszahlen-Konzept** wird hauptsächlich bei Unternehmen der Automobilindustrie mit Gruppenfertigung eingesetzt.[11] Die Koordination des Materialflusses wird durch kumulierte Zu- und Abgangskurven angestrebt, die Bestandsentwicklung wird zu bestimmten Zeitpunkten über Kennzahlen kontrolliert.

■ Das Verfahren **Input-Output-Control** ist in seiner einfachen Form nur ein Hilfsmittel, um erwartete Bestandsentwicklungen aufzuzeigen, die aus einer bestimmten Entscheidung - z.B. Losbildung - resultieren.[12] Erweiterungen an der Uni-

---

[8] Vgl. Zäpfel, G. / Missbauer, H. (1988b), S. 128; dieselben (1988c), S. 33.

[9] Zum Verfahren vgl. Wildemann, H. (1984); derselbe (1988a); derselbe (1988b); sowie die Kurzdarstellungen bei Koffler, J. (1987), S. 171 ff.; Zäpfel, G. / Missbauer, H. (1987), S. 893 ff.; Zimmermann, G. (1987), S. 144 ff.

[10] Vgl. Wildemann, H. (1987a), S. 10.

[11] Vgl. Helberg, P. (1987), S. 77 ff.; Heinemeyer, W. (1988); Koffler, J. (1987), S. 147 ff.; Scheer, A.-W. (1987b), S. 33 ff.

[12] Vgl. Zäpfel, G. / Missbauer, H. (1988c), S. 31 f.

versität Linz zu einem kostenorientierten Entscheidungsmodell bedürfen noch einer praktischen Erprobung.[13]

Die Vor- und Nachteile dieser Verfahren sowie die Eignung für bestimmte Fertigungsformen können, ohne genauer auf ihre Vorgehensweise einzugehen, nicht erläutert werden. Es wird deshalb auf die Literatur verwiesen.[14]

Es wurden auch Verfahren entwickelt, die nicht auf einer Regelung der Bestände basieren. Beachtung hat vor allem das System **OPT** (Optimized Production Technology) gefunden. Die Grundidee basiert darauf, die genaue Planung der Kapazitätsengpässe im Unternehmen als Ausgangspunkt der Überlegungen zu nehmen. Das Verfahren ist nur in einigen groben Regeln beschrieben, die genauen algorithmischen Details werden geheimgehalten.[15] Im Gegensatz zu den klassischen PPS-Systemen versucht OPT, eine iterative Abstimmung von Programm-, Losgrößen- und Terminplanung mit den Kapazitäten vorzunehmen, berücksichtigt also explizit Rückkopplungen zwischen den Planungsstufen.

---

[13] Vgl. Missbauer, H. (1986); Zäpfel, G. / Missbauer, H. (1988c), S. 37 ff.

[14] Vgl. Adam, D. (1988b), S. 91; derselbe (1988d), S. 105 ff.; Zäpfel, G. / Missbauer, H. (1987), S. 886 ff.; dieselben (1988b), S. 129; dieselben (1988c), S. 43; Wiendahl, H.-P. (1989), S. 289 ff.

[15] Vgl. Busch, U. (1987), S. 55 f.; Goldratt, E. M. (1988); Zäpfel, G. / Missbauer, H. (1988b), S. 129 ff.; Zimmermann, G. (1987), S. 25 ff.

43. Anforderungen an künftige PPS-Systeme für die Werkstattfertigung

Wer als Software-Anbieter ein neues PPS-System entwickeln möchte, wird sich in der Vorbereitungsphase zunächst mit einer Fülle von Checklisten und Kriterienkatalogen auseinandersetzen, die Verbände oder Autoren für potentielle Anwender erstellt haben, um diesen die Auswahl aus den am Markt erhältlichen PPS-Systemen zu erleichtern.[1] Diese Zusammenstellungen sind sicherlich auch als Basisanforderungen künftiger PPS-Anwendungen zu sehen, enthalten im allgemeinen jedoch nur Merkmale, die von mindestens einem Programmpaket bereits jetzt erfüllt werden.

Grundsätzliche Überlegungen, die versuchen, die Schwachstellen heutiger Programmpakete zu beseitigen oder abzumildern, stellen weit darüber hinausgehende Forderungen auf und betreffen im wesentlichen drei Bereiche, nämlich

- den Modellaufbau des Gesamtsystems,
- die Rolle des Menschen als Entscheidungsträger und
- die Integration in ein Gesamtmodell der Fertigung.

431. Modellaufbau

Trotz aller Kritik am klassischen Stufenplanungskonzept besteht Einigkeit darüber, daß auch künftige PPS-Systeme an

---

[1] Beispiele solcher Checklisten finden sich bei Busch, U. (1987), S. 127 ff.; Kittel, Th. (1982), S. 57 ff.; Meynert, J. (1986). Meynert berücksichtigt insbesondere die Belange der mittelständischen Auftragsfertigung. Grupp, B. (1987) stellt einen Marktspiegel über PPS-Softwarepakete vor.

einem Stufenkonzept festhalten müssen.[2] Gesucht ist jedoch
ein Modellaufbau, der es gestattet, realistischere Planungsergebnisse zu erhalten, insbesondere eine verbesserte Kapazitätsplanung[3] und ein stimmiges Zeit- und Mengengerüst.[4]

Einen Ansatz dazu liefert Scheer.[5] Er fordert eine Abkehr von
der bisherigen Philosophie, nach der alle Planungsstufen nur
einmal auf einem einheitlichen Detaillierungsniveau durchlaufen werden. Statt dessen sollte eine Abstufung nach dem Planungszeitraum und dem Detaillierungsgrad erfolgen. Ausgangspunkt sollte eine langfristige Grobplanung sein, die in etwa
5 bis 7 Stufen zu einer kurzfristigen Analyse immer weiter
verfeinert wird. Jeder Planungsschritt durchläuft prinzipiell
die funktional gegliederten Planungsstufen des klassischen
Ansatzes, jedoch mit wechselnden Fristigkeiten und Aggregati-
onsebenen.

Diese Idee führt sowohl in der Grob- als auch in der Feinplanung zu einer geänderten Sichtweise des Problems. In der
Grobplanung können realistischere Überlegungen zur Kapazitätsplanung erfolgen, wenn auch dazu die Bildung größerer or-
ganisatorischer Einheiten und zeitlicher Raster nötig ist.[6]
Prognose-, Simulations- und Optimierungsmodelle, die auf den
groben Detaillierungsgrad abgestellt sind, sollten zu einer
stärkeren Unterstützung herangezogen werden.[7]

---

[2] Vgl. Adam, D. (1988a), S. 19.

[3] Vgl. Manske, F. (1986), S. 106.

[4] Vgl. Adam, D. (1988a), S. 19.

[5] Zu den folgenden Vorstellungen vgl. Scheer, A.-W. (1987c),
S. 163 ff.

[6] Vgl. Adam, D. (1988a), S. 19 f.

[7] Vgl. Scheer, A.-W. (1987c), S. 165.

Andererseits werden auch die kurzfristigen Feinplanungen aufgewertet. Trotz verringerten Datenvolumens durch den stark eingeschränkten Planungshorizont sind viele Überlegungen der Feinplanung nur durch eine stärkere Verantwortung dezentraler Einheiten zu lösen - auch hierüber besteht ein weitreichender Konsens.[8] Adam warnt jedoch davor, nur aus Gründen der Problemreduktion einen zu kurzen Zeitausschnitt innerhalb der Feinplanung zu betrachten, weil dann die Gefahr besteht, daß die Materialbereitstellungsplanung Engpässe nicht rechtzeitig erkennt, wenn lange Lieferfristen für Teile bestehen.[9] Für begrenzte Fragestellungen können auch in der Feinplanung Simultan- und Optimierungsmodelle stärker genutzt werden.[10]

Der Gesamtaufbau des Planungsmodells sollte es ferner ermöglichen, Zielkonflikte zu verdeutlichen, d. h., dem Disponenten - möglichst unmittelbar am Bildschirm - zeigen, wie verschiedene Maßnahmen (z. B. Parametereinstellungen, Datenänderungen) sich auf die Erreichungsgrade aller Ziele der Steuerung auswirken. Die Auswertung darf sich hierbei nicht nur an den bisher vorherrschenden Ersatzzielen orientieren. Vielmehr sollte eine Bewertung unterschiedlicher Maßnahmen nach Erlös- und Kostengesichtspunkten angestrebt werden.[11] Hilfreich wäre auch eine Unterstützung bei der Vereinbarung von Lieferterminen.[12]

Das neue Stufenkonzept sollte nach Möglichkeit weiterhin modular aufgebaut sein. Damit ist eine einfachere Anpassung an

---

[8] Vgl. Manske, F. (1986), S. 108; Helberg, P. (1986), S. 29; Scheer, A.-W. (1987c), S. 164 ff.; Kang, M. (1987), S. 20 f.

[9] Vgl. Adam, D. (1988a), S. 21.

[10] Vgl. Scheer, A.-W. (1987c), S. 166.

[11] Vgl. Adam, D. (1988a), S. 20 f.

[12] Vgl. Adam, D. (1988a), S. 21.

die unternehmenstypischen Belange möglich.[13] Außerdem erlaubt dies auch kleineren Unternehmen, schrittweise ein PPS-System einzuführen.

432. Rolle des Menschen als Entscheidungsträger

Das Aussehen eines künftigen PPS-Systems wird auch stark durch die Art und Weise geprägt, inwieweit das Programm Entscheidungen eines Menschen benötigt und unterstützt. Die Planungsvorgaben an dezentrale Instanzen überlassen den dort Verantwortlichen Spielräume, wie sie diese Rahmenbedingungen umsetzen können. Die in vielen Jahren gewachsenen Organisationsstrukturen der Betriebe müssen sich auf die Neuordnung der Kompetenzen einstellen.[14]

Das PPS-System sollte die Planungsaufgaben so aufbereiten, daß der Entscheidungsträger eine möglichst große Unterstützung erfährt. Programmierte Entscheidungen ohne Eingriffsmöglichkeiten des Menschen und die seitenlange Druckerausgabe aller Planungsergebnisse sind deshalb abzulehnen. Heutige PPS-Systeme besitzen eine Dialogschnittstelle, über die der Anwender unmittelbar mit dem Programm in Verbindung treten kann. Die Bemühungen um weitere Verbesserungen der Benutzerfreundlichkeit der Interaktionsmöglichkeiten werden in der nächsten Zeit fortgeführt.[15] Dazu gehört auch der Ausbau von Kontroll- und Diagnosehilfen im PPS-System.[16]

---

[13] Vgl. Helberg, P. (1986), S. 28; Brödner, P. (1982), S. 20.

[14] Vgl. Helberg, P. (1986), S. 29.

[15] Vgl. Brödner, P. (1982), S. 21; Kang, M. (1987), S. 15.

[16] Vgl. Wiendahl, H.-P. (1987), S. 45.

Eine Stärkung der Position des menschlichen Entscheidungsträgers in neuen PPS-Systemen ist zu erwarten. Kurbel nennt folgende Gründe:[17]

■ Ein Mensch kann nicht formalisierbare und nicht quantifizierbare Faktoren aufgrund seiner Erfahrungen in seinen Entscheidungen berücksichtigen.

■ Gerade in komplexen Entscheidungssituationen führt die Problemlösungsfähigkeit eines erfahrenen Mitarbeiters häufig zu qualitativ besseren Ergebnissen als die starren Algorithmen eines EDV-Programmes.

Die Entwicklung wird deshalb dazu führen, daß PPS-Systeme in Teilbereichen zunächst Planungsvorschläge erstellen, um dann die Konsequenzen verschiedener Planänderungen aufzuzeigen, die der Disponent am Rechner auswählt. Der endgültige Plan wird durch einen iterativen Suchprozeß verabschiedet, bei dem der Rechner die Rolle eines Entscheidungsunterstützungsinstrumentes einnimmt.[18]

Einen Ansatz dazu, den menschlichen Sachverstand im Rechner abzubilden, bieten **Expertensysteme**, die seit einigen Jahren zu einem intensiven Forschungsgegenstand geworden sind.[19] Die Besonderheit gegenüber herkömmlichen EDV-Lösungen besteht darin, daß zum eigentlichen Programm - im Expertensystem heißt es Problemlösungskomponente bzw. Inferenzkomponente - und den Daten des Problems ein dritter Bereich hinzukommt, die Wissensbasis. Sie enthält in codierter Form das Wissen

---

[17] Vgl. Kurbel, K. (1988), S. 192.

[18] Vgl. Kurbel, K. (1988), S. 192.

[19] Aus der Fülle der Literatur zum Bereich Expertensysteme, die auch Wissensbasierte Systeme genannt werden, sollen nur einige Titel genannt werden; vgl. Frank, U. (1989); Harmon, P. /King, D (1987); Mertens, P. et al. (1986); Savory, S. (1985); Scheer, A.-W. / Steinmann, D. (1988); Wendt, K.-L. v. (1988).

eines oder mehrerer menschlicher Experten, zumeist in der Form von Fakten und Wenn-dann-Aussagen (Regeln). Weitere Bestandteile eines Expertensystems sind eine Dialogkomponente für den Kontakt mit dem Anwender, eine Erklärungskomponente, um zu erläutern, wie bestimmte Ergebnisse zustande gekommen sind und eine Wissenerwerbskomponente, die es gestattet, die Wissensbasis in einfacher Form zu verändern, zu überprüfen und zu erweitern.

Der Einsatz von Expertensystemen ist an einige prinzipielle Voraussetzungen geknüpft:[20]

1. Es muß einen Experten geben, der bereit und fähig ist, sein Wissen und sein Problemlösungsverhalten mitzuteilen.

2. Die Struktur des Problems darf nicht so gutartig sein, daß ein Optimierungsmodell eine Lösung ermitteln kann. Die Struktur darf auf der anderen Seite nicht so schlecht sein, daß kein abgegrenztes Modell aufgebaut werden kann.

3. Die Daten des Problems müssen innerhalb einer integrierten EDV-Lösung leicht abrufbar sein, ohne den Anwender mit einem langen Eingabedialog zu beschäftigen.

Ein Vorteil eines Expertensystems ist offensichtlich: Ein erfahrener Mitarbeiter kann teilweise von Routinetätigkeiten entbunden werden. Ein vollständiger Ersatz des Menschen durch ein Expertensystem ist nur in wenigen Anwendungsfällen denkbar.

Bisherige Anwendungen im Umfeld von PPS-Systemen[21], die über reine Diagnose- und Kontrolltätigkeiten hinausgehen, betreffen

---

[20] Vgl. Mertens, P. (1988b), S. 21 f.

[21] Einen Überblick verschiedener Anwendungen - vor allem in den USA - bieten Rao, H. R. / Lingaraj, B. P. (1988).

■ die Ermittlung von Stücklisten und Arbeitsplänen für eine variantenreiche Fertigung,[22]

■ das Erstellen von Maschinenbelegungsplänen,[23]

■ die Lieferterminplanung von Kundenaufträgen.[24]

Der Einsatz betrifft nur spezielle Problembereiche. Allgemein ergeben sich große Schwierigkeiten, Expertensysteme für PPS-Aufgaben einzusetzen, weil bereits die erste Grundvoraussetzung verletzt ist: Es fehlt ein Experte, der in der Lage ist, ein Planungsproblem, das Interdependenzen zu verschiedenen anderen Problemen beinhaltet, so zu lösen, daß das Ergebnis optimal im Sinne einer gegebenen, unternehmerischen Zielsetzung (z. B. maximaler Gewinn) ist.

In einer zusammenfassenden Beurteilung der bisherigen Expertensystem-Entwicklungen für den Bereich der Produktionsplanung schreibt Mertens:[25]

■ Bislang sind die Erfolge sehr bescheiden, weil PPS-Systeme keine Formulierung eines abgeschlossenen, kleinen Modells erlauben, das mit einem Expertensystem noch beherrschbar wäre.

■ Planungsprobleme, die eine zeitliche Dimension ausweisen, sind für Expertensysteme zu komplex, weil die Entscheidungsbäume zu viele Alternativen beinhalten. Die Anzahl der

---

[22] Vgl. Schönsleben, P. (1986).

[23] Vgl. Fox M. S. / Smith St. F. (1984); Bensana, E. et al. (1988).

[24] Vgl. Mertens, P. (1988a), S. 12.

[25] Vgl. Mertens, P. (1988a), S. 9.

Regeln, die eine Reduktion der Komplexität erlauben, ist zu groß, um sie in die Wissensbasis aufzunehmen.

Dennoch darf man davon ausgehen, daß in künftigen PPS-Systemen vermehrt abgeschlossene, kleinere Planungsaufgaben durch Expertensysteme erledigt werden.[26]

433. CIM-gerechte Konzepte

Die bisherigen Überlegungen gehen von einer relativ isolierten Betrachtung des PPS-Systems aus, ohne die Interdependenzen zu anderen Bereichen aus dem technischen oder kaufmännischen Umfeld zu beachten. Lange Zeit konnten Unternehmen zufriedenstellende Rationalisierungserfolge erzielen, indem in einzelnen Teilbereichen Insellösungen ohne Vernetzung mit anderen EDV-Bereichen aufgebaut wurden.[27] Den eher kaufmännisch-orientierten PPS-Systemen standen auf der technisch-orientierten Seite verschiedene CA-Techniken[28] gegenüber, von besonderer Bedeutung sind dabei die folgenden Bereiche:

■ CAD - Computer Aided Design - umfaßt alle Datenverarbeitungsfunktionen zur Unterstützung der Konstruktion.[29]

■ CAP - Computer Aided Planning - beschäftigt sich mit der computergestützten Arbeitsplanerstellung sowohl für konventionelle Bearbeitungsformen als auch für NC-gesteuerte Maschinen.

---

[26] Vgl. dazu die Ausführungen bei Steinmann, D. (1988).

[27] Vgl. Backhaus, K. / Weiss P. A. (1988), S. 53 ff.; Kahl, H.-P. (1987), S. 99 f.

[28] CA steht für Computer Aided.

[29] Vgl. Scheer, A.-W. (1987b), S. 36 ff.; derselbe (1988a), S. 283 ff.

■ CAM - Computer Aided Manufacturing - beinhaltet die Steuerung der computergestützten Transport- und Lagersysteme, der (NC-)Maschinen und Roboter sowie Fragen der Instandhaltung.[30] Die Parallel-Entwicklung von kaufmännischen und technischen EDV-Lösungen kommt auch darin zum Ausdruck, daß einige Autoren auch Funktionen aus PPS-Systemen in den Begriff CAM miteinbeziehen.[31]

■ Die drei bisher angesprochenen CA-Techniken werden häufig noch durch eine umfassende, computergestützte Qualitätssicherung CAQ - Computer Aided Quality Ensurance - ergänzt.[32]

Allmählich setzte sich die Erkenntnis durch, daß verbesserte und realistische Planungsergebnisse nur dann zu erreichen sind, wenn die einzelnen EDV-Lösungen aufeinander abgestimmt werden.[33] Gesucht wird eine Strategie, die "einen durchgängigen zielorientierten Informationsfluß sichert, wobei alle mit Entwicklung, Produktion und Logistik zusammenhängenden Bereiche durch Informationsverarbeitung verbunden werden."[34] Diese Anforderung kann als eine Definition von CIM - Computer Integrated Manufacturing - angesehen werden. Das viel benutzte Kürzel CIM ist keine auf dem Software-Markt erhältliche Standardlösung, vielmehr muß jedes Unternehmen einen eigenen Weg zur Integration der vorhandenen Teillösungen finden.[35]

---

[30] Vgl. Scheer, A.-W. (1987b), S. 47 ff.; derselbe (1988a), S. 302 ff.

[31] Vgl. Scheer, A.-W. (1988a), S. 262.

[32] Vgl. Blechschmidt, H. (1987), S. 139 ff.; Mertens, P. (1988c), S. 201 f.; Scheer, A.-W. (1987b), S. 53 f.

[33] Vgl. Backhaus, K. / Weiss, P. A. (1988), S. 57.

[34] Blechschmidt, H. (1987), S. 138.

[35] Vgl. Kochan, A. / Cowan, D. (1986), S. 2.

Der Integrationsaspekt darf sich dabei nicht nur auf einen reinen Datenaustausch der CIM-Komponenten beschränken, sondern muß vielmehr in den Planungen Interdependenzen auswerten, die zuvor nicht berücksichtigt wurden.[36] Eine nüchterne Einschätzung der bisherigen Erfahrungen mit CIM-Projekten zeigt, daß der Weg zu einer weit verbreiteten Anwendung noch sehr lang erscheint,[37] und "daß die Fabrik der Zukunft heute noch eher Vision denn Wirklichkeit ist."[38]

Die Ursache liegt in vielen noch ungelösten Problemen auf dem Weg zur Integration. Scheer stellt fest, daß die Voraussetzungen für eine Einführung von CIM heute weder bei den Software-Anbietern noch bei den Unternehmen vorliegen.[39] Die Probleme liegen sowohl auf der theoretischen Ebene als auch in der praktischen Umsetzung, beispielsweise beim Datenaustausch oder bei der Datenorganisation.[40] Eine Einführung von CIM scheitert häufig auch daran, daß die organisatorischen Voraussetzungen nicht vorliegen.[41] Viele Unternehmen sind personell und finanziell überfordert.[42]

Insbesondere Großunternehmen können es sich aber trotz aller Probleme im CIM-Bereich heute kaum leisten, einfach abzuwarten und mit den bisherigen, nicht integrierten EDV-Lösungen weiter zu arbeiten, weil sowohl Know-How-Verluste auf einem zukünftig bedeutsamen Gebiet als auch die Abhängigkeit von

---

[36] Vgl. Scheer, A.-W. (1987b), S. 4 ff.

[37] Vgl. Eversheim, W. (1987b), S. 22.

[38] Backhaus, K. / Weiss, P. A. (1988), S. 67.

[39] Vgl. Scheer, A.-W. (1986), S. 50 f.

[40] Vgl. Backhaus, K. / Weiss, P. A. (1988), S. 59 ff.

[41] Vgl. Kahl, H.-P. (1987), S. 110 ff.

[42] Vgl. Eversheim, W. (1987b), S. 22.

den Entwicklungsstrategien der Software-Anbieter drohen.[43] Deshalb ist es wichtig, schon jetzt ein strategisches Gesamtkonzept zur Einführung von CIM zu entwickeln.[44] Dies gilt im zunehmenden Maße auch für mittelständische Unternehmen, insbesondere für solche, die als Zulieferer für Großunternehmen z.B. in der Automobilbranche auf Dauer erfolgreich sein wollen.[45]

Bei einer stufenweisen Einführung von CIM wird der Entwicklungskern eines künftigen Informationsverbundes das PPS-System sein. Neue PPS-Systeme müssen deshalb informationstechnisch darauf ausgelegt sein, diese Rolle wahrzunehmen. Sie müssen nicht nur den Datenaustausch mit anderen Planungsbereichen erlauben - hier sind Industriestandards erforderlich, um Hard- und Software-Anbietern übergreifende Lösungen zu ermöglichen -, sondern auch die neuen Möglichkeiten der Datenbeschaffung in die Planungsüberlegungen integrieren.[46]

---

[43] Vgl. Scheer, A.-W. (1986), S. 52.

[44] Vgl. Scheer, A.-W. (1986), S. 52 ff.; derselbe (1987b), S. 65 ff.; Kochan, A. / Cowan, D. (1986), S. 113 ff.; Schoemann, V. (1986), S. 22 ff.; Kahl, H.-P. (1987), S. 97 ff.

[45] Vgl. Eversheim, W. (1987a); Pantele, E. F. (1986), S. 66 ff.; Scheer, A.-W. (1988b).

[46] Vgl. Wiendahl, H.-P. (1988a), S. 61; Wildemann, H. (1987b), S. 22; Kang, M. (1987), S. 16; Scheer, A.-W. (1983), S. 145 ff.; derselbe (1987c), S. 167 ff.; Helberg, P. (1986), S. 28 f.; Schmidt, K.-U. (1986), S. 9.

5. Retrograde Terminierung

51. Grundideen und Einsatzvoraussetzungen des Verfahrens

511. Aufgaben und Ziele

Die Retrograde Terminierung ist ein Fertigungssteuerungskonzept bei Werkstattfertigung. Die *Hauptaufgabe* besteht darin, für einen gegebenen Bestand sowohl an Werkstattaufträgen mit vereinbarten Soll-Lieferterminen als auch an Auftragsanfragen einen Belegungsplan aufzustellen, der angibt, wann welcher Auftrag in welcher Arbeitsplatzgruppe gefertigt werden soll. Für die Auftragsanfragen kann ein vom Kunden gewünschter Liefertermin berücksichtigt werden.

Das Verfahren bedient sich in der Mehrzahl heuristischer Elemente (Prioritätsregeln); einzelne Detailplanungen können auch auf analytischem Wege vorgenommen werden.

Die Retrograde Terminierung ist in ihrer bisherigen Auslegung als zentrales Steuerungsinstrument konzipiert. *Hauptziel* der Steuerung ist es, ausgehend von einer gegebenen unternehmerischen Zielsetzung - im allgemeinen Gewinnmaximierung - die konfliktären Zielgrößen

- ■ Durchlaufzeit der Aufträge
- ■ Bestände an Rohstoffen, Teilen und Enderzeugnissen
- ■ Auslastung der Kapazitäten
- ■ Liefertreue

positiv zu beeinflussen.[1]

---

[1] Vgl. Adam, D. (1988b), S. 90.

Um den Konflikt der vier Zielgrößen in der Planung berücksichtigen zu können, werden alle Faktoren, die das Zielniveau beeinflussen, in die Planungsvorgänge der Retrograden Terminierung einbezogen. Auf die Ziele der Fertigungssteuerung wirken folgende Determinanten wesentlich ein:[2]

- Werkstattbestände,
- Kapazitäten von Mensch und Maschine,
- Auftragsgrößen (Losgrößen),
- Bearbeitungsreihenfolge der Aufträge.

Die Bedeutung der Determinanten für den Zielerreichungsgrad hängt wesentlich von den Produktionsverhältnissen in der Werkstatt ab, z. B. von der Art des Materialflusses. Prinzipiell ist es zwar möglich, ein Fertigungssteuerungskonzept zu entwickeln, das für alle Arten der Fertigung, z. B. sowohl für Einzel- als auch für Serienfertigung, geeignet ist. Die schlechten praktischen Erfahrungen mit Verfahren, die einen derartigen Anspruch geltend machen, zeigen jedoch, daß es bisher nicht gelungen ist, die Besonderheiten der einzelnen Anwendungsfälle in einem einzigen Planungsmodell zu erfassen. Die Zielkonflikte und der Einfluß der einzelnen Determinanten kann nicht in jedem Fall verdeutlicht werden. Dies gelingt viel besser, wenn ein Fertigungssteuerungskonzept auf bestimmte, genau festgelegte Einsatzvoraussetzungen zugeschnitten ist.

Die Retrograde Terminierung wurde hauptsächlich für diejenigen Arten der Werkstattfertigung entwickelt, in denen stark diskontinuierlicher Materialfluß und vernetzte Produktionsstrukturen vorherrschen. In diesen komplizierten Planungssituationen erreichen bestandsregelnde Verfahren nur unzurei-

---

[2] Vgl. auch Abschnitt 11.

chend die Ziele der Steuerung.[3] Nur in geringem Ausmaß werden in diesen und anderen Verfahren die Bedeutung der Bearbeitungsreihenfolge, der Liefertermine und der Einfluß des Produktionsfaktors "Mensch" auf die Zielerreichungsgrade abgebildet.

Diese Erkenntnis war Auslöser und Motivation für die Entwicklung der Retrograden Terminierung am Institut für Industrie- und Krankenhausbetriebslehre der Universität Münster. Die Entwicklung des Verfahrens geht auch nach Erscheinen dieser Arbeit weiter. Es kann deshalb hier nur über einen Zwischenstand berichtet werden.

512. Rahmenbedingungen

Bevor gezeigt werden kann, wie die Retrograde Terminierung in verschiedenen Situationen die Planung vornimmt, müssen zunächst einige grundlegende Rahmenbedingungen und Merkmale des Verfahrens erläutert werden.[4]

5121. Rahmenplanung

Jedes Fertigungssteuerungskonzept läßt sich danach klassifizieren, wie fein die Planung erfolgt. Prinzipiell ist es möglich, für einzelne Arbeitsplätze, Maschinen und Mitarbeiter minutengenaue Vorgaben zu entwickeln. Anspruch und Wirklichkeit derartiger Pläne klaffen aber in den allermeisten Fällen bereits bei Bekanntgabe auseinander, eine Steuerung auf Basis

---

[3] Vgl. dazu Abschnitt 42 und die dort zitierte Literatur.

[4] Vgl. Adam, D. (1988b), S. 92 f.

einer totalen Feinplanung ist praktisch unmöglich.[5] Die Ursache liegt daran, daß viele Einflußfaktoren stochastischer Natur sind, während die Planungen von einem deterministischen Wert, z. B. einem in der Vergangenheit beobachteten Mittelwert, ausgehen. Die Wahrscheinlichkeit, daß Voraussage und tatsächlicher Wert übereinstimmen, sinkt mit einem steigenden Genauigkeitsanspruch an die Ergebnisse der Planung. Um die Zuverläßigkeit der Planungsergebnisse zu erhöhen, ist es erforderlich, von einem geringeren Detaillierungsgrad auszugehen.

Deshalb wird für die Steuerungszwecke der Retrograden Terminierung die gesamte Werkstatt in einzelne Steuereinheiten aufgeteilt.[6] Eine **Steuereinheit** stellt eine Gruppe gleichartiger Arbeitsplätze mit den zugehörigen Maschinen und den dort eingesetzten Mitarbeitern dar. Die Zuordnung der Mitarbeiter zu einzelnen Steuereinheiten kann im Zeitablauf wechseln und ein Gegenstand regelmäßiger Planung sein. Eine Steuereinheit "Dreherei" kann z. B. aus drei Arbeitsplätzen, die mit entsprechenden Maschinen bestückt sind, zwei Stamm-Mitarbeitern und einem Lehrling bestehen. Es müssen nicht unbedingt mehrere Arbeitsplätze in einer Steuereinheit bestehen, beispielsweise könnte für die Steuereinheit "Endkontrolle" nur ein Mitarbeiter zuständig sein, der eventuell sogar ohne Maschinen auskommt.

Die Gliederung der Werkstatt in Steuereinheiten ist eine wichtige Rahmenbedingung. Die Belegungspläne weisen als Ergebnis der Retrograden Terminierung aus, daß ein bestimmter Auftrag in einem ausgewiesenen Zeitraum in einer Steuereinheit gefertigt wird. Sie sind als **Rahmenpläne** zu interpretieren.

---

[5] Vgl. Abschnitt 213.

[6] Ähnliche Überlegungen stellt Busch an, vgl. Busch, U. (1987), S. 29 ff.

Über die Zerlegung der Werkstatt in Steuereinheiten kann der Detaillierungsgrad der Planung bestimmt werden. Je feiner die Werkstatt gegliedert wird, desto mehr gleicht die Vorgehensweise dem Prinzip der Totalplanung. Es kommt jedoch darauf an, eine gute organisatorische Strukturierung der Werkstatt zu finden, bei der nur die *prinzipiellen* Reihenfolgewirkungen der Aufträge und deren Einflüsse auf die Zielgrößen der Steuerung abgebildet werden.

Mit der Gliederung der Werkstatt in einzelne Steuereinheiten tritt eine Erleichterung hinsichtlich der erforderlichen Genauigkeit für die Angabe der vorzunehmenden Arbeitsoperationen ein. Tätigkeiten, die hintereinander in einer Steuereinheit ausgeführt werden müssen, können aggregiert betrachtet werden. Für die Zwecke der Steuerung reichen damit recht grobe **Arbeitspläne** aus. Es muß aus ihnen lediglich die Reihenfolge der zu durchlaufenden Steuereinheiten und der zeitliche Bezug - Arbeiten können parallel oder nur nacheinander durchgeführt werden - deutlich werden. Aus Vereinfachungsgründen werden die verschiedenen, innerhalb einer Steuereinheit durchzuführenden Tätigkeiten im folgenden nur noch als <u>eine</u> Arbeitsoperation angesprochen.

Obwohl eine genaue Reihenfolgeplanung der Aufträge für die Erledigung in den Steuereinheiten vorgenommen wird, soll bewußt keine minutengenaue Vorgabe für jeden Mitarbeiter, jede Maschine oder jeden Arbeitsplatz erstellt werden. Der Sinn der zentralen Planung liegt allein darin, über die Reihenfolgeplanung eine bessere terminliche Abstimmung des Teile- und Auftragsflusses über den Gesamtbetrieb zu sichern, um damit den in der dezentralen Meisterwirtschaft beklagten Stellenegoismus in der Fertigung mit den negativen Resultaten entgegen zu wirken.

Die Mitarbeiter einer Steuereinheit sollen die z. B. täglichen oder wöchentlichen Rahmenpläne als Eckdaten und Wunschvorgaben für ihre Arbeit ansehen. Weil man ihnen gestalterische Spielräume zugesteht, wird die Motivation und der Leistungswille gefördert, die häufig als Last empfundene totale Fremdbestimmung entfällt.

Reihenfolgevertauschungen, die günstige, von der zentralen Planung nicht erfaßte Effekte mit sich bringen, können von den Mitarbeitern ohne weiteres vorgenommen werden, wenn die Einhaltung des Rahmenplanes nicht beeinträchtigt wird. Auch geringfügige Störungen des Ablaufes können in Eigenregie in der betroffenen Steuereinheit ausgeglichen werden, ohne daß eine Korrektur der zentral ermittelten Planungsergebnisse erforderlich ist. Lediglich bedeutende, unvorhersehbare Ereignisse im Produktionsablauf (Maschinenausfall, fehlende Teile) müssen an die zentrale Planungsstelle zurückgemeldet werden. Dort wird entschieden, ob Sondermaßnahmen zu treffen sind und ein neuer Planungslauf durchgeführt werden muß. Die Ursache für einen Neuaufwurf der Planung, der außerhalb eines regelmäßigen Turnus erfolgt, kann auch in Vertriebsaktivitäten begründet sein. Die Wirkungen neuer Werkstattaufträge oder Kundenanfragen auf die Ziele der Steuerung werden im allgemeinen unmittelbar nach ihrem Bekanntwerden festgestellt.

Voraussetzung einer sinnvollen Planung ist weiterhin die Beantwortung der beiden folgenden Fragen:

1. Wie werden die Anforderungen einer Arbeitsoperation an eine Steuereinheit gemessen?
2. Wie wird das Leistungsvermögen einer Steuereinheit angegeben?

Das Leistungsvermögen einer Steuereinheit in einem Zeitabschnitt (z.B. an einem Werktag) wird als **Kapazität** bezeichnet.[7] In einem Mehrproduktunternehmen kommt als Maßstab für

---

[7] Zur Diskussion um den Kapazitätsbegriff vgl. Layer, M. (1979), Sp. 871 ff.; Krautzig, J. (1981), S. 13 ff.; Zäpfel, G. (1982), S. 10 ff.

die Kapazität nur die Zeit in Frage. Sofern die Kapazität maschinendeterminiert ist, kann von einer festen Arbeitszeit für eine bestimmte Tätigkeit ausgegangen werden. Komplizierter ist die Situation, falls die Kapazität personalorientiert ist, z. B. falls die Aggregate nicht vollständig automatisiert, sondern nur bei Anwesenheit der zugeteilten Mitarbeiter einsetzbar sind. In diesem Fall hängt die Dauer einer bestimmten Arbeitsoperation davon ab, wieviele Mitarbeiter mit welcher Motivation und mit welcher Erfahrung daran arbeiten.

Ein Planungsproblem stellt die unterschiedliche Qualifikation der Mitarbeiter dar. Für eine Tätigkeit, die ein erfahrener Meister in einer Stunde erledigt, wird ein Lehrling möglicherweise fünf Stunden benötigen. Diese unterschiedliche Effizienz muß berücksichtigt werden. Für das Kapazitätsangebot entscheidend ist nicht nur die reine Anzahl der einer Steuereinheit zugeordneten Mitarbeiter, sondern auch die genaue personelle Zusammensetzung.

Für die Zwecke der Steuerung erweist es sich als günstig, Kapazitätsangebot und -nachfrage in einer einheitlichen Zeitgröße zu messen: Vorgabestunden [VStd] bzw. allgemeiner Vorgabezeiteinheiten [VZE].

Um die zeitlichen Anforderungen einer Arbeitsoperation in einer Steuereinheit spezifizieren zu können, ist es sinnvoll, Vergangenheitsdaten für Abläufe gleichen oder ähnlichen Inhalts zu kennen. Die Vorgabezeitermittlung stützt sich deswegen auf eine ausgebaute Betriebsdatenerfassung, wie sie heute in den Betrieben des verarbeitenden Gewerbes üblich ist oder aufgebaut wird. Methoden und Probleme der Vorgabezeitermittlung sollen in dieser Arbeit nicht vertieft werden.[8]

---

[8] Vgl. dazu z. B. John, B. (1987), der sich relativ eng an die REFA-Methodenlehre für das Arbeitsstudium hält.

Während die Zuordnung von Maschinen zu bestimmten Steuereinheiten sinnvollerweise im Zeitablauf unverändert sein sollte,
ist dies für die Zuordnung des Personals zu den Steuereinheiten nicht zwingend vorgesehen. Es werden in dieser Arbeit
auch Fälle abgebildet,[9] in denen ein Mitarbeiter aufgrund
seiner Ausbildung und Erfahrung in mehreren Steuereinheiten
eingesetzt werden kann. In diesem Fall ist eine Personaleinsatzplanung erforderlich, um eine zielsetzungsgerechte Zuordnung vornehmen zu können. Durch die Personaleinsatzplanung
wird dann offensichtlich das Kapazitätsangebot einer Steuereinheit beeinflußt.

5122. Umfassender Planungshorizont und rollierender Planungsmodus

Ein weiteres Merkmal der Retrograden Terminierung ist der umfassende Planungshorizont. Häufig wird in Fertigungssteue-
rungssystemen durch eine Vorauswahl - einen Freigabelauf -
entschieden, welche Aufträge dringlich sind und in dem vorgegebenen Planungszeitraum - z. B. in den nächsten zwei Wochen - gefertigt werden müssen. Nur dieser geringe Teil der
Aufträge wird dann einer detaillierteren Planung unterzogen.
Mittel- und langfristige Maßnahmen wie z.B. Fremdvergabe und
Fremdbezug, die nur durch eine Betrachtung des gesamten Auf-
tragsvolumens rechtzeitig eingeleitet werden könnten, werden
durch den eingeschränkten Planungshorizont nicht erkannt und
sind später oftmals nicht mehr - oder nur zu erhöhten Kosten - durchführbar. Die Retrograde Terminierung wirkt dem
entgegen, indem sich die Planung auf alle erteilten Aufträge
und alle aktuellen Auftragsanfragen erstreckt.

Die Planung erfolgt in einem für viele Planungen typischen
rollierenden Modus; d.h. in einem festgelegten zeitlichen Ab-

---

[9] Vgl. Abschnitt 54.

stand - z.B. zu Beginn einer jeden Woche - findet ein Planungslauf statt. Vor dem Start der eigentlichen Planungsüberlegungen müssen die Daten (z.B. neue Aufträge, Angaben zu Urlaub und Krankheit der Mitarbeiter, Arbeitsfortschritt) gegebenenfalls aktualisiert werden, sofern diese Angaben nicht schon zeitnah durch den Einsatz eines integrierten Betriebsdatenerfassungssystems auf den neuesten Stand gebracht werden.

Durch den rollierenden Planungsmodus und den gleichzeitig umfassenden Planungshorizont wird in Kauf genommen, daß viele Planungen wiederholt durchgeführt werden. Fast immer ändert sich jedoch das Umfeld, weil Daten aktualisiert und ergänzt werden. Zukünftige Engpässe werden auf diese Weise rechtzeitig erkannt oder vermieden (z.B. durch geeignete Lieferterminvereinbarungen). Die Nachteile einer wiederholten, fast identischen Planung verlieren in Zeiten zunehmender Rechnerleistungsfähigkeit fast völlig an Gewicht, die Informationsvorteile sprechen eindeutig für eine umfassende Planung.

5123. Planung im Mensch-Maschine-Dialog

Ein weiteres Merkmal der Retrograden Terminierung ist die interaktive Ausrichtung der Rechnerumsetzung des Verfahrens. Nur im konsequenten Mensch-Maschine-Dialog kann die richtige Mischung aus den algorithmischen Planungsvorschlägen des Rechners und den Kenntnissen des erfahrenen Bedieners gefunden werden. Der Computer ermittelt aus den vorliegenden Daten und zusätzlichen Parametereinstellungen des Disponenten mit Hilfe einer Simulation, welche Materialbereitstellungstermine, Rahmenbelegungspläne und eventuell auch, welche Kapazitäten für die Steuereinheiten daraus resultieren. Die Ergebnisse eines Simulationslaufes können in verschiedenen Verdichtungsstufen analysiert werden. Die Auswahl, welche Informationen (Mittelwerte, Zeitablaufgrafiken) abgerufen werden, kann menügesteuert den Erfordernissen der Situation oder bisherigen Ergebnisanzeigen angepaßt werden. Der Disponent muß letztlich den Simulationslauf insgesamt bewerten und entscheiden, ob weitere, alternative Planungen erforderlich sind und wenn ja, welche Parametereingaben in welcher Weise zu ändern sind.

Der Versuch, den gesamten Erfahrungsschatz des menschlichen Bedieners in Regeln umzusetzen, so daß ein Expertensystem die Mastersteuerung übernehmen kann, muß zum gegenwärtigen Zeitpunkt noch als Illusion bezeichnet werden.[10] Gerade in den komplexen Planungssituationen des Sondermaschinenbaus kann auf die vielfältigen menschlichen Erfahrungen nicht verzichtet werden. Der Rechnereinsatz kann jedoch durch die Vorlage von Planungsvorschlägen einen nicht unerheblichen Beitrag dazu leisten, den Planenden von reinen Routinetätigkeiten zu entlasten.

Die Analyse der einzelnen oder verdichteten Planungsergebnisse kann dazu führen, daß der Disponent über Steuerungsparameter eingreift, um die Zielgrößen der Planung zu verbessern. In der jetzigen Verfahrensauslegung verfügt er über folgende Steuerungsparameter:

- ■ Änderung des Freigabeverhaltens von Aufträgen,
- ■ Losgröße,
- ■ Sicherheitszuschläge gegen Störungen,
- ■ Variation von Lieferterminen für Auftragsanfragen,
- ■ Maßnahmen zur Kapazitätsanpassung.

Diese Eingriffsmöglichkeiten werden später detailliert erläutert.[11] Abbildung 2 verdeutlicht noch einmal die wichtigsten Einflußfaktoren und Ergebnisse der Retrograden Terminierung.

---

[10] Vgl. dazu auch Abschnitt 432 dieser Arbeit.

[11] Vgl. Abschnitt 533 dieser Arbeit.

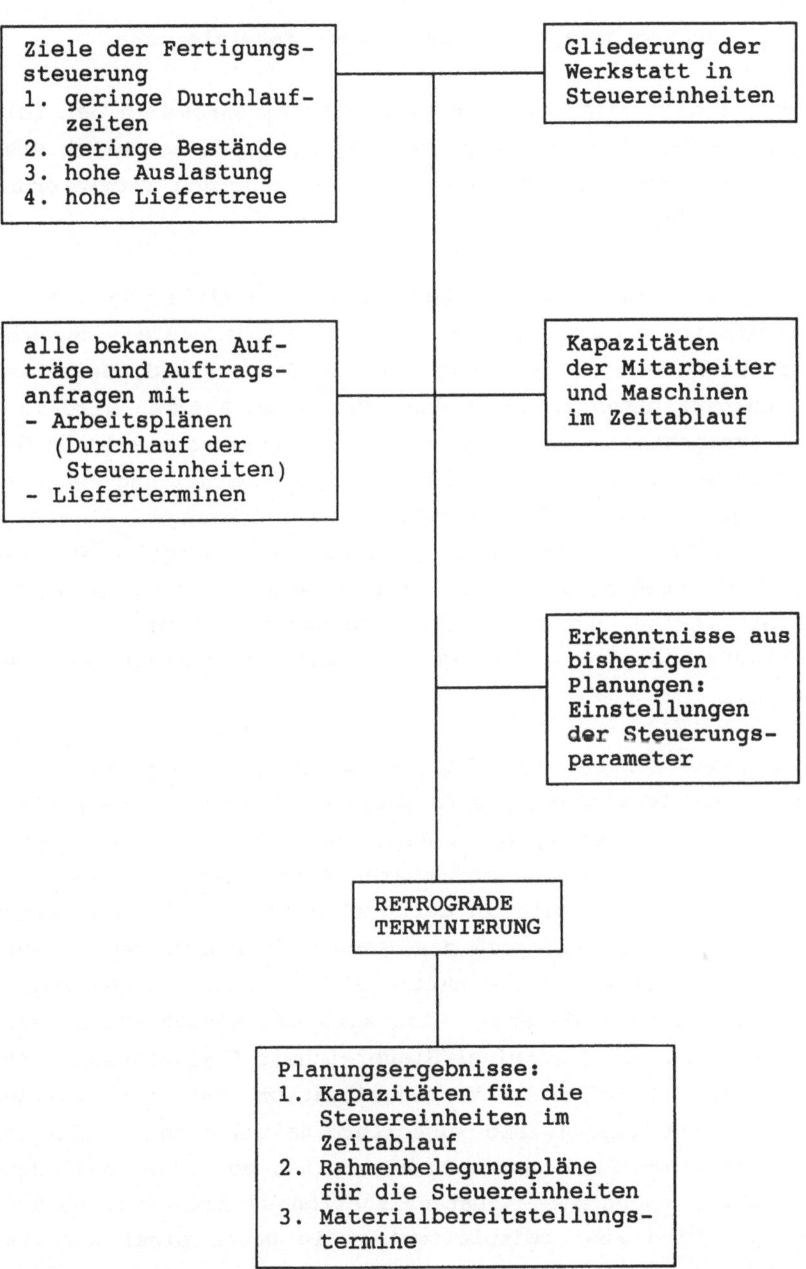

Abb. 3: Einflußfaktoren und Ergebnisse der Retrograden
        Terminierung

513. Das Stufenkonzept der Retrograden Terminierung

Bevor die algorithmischen Details des Verfahrens in den folgenden Abschnitten erläutert werden, soll ein Überblick über die grundlegende Vorgehensweise der Retrograden Terminierung gegeben werden.

Die Planung innerhalb der Retrograden Terminierung erfolgt grundsätzlich in drei Stufen. In der ersten Stufe - **Wunschterminierung** - steht das Hauptziel im Vordergrund, Zwischen- und Endlagerzeiten zu vermeiden. Für jeden Auftrag wird isoliert festgestellt, wann die einzelnen Arbeitsoperationen bearbeitet werden müssen, so daß die Weiterbearbeitung des Auftrages jeweils ohne Unterbrechung - Zwischenlager - gelingt und die letzte Arbeitsoperation genau zum festgelegten Liefertermin abgeschlossen wird. Können alle Wunschtermine realisiert werden, ergibt sich ein Belegungsplan mit minimalen Durchlaufzeiten, ohne Endlager und mit 100-prozentiger Liefertreue.

Zwei Aspekte führen dazu, daß auch weitere Planungsstufen der Retrograden Terminierung erforderlich sind. Zum einen nimmt die Wunschterminierung keine Rücksicht auf die zu bestimmten Zeitpunkten tatsächlich verfügbaren Kapazitäten. In den meisten Fällen ergibt sich in der ersten Stufe kein zulässiger Belegungsplan. Deshalb muß die Planung Auskunft geben, welcher Auftrag (bzw. welche Aufträge) zu einem anderen Termin gefertigt werden soll(en), falls sich die Wunschtermine verschiedener Aufträge in einer Steuereinheit überschneiden. Neben dieser Kapazitätskonkurrenzsituation muß ein zweiter Punkt bedacht werden. Die Wunschtermine gehen von einem deterministischen Planungsmodell aus, d.h., mögliche Abweichungen von der angenommenen Datensituation werden nicht berücksichtigt. Wird aber beispielsweise die Dauer einer Arbeitsoperation in einer Steuereinheit zu gering angesetzt, führt dies unweigerlich zu einem Überschreiten des Liefertermines, weil weder Zwischen- noch Endlagerzeiten in der Wunschterminierung vorgesehen und damit keine Zeitreserven vorhanden sind, in denen die Abweichung ausgeglichen werden könnte.

Beide angesprochenen Punkte werden durch eine separate Planungsstufe in der Retrograden Terminierung vertreten. Die zweite Planungsstufe dient dazu, die Auslastung der Kapazitäten zu überwachen und einen **zulässigen Belegungsplan** aufzustellen. Dabei werden die Wunschtermine der ersten Stufe benötigt, um die Reihenfolge festzulegen, in der die Aufträge im Falle knapper Kapazitäten in einer Steuereinheit gefertigt werden. Die dritte Stufe entscheidet darüber, welche Modifikationen am zulässigen Belegungsplan der zweiten Stufe erforderlich sind. Zum einen soll ein Sicherheitsspielraum für die Erledigung ausgewählter Aufträge erreicht werden (z. B. indem die letzte Arbeitsoperation eines wichtigen Auftrages bereits 14 Tage vor dem vereinbarten Liefertermin eingeplant wird). Außerdem sind Veränderungen der Zwischen- und Endlagerzeiten der einzelnen Aufträge erforderlich, um ein anderes Ziel der Steuerung, nämlich die Auslastung der Kapazitäten, ausreichend zu berücksichtigen. Einen Kurzüberblick bietet noch einmal die folgende Tabelle.

Stufe	Aufgabe	Ziele der Steuerung
1	Wunschterminierung	- optimale Durchlaufzeiten - keine Endlagerzeiten - 100% Liefertreue
2	Aufstellen eines zulässigen Belegungsplanes	- minimale Zwischen- und Endlagerzeiten - maximale Liefertreue
3	Modifikation der vorläufigen Belegungstermine aus Stufe 2	- Auslastung der Steuereinheiten - Absichern der Liefertreue

Tab. 2 : Stufen der Retrograden Terminierung[12]

---

[12] Aufgrund unterschiedlicher Algorithmen bei zwei Varianten der Retrograden Terminierung können die Ziele der zweiten und dritten Planungsstufe auch in umgekehrter Reihenfolge angestrebt werden.

514. Prämissen der Planungsmodelle

Die Vorgehensweise der Retrograden Terminierung wird in mehreren Schritten entwickelt, in denen ausgehend von einem einfachen Grundmodell nach und nach verschiedene einschneidende Prämissen über die Art des vorliegenden Fertigungsprozesses aufgegegeben werden, andere Prämissen werden in allen Modellen dieser Arbeit beibehalten.

Die Prämissen betreffen hauptsächlich folgende Punkte:

1. Der Planungszeitraum ist in einzelne Zeitabschnitte eingeteilt, die in dieser Arbeit den Tagen eines Betriebskalenders entsprechen. Falls nichts anderes vereinbart ist, beginnt die Numerierung der Betriebskalendertage mit dem Tag der Planung als Tag 1. Prinzipiell ist es möglich, kleinere oder größere Zeitraster als Basis für die Vorgaben in den Rahmenplänen auszuwählen.

2. **Kapazitäten der Steuereinheiten** je Zeiteinheit (Tag): Im einfachsten Fall sind die Werte im Zeitablauf fest vorgegeben und kurzfristig nicht beeinflußbar, also Daten der Planung. Die Kapazitäten können jedoch auch zum Gegenstand der Planung werden, insbesondere wenn es sich um personalorientierte Kapazitäten handelt. Die Höhe des Kapazitätsangebotes im Zeitablauf kann an den Kapazitätsbedarf der vorliegenden Aufträge angepaßt werden, indem die Frage beantwortet wird, wieviele und welche Mitarbeiter wie lange einer Steuereinheit zugeordnet werden.

3. **Störungen** werden berücksichtigt (stochastisches Modell) bzw. nicht berücksichtigt (deterministisches Modell).

4. **Art des Fertigungsprozesses:**

   Zwei Untervarianten der Retrograden Terminierung sind zu unterscheiden. Die erste kommt zum Einsatz, falls alle Aufträge die Steuereinheiten in gleicher Reihenfolge durchlaufen (Identical Routing). Das Überspringen (Passing) einzelner Steuereinheiten wird zugelassen. Die zweite Variante ist für Fälle konzipiert, in denen die Aufträge die Steuereinheiten in unterschiedlichen Reihenfolgen durchlaufen (Different Routing) oder in denen Arbeitsoperationen eines Auftrages zeitlich parallel abgewickelt werden können (nicht lineare bzw. vernetzte Fertigungsprozesse).

5. **Vorgabezeiten für Arbeitsoperationen:**

   Im ersten, einfachen Modell sind alle Vorgabezeiten ein ganzzahliges Vielfaches des Kapazitätsangebotes der jeweiligen Steuereinheit pro Zeiteinheit (Tag). Wird diese Prämisse gesetzt, entfällt das Problem, eine Feinplanung des Überganges zwischen zwei Steuereinheiten vorzunehmen. Wird jedoch ein beliebiges Vielfaches zugelassen, muß zusätzlich angegeben werden, ob die Weiterbearbeitung in der nächsten Steuereinheit noch in derselben Zeiteinheit erfolgen kann, in der eine Arbeitsoperation abgeschlossen wird, ohne diese Zeiteinheit vollständig auszuschöpfen. Wird die Weiterbearbeitung in derselben Zeiteinheit zugelassen, ist es notwendig, eine Reihenfolgefeinplanung vorzunehmen, die überprüft, ob die festgelegten Termine von der Kapazitätsseite überhaupt realisierbar sind. Eine Reihenfolgevertauschung innerhalb einer Steuereinheit ist dann jedoch kaum noch möglich, ohne Vorgaben zu verletzen. Der Rahmenplanungscharakter der Retrograden Terminierung geht verloren. Außerdem ist es in den betrachteten Betrieben praktisch unmöglich, eine deterministische Feinplanung vorzunehmen.[13] Deshalb gilt in allen Modellen dieser Arbeit folgende Prämisse:

---

[13] Vgl. dazu Abschnitt 231.

*Nach dem Produktionsende einer Arbeitsoperation kann die
darauf folgende Bearbeitungsstufe frühestens zu Beginn
der nächsten ganzen Zeiteinheit erfolgen.*

Plant das Unternehmen also im Tagesraster, erfolgt der
Übergang zwischen den Steuereinheiten gedanklich über
Nacht. Diese Vorgehensweise ist für das Pilot-Unternehmen
im Augenblick noch ausreichend. Für andere Unternehmen,
in denen die Aufträge üblicherweise mehrere Bearbeitungsstufen pro Tag durchlaufen, muß ein feineres Planungsra-
ster (siehe Prämisse 1) gewählt werden, z.B. eine Einteilung der Werktage in 2-Stunden-Blöcke.

6. Rüstzeiten sind in allen Modellen dieser Arbeit in den
   Vorgabezeiten der einzelnen Aufträge bereits enthalten
   und werden nicht gesondert ausgewiesen.

7. Sofern **Übergänge zwischen den Steuereinheiten** nicht mit
   der im fünften Punkt genannten Prämisse (Übergang dauert
   höchstens bis zur nächsten vollen Zeiteinheit) abgedeckt
   werden können, weil z. B. aufwendige Transportvorgänge
   oder Trockenzeiten nach Lackierarbeiten berücksichtigt
   werden müssen, werden diese Zeiten gesondert ausgewiesen
   und in der Terminplanung eingehalten, d. h., sie werden
   gewissermaßen als eigene Arbeitsoperationen interpretiert.

8. Die Belegung der Steuereinheiten kann ab dem Planungszeitpunkt entweder vollständig neu geplant werden, oder
   es liegen aus früheren Planungsläufen in einzelnen
   Steuereinheiten bereits fest reservierte Zeiten vor (Altbestand).

9. Für alle Aufträge und Auftragsanfragen ist ein **Liefertermin** vorzugeben. Für Auftragsanfragen muß dieser gegebenenfalls provisorisch vom Disponenten festgelegt werden. Die Auswirkungen verschiedener Terminvorgaben auf die Ziele der Steuerung können per Simulation festgestellt werden. Es wird davon ausgegangen, daß der Liefertermin so gesetzt ist, daß an diesem Betriebskalendertag noch in der Werkstatt gearbeitet werden kann, ohne daß die Termineinhaltung dadurch beeinträchtigt wird, d. h., sind noch Versandzeiten einzuhalten, ist der Liefertermin für die Steuerung entsprechend vorzuverlegen.

10. Die Aufträge können entweder alle von gleicher Bedeutung für das Unternehmen sein oder verschiedenen **Prioritätsklassen** zugeordnet werden.

11. Die Planung erfolgt jeweils vor dem eigentlichen Arbeitsbeginn in der Werkstatt. Damit kann also noch von einer vollen Plankapazität für den Planungstag ausgegangen werden.

Die Erläuterung der Grundprinzipien des Verfahrens soll an kleinen Beispielen erfolgen. Dabei gelten folgende Bezeichnungen:

- *Arabische Ziffern* (1,2,3,...) numerieren die Steuereinheiten.

- *Römische Ziffern* (I,II,III,...) kennzeichnen die Arbeitspläne.

- *Großbuchstaben* (A,B,C,...) sind Aufträgen zugeordnet,

- *Kleinbuchstaben* (a,b,c,...) den Arbeitsoperationen.

Die Arbeitspläne werden graphisch so dargestellt, daß jeder
Arbeitsoperation ein Kästchen entspricht, in dem zunächst der
Name der Arbeitsoperation, nach einem Doppelpunkt die zuge-
ordnete Steuereinheit und schließlich nach einem Trennstrich
(/) die Vorgabezeit in Vorgabezeiteinheiten [VZE] erscheint:

```
Name der
Arbeitsoperation  :  Steuereinheit / Vorgabezeit
```

Abb. 4: Legende für Arbeitspläne

Aus der Abfolge der Kästchen wird das Routing deutlich. Jeder
Auftrag wird genau einem Arbeitsplan zugeordnet. Für praktische Fälle ist es in der Regel sinnvoller, die Vorgabezeiten nicht für die Arbeitspläne festzuschreiben, sondern für
jeden Auftrag einzeln anzugeben. In den gewählten Beispielen
ist dies jedoch nicht erforderlich.

52. Grundmodell im Fall Identical Routing und Identical Routing Passing

Für das erste Grundmodell gelten zunächst folgende Voraussetzungen:

- Es liegen lineare Fertigungsprozesse vor. Alle Aufträge durchlaufen die Steuereinheiten in gleicher Reihenfolge (Identical Routing). Das Überspringen (Passing) einzelner Steuereinheiten wird zugelassen.

- Eine Zeiteinheit entspricht einem Tag des Betriebskalenders.

- Die Steuereinheiten besitzen eine fest vorgegebene, normierte und im Zeitablauf konstante Tageskapazität von 1 [VZE]. Störungen treten nicht auf.

- Alle Vorgabezeiten für Arbeitsoperationen sind ein ganzzahliges Vielfaches des Kapazitätsangebotes der jeweiligen Steuereinheit pro Tag.

- Die Belegung der Steuereinheiten kann ab dem Planungszeitpunkt vollständig neu geplant werden. Es liegt kein Altbestand vor.

- Die Aufträge sind nicht in Prioritätsklassen eingeteilt.

- Zwischen den Steuereinheiten sind keine Transportvorgänge (Mindestübergangszeiten) erforderlich.

Die drei Planungsstufen der Retrograden Terminierung werden an Beispiel 1 mit vier Aufträgen und Steuereinheiten, sowie zwei Arbeitsplänen erläutert. Während in Arbeitsplan I alle vier Steuereinheiten durchlaufen werden müssen, tritt in

Arbeitsplan II Passing auf, denn Steuereinheit 3 wird übersprungen.

Beispiel 1:

■ Arbeitsplan I:

| a: 1 / 1 | —— | b: 2 / 2 | —— | c: 3 / 5 | —— | d: 4 / 3 |

■ Arbeitsplan II:

| a: 1 / 3 | —— | b: 2 / 3 | —— | c: 4 / 2 |

■ Aufträge:

Auftrag	Arbeitsplan	Liefertermin
A	I	13
B	II	14
C	II	17
D	I	18

■ Planungszeitpunkt: 1

521. Erste Stufe: Wunschterminierung

Die Planung innerhalb der Retrograden Terminierung läuft grundsätzlich in drei Schritten ab. Erster Planungsschritt ist die Wunschterminierung. Alle Aufträge werden ausgehend von ihren Soll-Lieferterminen und den gegebenen Kapazitäten der Steuereinheiten so eingeplant, daß weder End- noch Zwischenlagerzeiten auftreten. Dabei wird unterstellt, daß keine anderen Aufträge um die Kapazitäten konkurrieren, die gesamte Werkstatt also diesem speziellen Auftrag höchste Priorität einräumt. Für Auftrag A ergeben sich beispielsweise folgende retrograd ermittelten Wunschbelegungstermine:

Arbeits- operation	Auftrag A
d	11-13
c	6-10
b	4- 5
a	3

Tab. 3: Wunschtermine Auftrag A

Wird eine Produktion ohne Endlager angestrebt, so läßt sich der Startzeitpunkt von Auftrag A in Steuereinheit 4 ermitteln, indem vom Liefertermin (Tag 13 - abends -) die Vorgabezeit von drei Tagen abgezogen wird, man erhält somit Tag 11 (morgens). Da die Starttermine einer nachfolgenden Stufe jeweils als Liefertermin für die vorangehende Stufe betrachtet werden können, ergeben sich in analoger Weise sehr leicht die Wunschbelegungszeiträume in den übrigen Steuereinheiten.

In gleicher Weise lassen sich auch die übrigen Aufträge behandeln, das Ergebnis kann der folgenden Tabelle entnommen werden.

Arbeits- operation	Aufträge B	C	D
d	xxx	xxx	16-18
c	13-14	16-17	11-15
b	10-12	13-15	9-10
a	7- 9	10-12	8

Tab. 4: Wunschtermine Aufträge B bis D

Das Gesamtergebnis der Wunschterminierung läßt sich im Wunschbelastungsprofil wiedergeben. In jeder Steuereinheit wird an jedem Tag die Kapazität ausgewiesen, die erforderlich ist, um alle Aufträge in der Werkstatt zu ihren Wunschbelegungsterminen zu fertigen und damit eine von Zwischen- und Endlagerzeiten freie Produktion zu ermöglichen. Nur in den seltensten Fällen - tendenziell bei starker Unterauslastung

der Werkstatt - läßt sich jedoch an jedem Tag die Wunschbelastung auch als tatsächliche Kapazität bereitstellen.

Tag	Wunschbelastung in Steuereinheit			
	1	2	3	4
1	0	0	0	0
2	0	0	0	0
3	1	0	0	0
4	0	1	0	0
5	0	1	0	0
6	0	0	1	0
7	1	0	1	0
8	2	0	1	0
9	1	1	1	0
10	1	2	1	0
11	1	1	1	1
12	1	1	1	1
13	0	1	1	2
14	0	1	1	1
15	0	1	1	0
16	0	0	0	2
17	0	0	0	2
18	0	0	0	1

Tab. 5: Wunschbelastungsprofil Beispiel 1

Im Beispiel erkennt man, daß an 5 Tagen (8,10,13,16,17) in
einer Steuereinheit die Wunschbelastung 2 [VZE] beträgt, also
doppelt so hoch ist wie die angenommene tatsächliche Kapazität von 1 [VZE]. An diesen Tagen konkurrieren zwei Aufträge
um die knappe Kapazität. Möglichkeiten, die Kapazitätsbereitstellung an die Wunschbelastung anzupassen, werden in späteren Teilen der Arbeit untersucht. Hier sei jedoch angenommen,
daß dies aus technischen Gründen nicht möglich ist.

522. Zweite Stufe: Vorläufige, zulässige Belegung

Der zweite Schritt der Retrograden Terminierung besteht
darin, einen vorläufigen, zulässigen Belegungsplan aufzustellen, der mit der gegebenen Kapazitätsausstattung der
Steuereinheiten realisierbar ist. Die ursprüngliche Idee des

Verfahrens beruht darauf, eine Planung gegen die Zeitachse durchzuführen, bei der ausgehend von der letzten Steuereinheit, die die Aufträge durchlaufen müssen (im Beispiel also Steuereinheit 4), die geplanten Starttermine der Aufträge möglichst auf ihre Wunschstarttermine festgelegt werden. Ist die Wunschbelastung zu einem Zeitpunkt größer als die tatsächlich verfügbare Kapazität, so wird mit Hilfe einer Prioritätsregel entschieden, welcher Auftrag (bzw. welche Aufträge) vorzuziehen ist (sind). Angewandt wird folgende Prioritätsregel:

> In einer Steuereinheit werden die Aufträge in jener Reihenfolge *gegen* die Zeitachse eingeplant, die sich nach dem Kriterium "spätester Wunschfertigstellungstermin" für die betrachtete Steuereinheit ergibt.
> Ist der Wunschfertigstellungstermin mehrerer Aufträge gleich, so wird derjenige vorgezogen, der eine kleinere Vorgabezeit in der Steuereinheit besitzt.[1]

Die Steuereinheiten werden in der zum Routing der Aufträge entgegengesetzten Reihenfolge geplant. Im Beispiel wird also zunächst Steuereinheit 4, dann 3, 2 und letztlich 1 geplant.[2]

In Steuereinheit 4 werden die Aufträge gemäß der aufgeführten Prioritätsregel in der Reihenfolge D, C, B und A betrachtet. Auftrag D erhält das Wunschbelegintervall (16 - 18) zugewiesen. Dieser Zeitraum überschneidet sich mit dem entsprechenden Intervall von Auftrag C (16 - 17). Aufgrund der Priori-

---

[1] Um eine eindeutige Reihenfolge der Aufträge zu gewährleisten, wird festgelegt, daß bei erneuter Gleichheit derjenige Auftrag vorgezogen wird, der eine kleinere laufende Auftragsnummer hat.

[2] Sowohl die Vorgehensweise bei der Wunschterminierung als auch die gegen die Zeitachse erfolgende Planung und die gegen das Routing gerichtete Reihenfolge der Steuereinheitenplanung zeigen, warum in der ersten Veröffentlichung zu diesem Verfahren, vgl. Adam, D. (1987a), der Name Retrograde Terminierung gewählt wurde.

tätsregel muß C zeitlich vorgezogen werden und erhält das davorliegende Belegintervall (14 - 15). Obwohl die Wunschbelegungsintervalle der Aufträge C und B disjunkt sind, ergibt sich nunmehr eine Verdrängung von B durch C am Tag 14; Auftrag B muß aufgrund der indirekten Wirkung der Überschneidung von C und D auf das Intervall 12 - 13 ausweichen. Analog ergibt sich für Auftrag A die Planbelegung 9 - 11.

In Steuereinheit 3 müssen nur Auftrag A und D geplant werden, weil der für die Aufträge B und C geltende Arbeitsplan II diese Bearbeitungsstufe überspringt. Auftrag D mit dem späteren Wunschfertigstellungstermin (15 gegenüber 10) erhält das Belegintervall 11 - 15. Bei Auftrag A tritt nun der Effekt ein, daß der Wunschfertigstellungstermin (Tag 10) und der späteste Weitergabetermin an die nachfolgende Steuereinheit (Tag 8 abends, da der Planbearbeitungsbeginn in Steuereinheit 4 der Tag 9 ist) auseinanderfallen. Das Ziel, einen *zulässigen* Belegungsplan aufzustellen, ist nur zu erreichen, wenn der späteste Weitergabetermin an Steuereinheit 4 Berücksichtigung findet; Auftrag A wird deshalb im Intervall 4 - 8 vorgesehen.

In Steuereinheit 2 sind wieder alle 4 Aufträge zu berücksichtigen. Die Reihenfolge der Einplanung hat sich gegenüber der Steuereinheit 4 geändert, und lautet nunmehr: C, B, D, A. Eine solche Reihenfolgeänderung kann immer dann auftreten, wenn die einzuplanenden Aufträge nicht nur einem einzigen Arbeitsplan unterliegen. Andernfalls ergibt sich offensichtlich auf allen Steuereinheiten eine gleiche Reihenfolge der Aufträge, die der Reihung nach spätestem Liefertermin entspricht. Die Einplanung in den Steuereinheiten 2 und 1 erfolgt nach dem bereits erläuterten Mechanismus, das Ergebnis der Planung kann dem folgenden Gantt-Diagramm[3] entnommen werden.

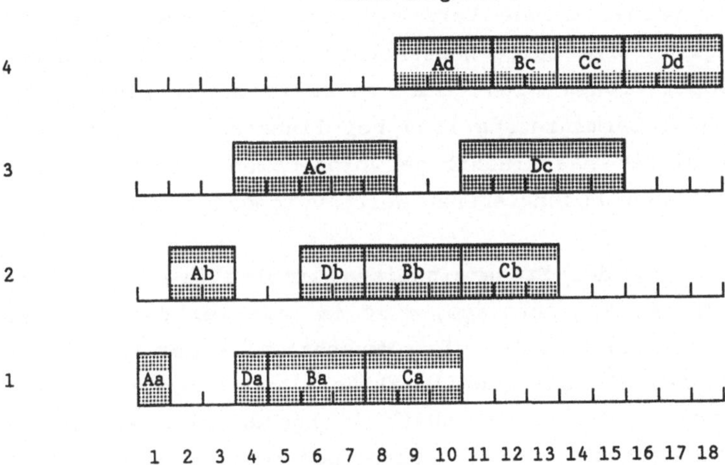

Gantt-Diagramm 1

Die Auswertung des Planes ergibt eine summierte Zwischen- und Endlagerzeit von jeweils 5 Tagen.

5221. Alternative Planungsvarianten

Bevor auf weitere Besonderheiten im zweiten Planungsschritt eingegangen und der dritte Schritt erläutert wird, zeigt ein Exkurs an dieser Stelle eine Planungsalternative.[4] Die ersten beiden Schritte der Retrograden Terminierung werden nicht nur

---

[3] Zum Gantt-Diagramm vgl. Adam, D. (1986), S. 729. Eine neuere Veröffentlichung von Jones, vgl. Jones, C. (1988), favorisiert eine dreidimensionale Darstellung von Maschinen (Steuereinheiten), Aufträgen und Zeiteinheiten.

[4] Diese Vorgehensweise wählt Adam, um die Grundidee der Retrograden Terminierung an einem Beispiel mit fünf Aufträgen und Arbeitsplänen zu verdeutlichen, vgl. Adam, D. (1988b), S. 93 ff.

einmal, sondern wiederholt für jede Steuereinheit nacheinander durchgeführt. Wie auch in dem bereits erläuterten Beispiel deutlich wurde, führen Terminüberschneidungen und das daraus resultierende Vorziehen von Aufträgen dazu, daß ursprünglich ermittelte Wunschstarttermine für vorangehende Arbeitsoperationen nicht mehr zulässig sind. Eine andere Art der Wunschterminierung kann bei linearen Fertigungsprozessen mit gleicher Maschinenfolge vorgenommen werden, wenn in der im folgenden beschriebenen Weise vorgegangen wird.

Die Planung der Steuereinheiten erfolgt wie bisher entgegen dem Routing der Aufträge, also im Beispiel von Steuereinheit 4, über 3 und 2 nach 1. Die Wunschtermine der Aufträge werden jedoch nur für die jeweils aktuell zu planende Steuereinheit ermittelt. Für Steuereinheit 4 ergeben sich wie bisher die Wunschstarttermine durch retrograde Bestimmung vom Liefertermin aus. Nun wird jedoch für Steuereinheit 4 unmittelbar eine zulässige Belegung mit Hilfe der bereits bekannten Prioritätsregel ermittelt. Nachdem alle Überschneidungen beseitigt sind, ergibt sich in Steuereinheit 4 der gleiche Plan wie zuvor.

Erst danach wird die Wunschterminierung für Steuereinheit 3 vorgenommen. Dabei wird berücksichtigt, daß es zumindest wünschenswert wäre, wenn die Planstarttermine in Steuereinheit 4 mit den Planfertigstellungsterminen der vorangehenden Bearbeitungsstufe zusammenfielen, um Zwischenlagerzeiten zu vermeiden. Die Planungsergebnisse in der nachfolgenden Stufe werden als nicht mehr beeinflußbar akzeptiert.

Es ergeben sich folgende relativen Wunschtermine[5] für Steuereinheit 3: 11-15 (Auftrag D, wie bisher) und 4-8 (Auftrag A, bisher 6-10). Da keine Überschneidungen vorliegen,

---

[5] Der Zusatz "relativ" dient der Unterscheidung zu den bisher ermittelten Wunschterminen.

kann im zweiten Schritt die Belegung zu den relativen Wunschterminen erfolgen.

Nächster Planungsschritt ist die Wunschterminierung in
Steuereinheit 2:

Auftrag	relative Wunschtermine
A	2 - 3
B	9 - 11
C	11 - 13
D	9 - 10

Tab. 6: Relative Wunschtermine in Steuereinheit 2

Die Überschneidung von Auftrag C und B läßt Auftrag B einen
Tag vorrücken (8-10), Auftrag D muß dadurch sogar 3 Tage vorgezogen werden (6-7).

Der Vollständigkeit halber sei hier auch die zweistufige Vorgehensweise in Steuereinheit 1 noch aufgeführt, zunächst die
Wunschterminierung:

Auftrag	relative Wunschtermine
A	1
B	5 - 7
C	8 - 10
D	5

Tab. 7: Relative Wunschtermine in Steuereinheit 1

Auftrag D muß auf den vierten Tag vorgezogen werden, insgesamt ergibt sich das bereits bekannte Planungsergebnis.

Die beiden Verfahrensvarianten müssen jedoch nicht immer zum
gleichen Ergebnis führen. Dies zeigt

<u>**Beispiel 2:**</u>

■ **Arbeitsplan I:**

■ **Arbeitsplan II:**

■ **Aufträge:**

Auftrag	Arbeitsplan	Liefertermin
A	I	10
B	II	12

■ **Planungszeitpunkt: 1**

Die zuerst beschriebene Variante führt aus der Wunschterminierung

Arbeits-operation	Aufträge A	B
b	10	8-12
a	9	3- 7

Tab. 8: Wunschtermine für Beispiel 2

zum leicht nachvollziehbaren Ergebnis

Gantt-Diagramm 2-1

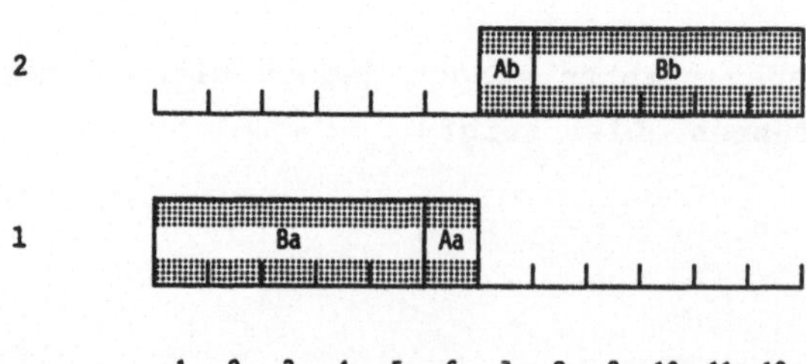

mit zwei Tagen Zwischenlagerung für Auftrag B.

Die zweite Variante führt in Steuereinheit 2 zum gleichen
Plan. In Steuereinheit 1 ergeben sich jedoch folgende relati-
ven Wunschtermine: 3-7 (Auftrag B) und 6 (Auftrag A). Auftrag
A muß in diesem Fall auf den Tag 2 ausweichen.

Gantt-Diagramm 2-2

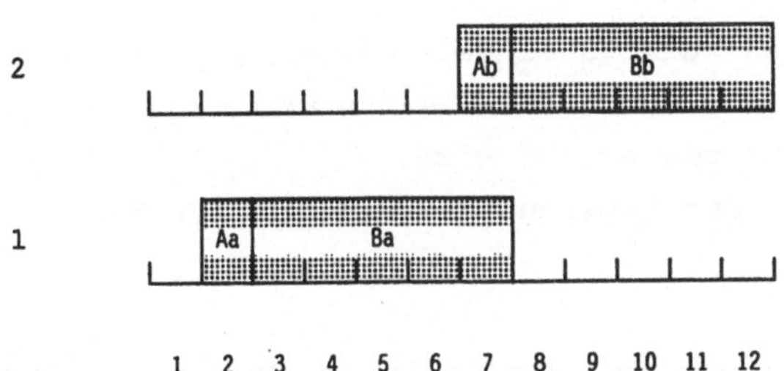

Dadurch entstehen 4 Zwischenlagertage für Auftrag A. Welches
der beiden Ergebnisse besser ist (z.B. weil es geringere Lagerkosten verursacht), sei dahingestellt. Charakteristisch
für die zweite Vorgehensweise ist jedoch, daß - falls kein
Passing vorkommt - in allen Steuereinheiten die gleiche Reihenfolge der Aufträge vorkommt, weil die sich in der letzten
Steuereinheit aufgrund der Liefertermine ergebende Reihenfolge dazu führt, daß auch die relativen Wunschtermine sich
daran orientieren.

Es sei noch einmal daran erinnert, daß anhand der linearen
Fertigungsprozesse mit gleicher Maschinenfolge die Grundideen
der Retrograden Terminierung verdeutlicht werden sollen. Auf
eine Effizienzbeurteilung verschiedener dargestellter Varianten soll bewußt verzichtet werden.

5222. Altbestand und Mindestübergangszeiten

Wie in Abschnitt 5132 erläutert, wird die Retrograde Terminierung in einem rollierenden Planungsmodus vorgenommen. Zu

einem Planungszeitpunkt liegen damit verschiedene Typen von einzuplanenden Aufträgen vor:

- Aufträge, an denen noch gar nicht gearbeitet wurde, denen aber im letzten Planungslauf schon Belegungsintervalle zugeordnet wurden,
- Aufträge, von denen bereits einzelne Arbeitsoperationen erledigt sind bzw. an denen im Planungszeitpunkt gerade in einer Steuereinheit gearbeitet wird,
- Aufträge, die seit dem letzten Planungslauf neu hinzugekommen sind.

Die ersten beiden Kategorien werden in Anlehnung an Adam als **Altbestand**[6] bezeichnet. Für die Neuplanung liegen zwei extreme Möglichkeiten der Berücksichtigung dieses Altbestandes vor. Zum einen wäre es denkbar, die im letzten Planungslauf ermittelte Belegung vollständig zu übernehmen und damit alle Termine des Altbestandes unangetastet zu lassen. Die Alternative besteht darin, nur die in einer Steuereinheit begonnenen Arbeitsoperationen als verbindlich vorzugeben, und für alle nicht angefangenen Bearbeitungsschritte eine Neuplanung vorzunehmen. Damit treten diese Teilaufträge bei möglicherweise knappen Kapazitäten in Konkurrenz zu den neuen Aufträgen.

Beide Varianten der Berücksichtigung des Altbestandes müssen nicht unbedingt in ihrer reinen Form auftauchen, denn über die interaktive Auslegung des Verfahrens steht es einem Anwender frei, für jede einzelne Arbeitsoperation des Altbestandes zu definieren, ob sie einer Neuplanung unterzogen wird. Wichtig ist, daß die Unterscheidung *vor* einem Planungslauf getroffen wird.

---

[6] Vgl. Adam, D. (1987a), S. 43.

Das Beispiel 1 soll an dieser Stelle wieder aufgegriffen werden, um die Berücksichtigung eines Altbestandes und die Behandlung von **Mindestübergangszeiten** zu zeigen.

Eine Mindestübergangszeit kann technische und organisatorische Ursachen haben (z.B. Trockenzeit nach Lackiervorgängen, aufwendige Transportvorgänge). Sie darf auf keinen Fall mit den durchschnittlichen Übergangszeiten zwischen einzelnen Steuereinheiten verwechselt werden, wie sie z.B. in klassischen PPS-Systemen als Input für die Terminierung verwendet werden.

Die Behandlung der Mindestübergangszeiten bringt einige Probleme mit sich. Zunächst muß entschieden werden, ob ein gesondertes Ausweisen dieser Zeiten im Zuge einer Rahmenplanung überhaupt erforderlich ist. Eine fünfzehnminütige Transportzeit kann vernachläßigt werden, wenn ohnehin nur im Stundentakt geplant wird. Beanspruchen die Aufträge während der Mindestübergangszeiten Betriebsmittel in einem für die Planung bedeutenden Maße, so muß entschieden werden, ob hier Knappheitssituationen entstehen können, die eine Reihenfolgeplanung erforderlich machen. Im Sondermaschinenbau könnte beispielsweise der Werkshallenkran als Transportmittel zu einem solchen Planungsobjekt werden, wenn täglich umfangreiche Transportvorgänge der Aufträge von einer Arbeitsplatzgruppe zu einer anderen erforderlich sind. In diesem Fall müßten in den Arbeitsplänen Transportvorgänge künstlich als Arbeitsoperation in der Steuereinheit "Kran" erfaßt werden. Für diese künstlichen Steuereinheiten müßten eventuell neue Kapazitätsmaßeinheiten ausgewiesen werden, z.B. Gewichtseinheiten je Zeiteinheit.

Probleme können mit Mindestübergangszeiten ferner dadurch entstehen, daß die Aufträge reine Wartezeiten (z.B. Trockenzeiten) überbrücken müssen. Diese Zeiten können dann sowohl innerhalb als auch außerhalb der eigentlichen Betriebsarbeitszeit liegen. Arbeitet ein Betrieb etwa täglich von 7 bis

16 Uhr und erfordert ein Auftrag nach einem Lackiervorgang eine Trockenzeit von 4 Stunden, so könnte dieser Auftrag noch am gleichen Tag weiterverarbeitet werden, wenn der Lackiervorgang beispielsweise um 9 Uhr abgeschlossen wäre. Ist er jedoch erst nach 12 Uhr beendet, so kann die Weiterverarbeitung frühestens am nächsten Tag erfolgen. Probleme dieser Art sind in einer Rahmenplanung jedoch zu vermeiden, wenn die pauschale Annahme getroffen wird, daß z.B. nach Lackiervorgängen die Weiterverarbeitung erst am nächsten Tag erfolgen kann.

Schwierigkeiten anderer Art entstehen, wenn Wartezeiten sich über mehrere Tage hinziehen. Dauert ein Trockenvorgang beispielsweise zwei Tage, so ist es für die Planung ein großer Unterschied, ob der Lackiervorgang an einem Freitag endet und ein Trocknen am Wochenende möglich ist, oder ob er an einem Montag abgeschlossen wird und die Weiterverarbeitung damit erst am Donnerstag erfolgen kann.

Dieses Beispiel zeigt, daß bei langen Mindestübergangszeiten (etwa ab einem Tag) eine Unterscheidung in Netto- und Bruttoübergangszeit sinnvoll ist. Mit **Bruttoübergangszeit** wird die nur technisch und organisatorisch beeinflußbare Gesamtlänge bezeichnet, mit **Nettoübergangszeit** der Anteil, der innerhalb der eigentlichen Betriebsarbeitszeit liegt. Durch die Terminierung eines Auftrages wird dann die Länge der Nettoübergangszeit unmittelbar zu einem Gegenstand der Planung.

Im folgenden sei aus Vereinfachungsgründen angenommen, daß Brutto- und Nettoübergangszeit zusammenfallen (z.B. weil Personal für die Durchführung des Übergangs erforderlich ist) und daß Übergänge, die eine Reihenfolgeplanung erfordern, durch (künstliche) Steuereinheiten abgebildet werden. Komplizierte Fälle von Übergangszeiten bedürfen zwar einer separaten Betrachtung und Sonderbehandlung, sind prinzipiell jedoch in fast allen denkbaren Formen in die Retrograde Terminierung integrierbar.

<u>**Beispiel 3:**</u>

Vereinfachend sei angenommen, daß in Beispiel 1 nach 10 Tagen auf dem Betriebskalender (zwei Wochen) am Tag 11 ein neuer Planungslauf erfolgt und daß zwischen Plan und Wirklichkeit keine Abweichungen aufgetreten sind. Aus dem Gantt-Diagramm 1 läßt sich unmittelbar folgender Plan für den Altbestand ablesen.

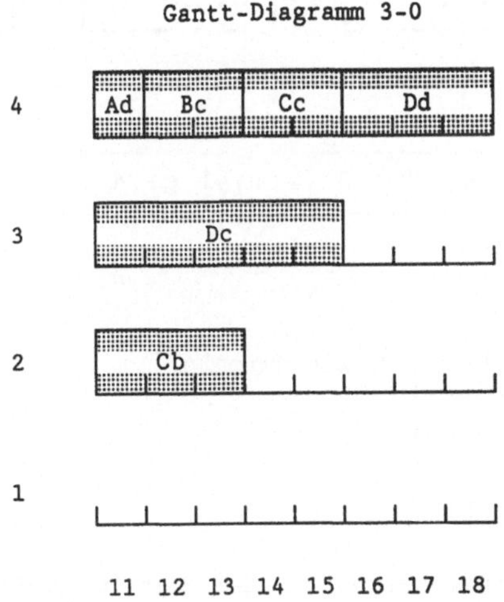

Gantt-Diagramm 3-0

Von den vier Aufträgen ist noch keiner fertiggestellt, Auftrag A muß jedoch nur noch einen Tag lang in Steuereinheit 4 bearbeitet werden. Insgesamt fünf Arbeitsoperationen warten noch auf eine Bearbeitung. Der Belegungsplan weist keine "Löcher" (d.h. geplante Stillstandszeiten) aus, dies wäre aber natürlich denkbar.

Für Beispiel 3 sollen die Termine des Altbestandes als fest eingeplant gelten.

■ Altbestand:

Steuereinheit	Zeiteinheiten
1	0
2	3
3	5
4	8

■ Arbeitsplan I: (wie gehabt)

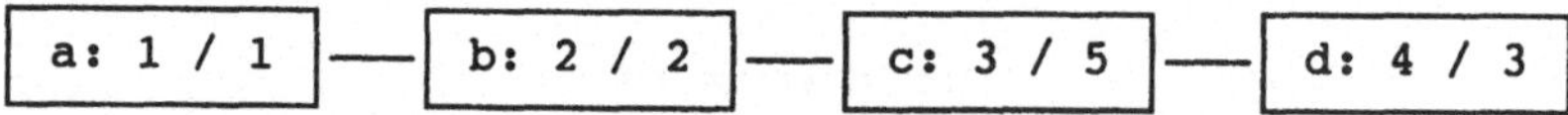

■ Arbeitsplan III:

■ Aufträge:

Auftrag	Arbeitsplan	Liefertermin
E	I	20
F	III	30

■ Planungszeitpunkt: 11

Zunächst einige Erläuterungen zu den Daten. Auftrag F unterliegt dem neuen Arbeitsplan III; er durchläuft die Steuereinheiten 1, 2 und 4 mit einer Vorgabezeit von jeweils 3 [VZE]. Nach der Bearbeitung in den Steuereinheiten 1 und 2 muß vor der Weiterbearbeitung eine Mindestübergangszeit von 1 [ZE] eingehalten werden. Dies wird dadurch gekennzeichnet, daß an den Vorrangpfeilen in den Arbeitsplänen in runden Klammern eine entsprechende Zeitangabe erfolgt.

Die Wunschterminierung der neuen Aufträge E und F ergibt:

Arbeits-operation	Aufträge	
	E	F
a	10	20-22
b	11-12	24-26
c	13-17	28-30
d	18-20	

Tab. 9: Wunschtermine Aufträge E und F

Nach diesen Wunschterminen erfolgen die Übergänge von Auftrag
F zwischen Steuereinheit 1 und 2 am Tag 23 und zwischen den
Steuereinheiten 2 und 4 am Tag 27. Ohne Berücksichtigung des
Altbestandes ergibt sich unmittelbar folgendes Gantt-Dia-
gramm:

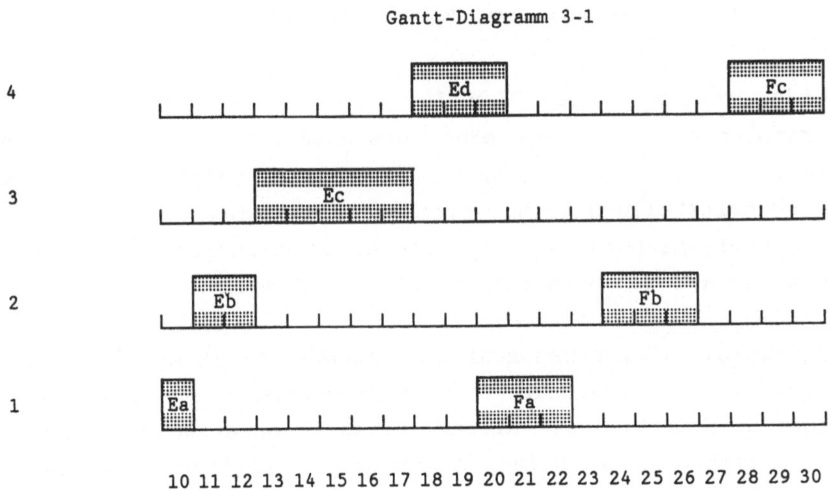

Gantt-Diagramm 3-1

Dieser Wunschplan ist jedoch nur dann realisierbar, wenn mit
der ersten Arbeitsoperation des Auftrages E bereits am Tag 10
begonnen werden kann. Zum Planungszeitpunkt (Tag 11) mußte
die Fertigung von Auftrag E bereits in der Vergangenheit gestartet sein.

Ein zulässiger Gesamtbelegungsplan von Altbestand und neuen
Aufträgen muß die eventuell vorhandenen Überschneidungen beseitigen, im Beispiel ergeben sich folgende Terminkollisionen:

Steuereinheit	belegt durch Altbestand bis	Überschneidung
1	–	
2	13	11-12
3	15	13-15
4	18	18

Tab. 10: Terminkollisionen mit Altbestand

Beide Probleme - der Plan für neue Aufträge reicht in die Vergangenheit, es liegt eine Terminkollision zwischen Altbestand und neuen Aufträgen vor - können, sofern die Kapazitätsbereitstellung nicht geändert werden kann, nur durch eine Rechtsverschiebung der betroffenen Arbeitsoperationen neuer Aufträge auf der Zeitachse beseitigt werden.[7]

Prinzipiell könnte man zwar den gesamten Graph der neuen Aufträge um die maximale Überschneidungszeit (im Beispiel 3 Tage) nach rechts verschieben, diese Vorgehensweise nimmt jedoch eventuell unnötige Verspätungen einiger Aufträge in Kauf. Beispiel 3 zeigt, daß es vollständig ausreicht, Auftrag E gegenüber der Wunschterminierung um 3 Tage nach rechts zu verschieben. Eine Terminkollision mit Auftrag F tritt nicht auf, so daß keine Veranlassung besteht, auch Auftrag F zu verschieben. Auftrag E weist nach der Verschiebung einen erwarteten Lieferverzug von 3 Tagen aus (geplante Fertigstellung 23, Liefertermin 20).

Für den Abbau der Terminkollisionen zwischen Altbestand und neuen Aufträgen eignen sich allgemein das **Anbauverfahren** (durch eine entsprechende Rechtsverschiebung des Graphs für die neuen Aufträge erfolgen *alle* Belegungen für die neuen Aufträge nur zeitlich nach denen des Altbestandes) und das **Verzahnungsverfahren** (einzelne Arbeitsoperationen der neuen

---

[7] Zu diesem Problem und seinen Lösungsmöglichkeiten vgl. Adam, D. (1988b), S. 96.

Aufträge werden, falls dies sinnvoll ist, nach Möglichkeit in die Belegungslücken des Altbestandes gelegt). Im Beispiel ist die Anwendung des Verzahnungsverfahrens nicht möglich, da im Gantt-Diagramm des Altbestandes keine Belegungslücken auftreten.

Ergebnis der beiden ersten Schritte der Retrograden Terminierung ist das folgende Gantt-Diagramm, das hohe Stillstandszeiten der Steuereinheiten ausweist.

Gantt-Diagramm 3-2

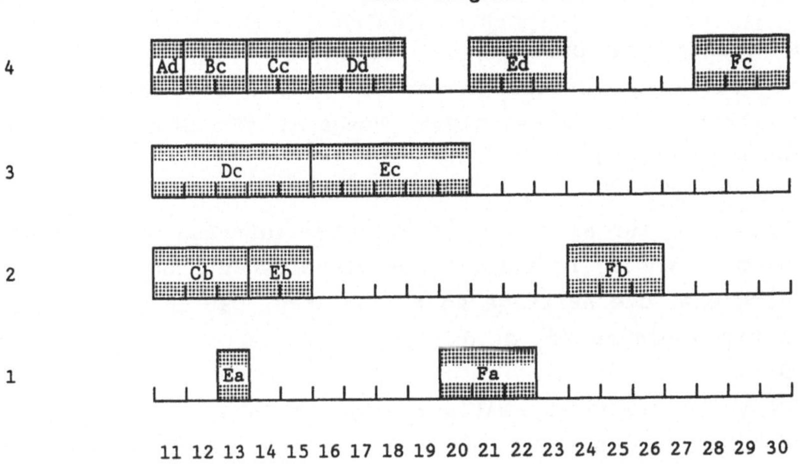

523. Dritte Stufe: Anpassung der vorläufigen Belegung an die erwartete Auftragslage

Der dritte Planungsschritt der Retrograden Terminierung betrifft die Anpassung des vorläufigen Belegungsplanes an die erwartete zukünftige Auftragslage. Da eine Anpassung jedoch nicht zwingend durchgeführt werden muß, kann dieser dritte Schritt auch entfallen.

Erwartet ein Unternehmen aus verschiedenen Gründen (z.B. saisonaler Trend, bevorstehende Messen, verstärkte Werbung) eine gute künftige Auftragslage, so kann es sinnvoll sein, in Zeiten der Unterauslastung Aufträge vorzuproduzieren, um Kapazitäten (insbesondere in Engpaßabteilungen) für die erwarteten Aufträge freizuhalten. Ziel dieser Planungsstufe ist es dann, den nach Planungsstufe 2 lockeren Belegungsplan (hoher Anteil von Stillstandszeiten) zu verdichten. Es sollte dabei ein Vergleich der höheren Lagerkosten mit den erwarteten Mehrerlösen vorgenommen werden.

Im vorliegenden Beispiel ist zu entscheiden, ob die Termine von Auftrag F vorverlegt werden sollen. Die Anpassung kann verschiedene Ziele verfolgen, Vorgaben für die dritte Stufe können z.B. sein:

- Versuche, für alle (oder bestimmte) Aufträge eine Vorverlegung um x [ZE] in allen Steuereinheiten vorzunehmen.
- Versuche, die Aufträge so einzuplanen, daß in Steuereinheit 1 bis 4 bis zu (d_1,d_2,d_3,d_4) Zeiteinheiten eingespart werden.[8]
- Versuche, in einer bestimmten Steuereinheit (z. B. in einer solchen, die sich in der Vergangenheit regelmäßig als Engpaß herausgestellt hat) eine Wochenauslastung von mindestens 95 % zu erreichen.

Mit Hilfe der Zielvorgabe für die dritte Stufe wird entschieden, welcher Gantt-Plan zwischen den beiden Extremen "lockerer" und "dichter" Belegungsplan gewählt wird. Die Entscheidung stellt eine Dilemma-Situation dar, die durch den Konflikt zwischen den Zielen der Steuerung "hohe Auslastung der Steuereinheiten" und "geringe Zwischen- und Endlagerzeiten" hervorgerufen wird. Der Anteil der Stillstandszeiten in Stufe 2 kann nur dann verringert werden, wenn Aufträge gegen-

---

[8] Die einzusparenden Zeiteinheiten werden von Adam als Druckvektor bezeichnet, vgl. Adam, D. (1987b), S. 24.

über den Terminen der zweiten Stufe vorgezogen werden und sich damit die Zwischen- bzw. Endlagerzeit dieser Aufträge erhöht. Der Zielkonflikt läßt sich nur aus der Sicht eines offenen Planungsmodells begründen. Besteht nämlich Sicherheit darüber, daß keine neuen Aufträge in die Werkstatt gelangen, wäre es nicht sinnvoll, die Belegungstermine vorzuziehen. In diesem Fall würde sich lediglich die Lagersituation verschlechtern, die Auslastung bleibt gleich, weil sich nur die Lage der Stillstandszeiten verändert hat. Allein die Aussicht, die Steuereinheiten durch neue, im Planungszeitpunkt noch unbekannte Aufträge zu beschäftigen, kann es rechtfertigen, die Auslastung zu Beginn des Planungszeitraumes zu erhöhen, um damit freie Kapazitäten zu späteren Zeitpunkten zu schaffen. Das Problem der dritten Stufe besteht darin, die sicher prognostizierbare Verschlechterung einer Zielgröße (Lagerzeiten) mit den erwarteten, aber nicht genau quantifizierbaren Vorteilen durch die Verbesserung einer anderen Zielgröße (Auslastung) zu vergleichen.

Werden im Beispiel alle Arbeitsoperationen so früh wie möglich gestartet, ergibt sich ein besonders dichter Plan (drei Verspätungstage für E, vier Endlagertage für F, insgesamt sechs Zwischenlagertage):

Gantt-Diagramm 3-3

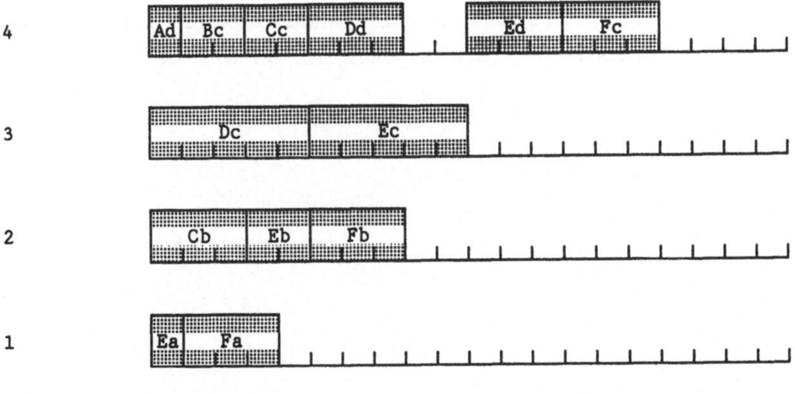

Die Vorgabe, in allen Steuereinheiten möglichst 5 Tage (eine
Woche) einzusparen, führt dazu, daß Auftrag F in Steuereinheit 4 um 4 Tage - danach tritt eine Kollision mit Auftrag E
ein - und in den Steuereinheiten 1 und 2 um die vollen 5 Tage
vorgezogen wird. Gegenüber der ursprünglichen Lösung ergeben
sich vier zusätzliche Endlagertage und ein zusätzlicher Zwi-
schenlagertag (zwischen Steuereinheit 2 und 4), gegenüber dem
Gantt-Diagramm 3-3 verändert sich nur die Anzahl der Zwischenlagertage (nur einen Tag statt 6 Tage).

Gantt-Diagramm 3-4

Mit Hilfe eines ersten einfachen Modells für lineare Fertigungsprozesse konnte die grundlegende dreistufige Vorgehensweise der Retrograden Terminierung erläutert werden.

53. Erweiterung des Modells bei komplexen Fertigungsprozessen

531. Schwierigkeiten der Planung gegen die Zeitachse

In der Entwicklungsphase der Retrograden Terminierung stellte sich nach erfolgreichen Simulationsstudien für den Fall Identical Routing[1] die naheliegende Frage, ob die bisherige Vorgehensweise auch bei Different Routing sowie bei vernetzter Fertigung einsetzbar ist.[2] Ausgehend von einem kleinen Beispiel sollen die Schwierigkeiten verdeutlicht werden, dieses Vorgehen zu übertragen.

<u>Beispiel 4:</u>

■ Altbestand: entfällt

■ Arbeitsplan I:

| a: 1 / 3 | —— | b: 2 / 2 | —— | c: 3 / 2 |

■ Arbeitsplan II:

| a: 1 / 1 | —— | b: 3 / 1 | —— | c: 2 / 4 |

■ Arbeitsplan III:

| a: 2 / 3 | —— | b: 1 / 2 | —— | c: 3 / 2 |

---

[1] Vgl. Adam, D. (1987a), S. 48 ff.

[2] Der Aufbau von Kapitel 5 versucht auch, den Entwicklungsprozeß des Verfahrens aufzuzeigen.

■ Aufträge:

Auftrag	Arbeitsplan	Liefertermin
A	I	8
B	II	10
C	III	11

■ Planungszeitpunkt: 1

Die erste Stufe (Wunschterminierung) bereitet keine Schwierigkeiten:

Arbeits- operation	Aufträge		
	A	B	C
a	2- 4	5	5- 7
b	5- 6	6	8- 9
c	7- 8	7-10	10-11

Tab. 11: Wunschtermine in Beispiel 4

Da die Wunschtermine nicht alle realisierbar sind, muß in der zweiten Planungsstufe versucht werden, einen durchsetzbaren Plan zu erzielen. Die erste Schwierigkeit resultiert daraus, daß keine Steuereinheit aufgrund des Routings der Aufträge wie im Fall Identical Routing unmittelbar als Startpunkt des Planungsprozesses geeignet ist. Eine naheliegende Vorgehensweise besteht darin, die Terminierung mit derjenigen Arbeitsoperation zu beginnen, die den spätesten Wunschfertigstellungstermin ausweist, also Auftrag C in Steuereinheit 3. Ein Kriterium für die weitere Terminierung der verbleibenden 8 Arbeitsoperationen könnte dann darin bestehen, die Operation mit dem jeweils spätesten Stufen-Wunschfertigstellungstermin als nächste einzuplanen. Der Belegungsplan der zweiten Stufe lautet dann nach 8 Terminierungsschritten:

Gantt-Diagramm 4-1

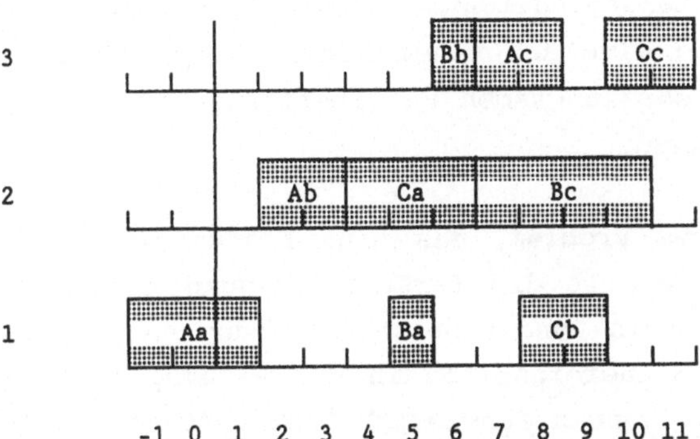

Als letzte Arbeitsoperation muß Auftrag A in Steuereinheit 1 eingeplant werden, was nur gelingt, wenn mit der Produktion von A in Steuereinheit 1 zwei Tage vor der Heute-Linie begonnen würde. Für einen durchsetzbaren Plan müßten alle Termine in Steuereinheit 2 um 2 Tage nach rechts verschoben werden. Dies wiederum bewirkt eine Verschiebung von Cb in Steuereinheit 1 um einen Tag und ebenso von Cc in Steuereinheit 3. Das Endergebnis des zweiten Terminierungsschrittes ist ein vorläufiger Belegungsplan, der für Auftrag B zwei Tage und für Auftrag C einen Tag Verspätung ausweist:

Gantt-Diagramm 4-2

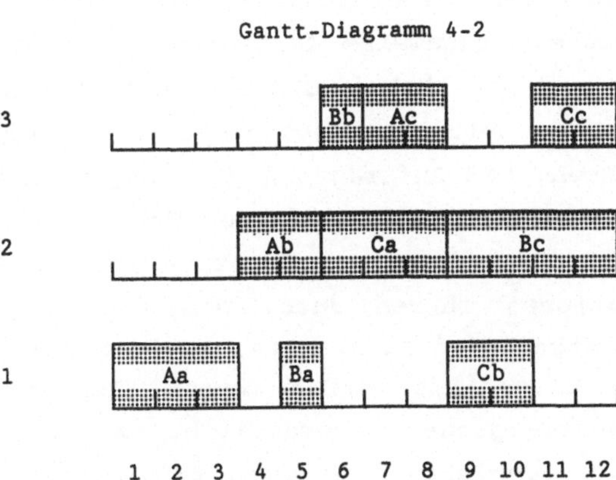

Während in diesem kleinen Beispiel noch gut überschaubar ist, welche Aktivitäten sinnvollerweise in die Zukunft verlagert werden müssen, kann dies bei einer großen Anzahl von Aufträgen mit unterschiedlichem Routing zu vielen Kontrollabfragen führen, die eine auf einem Rechner implementierte Heuristik zu einem sehr langsamen und ineffizienten Planungsinstrument werden lassen.

Ein weiteres Problem, das eine Planung gegen die Zeitachse erschwert, stellt die Berücksichtigung der Interdependenzen zwischen Termin- und Kapazitätsplanung dar. Sind die Kapazitäten der Steuereinheiten in der Planung kurzfristig beeinflußbar, so können Schwierigkeiten auftreten, die bei retrograder Vorgehensweise zu einer doppelten Kapazitätsplanung führen, während die Planung mit der Zeitachse nur einen Durchgang benötigt, um eine *zulässige* Höhe der Kapazitäten festzulegen. Diese Aussage schließt nicht aus, daß auch im Fall progressiven Vorgehens mehrere Simulationsläufe erforderlich sind, um mit Hilfe verschiedener Parametereinstellungen eine geeignete Kapazitätsfestlegung treffen zu können. Jeder einzelne Planungsdurchgang ist jedoch weniger aufwendig, wie an zwei Standardsituationen verdeutlicht werden soll.

Im ersten Fall soll es möglich sein, durch einen Personalaustausch zwischen den Steuereinheiten das Kapazitätsangebot einer Steuereinheit tageweise festzulegen. Werden die Termine der Aufträge und parallel dazu die Kapazitäten der Steuereinheiten gegen die Zeitachse festgelegt, kann sich wie im Beispiel 4 ergeben, daß Aufträge in der Vergangenheit gestartet werden müßten, damit ein zulässiger Termin- und Kapazitätsplan entsteht. Maßnahmen zur Rechtsverschiebung betroffener Arbeitsoperationen führen dazu, daß die ursprünglich für einen Tag festgelegten Kapazitäten mit dem veränderten Kapazitätsbedarf abgestimmt werden müssen. Erneut sind Kapazitätsplanungsüberlegungen erforderlich, um auf die geänderte Datensituation reagieren zu können. Erfolgt die Gesamtplanung mit der Zeitachse, ist der algorithmische Aufwand geringer, weil unmittelbar ein zulässiger Plan für Termine und Kapazitäten aufgestellt werden kann. Die gleiche Argumentation gilt auch für die zweite, noch kompliziertere Situation. Zusätzlich soll es möglich sein, durch flexible Arbeitszeitvereinbarungen die Verteilung der Kapazitäten im Zeitablauf beeinflussen zu können. Auch hier tritt das Problem auf, daß die vorläufig festgelegten Zuordnungen von Mitarbeitern und ihren Arbeitszeiten im Fall von Auftragsterminverschiebungen mit der Zeitachse nicht mehr zu einer mit den Zielen der Steuerung abgestimmten Lösung von Auftragsterminen und Kapazitätsbereitstellungspolitik führen.

Eine zusammenfassende Betrachtung beider Vorgehensweisen - retrograd, progressiv - zeigt den Konflikt noch einmal auf. Aus Sicht der auftragsbezogenen Zielsetzungen (Zwischen- und Endlagerzeiten, Termintreue) ist ein retrogrades Einplanen wünschenswert, aus Sicht der Kapazitätsplanung überwiegt der Wunsch nach einer progressiven Planung, um leichter zu einer zulässigen Lösung zu kommen. Beide Argumente haben ihre Berechtigung. Eine Entscheidung, welche Vorgehensweise vorzuziehen ist, kann nicht ohne weiteres getroffen werden. Deshalb werden in den weiteren Modellen dieser Arbeit beide Lösungswege mit einer eigenen Stufe innerhalb der Retrograden Terminierung berücksichtigt.

Die **zweite Stufe** des Verfahrens - Aufstellen eines zulässigen Belegungsplanes - geht **progressiv** vor und berücksichtigt Ziele, die für die Auslastung der Steuereinheiten formuliert sind. Im allgemeinen ergibt sich ein dichter Belegungsplan mit einem geringen Anteil ablaufbedingter Stillstandszeiten.

Weil die auftragsbezogenen Ziele erst nachgeordnet berücksichtigt werden - Reihenfolgeüberlegungen werden aber aufgrund der Wunschtermine getroffen -, greift die **dritte Stufe** diese Ziele wieder auf und ermittelt **retrograd**, um wieviele Zeiteinheiten die vorläufigen Termine der zweiten Stufe in Richtung ihrer Wunschtermine verschoben werden sollen. Der dichte Belegungsplan der zweiten Stufe wird aufgelockert. Der

Anteil ablaufbedingter Stillstandszeiten wird zu Beginn des Planungszeitraumes erhöht, um eine bessere Terminanpassung der Aufträge zu erreichen, die in der zweiten Stufe vor ihren Wunschterminen eingeplant wurden.

Die folgende Tabelle gibt einen Überblick über das allgemeine Stufenkonzept der Retrograden Terminierung, wenn in der zweiten Stufe.mit der Zeit (progressiv) ein zulässiger Belegungsplan erzeugt wird:

Stufe	Aufgabe Planungsrichtung	Ziele der Steuerung
1	Wunschterminierung (retrograd)	- optimale Durchlaufzeiten - keine Endlagerzeiten - 100% Liefertreue
2	Aufstellen eines zulässigen Belegungsplanes (progressiv)	- Auslastung der Steuereinheiten
3	Modifikation der vorläufigen Belegungstermine aus Stufe 2 (retrograd)	- minimale Zwischen- und Endlagerzeiten - hohe und gesicherte Liefertreue

Tab. 12: Allgemeines Stufenkonzept der Retrograden Terminierung bei progressiver Gestaltung der zweiten Stufe

532. Planung mit der Zeitachse

Die Erläuterungen sollen wiederum durch ein Beispiel begleitet werden.

<u>Beispiel 5:</u>

■ Altbestand:

Steuereinheit	Zeiteinheiten
1	2
2	0
3	3
4	6

■ Arbeitsplan I:

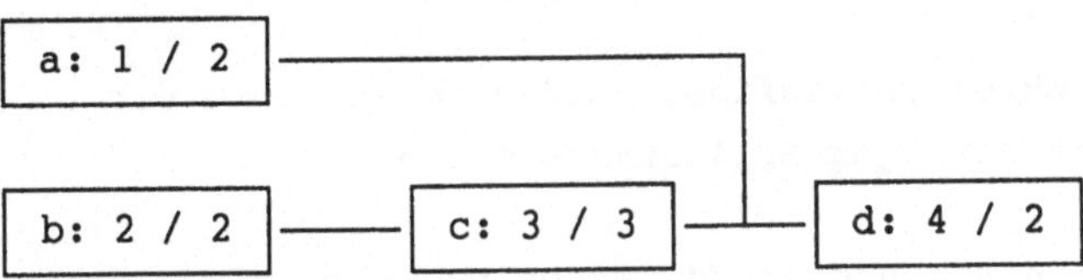

■ Arbeitsplan II:

■ Arbeitsplan III:

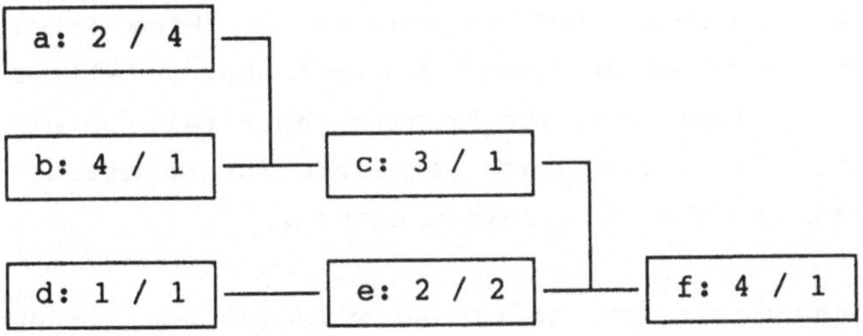

■ Aufträge:

Auftrag	Arbeitsplan	Liefertermin
A	I	14
B	II	10
C	III	12

■ Planungszeitpunkt: 1

Die Wunschtermine leiten sich wie bisher aus den gegebenen Lieferterminen durch retrogrades Vorgehen ab:

Arbeits-operation	Aufträge		
	A	B	C
a	11-12	5- 7	8-11
b	8- 9	8-10	10
c	10-12		11
d	13-14		9
e			10-11
f			12

Tab. 13: Wunschtermine in Beispiel 5

5321. Zweite Stufe: Vorläufige, zulässige Belegung mit möglichst geringen Stillstandszeiten

Ziel der zweiten Planungsstufe ist es nunmehr, einen zulässigen Belegungsplan für die Steuereinheiten aufzustellen, der einen möglichst geringen Anteil von Stillstandszeiten enthält. Bei diesem Vorgehen wird in einer freiwerdenden Steuereinheit die erreichbare Arbeitsoperation mit dem frühesten Wunschstarttermin eingeplant. Um diese Vorgehensweise genauer zu erläutern, ist es zunächst notwendig, den Begriff "erreichbare Arbeitsoperation" zu definieren. Eine Arbeitsoperation heißt zu einem Zeitpunkt t **erreichbar**[3], falls alle Vorgänger-Arbeitsoperationen des Arbeitsplanes bereits eingeplant wurden und alle planmäßigen Fertigstellungen dieser Arbeitsoperationen bis zum Zeitpunkt t erfolgen.[4]

Durch eine Planung mit der Zeitachse wird ab dem Planungszeitpunkt an jedem Tag geprüft, welche Steuereinheiten noch nicht belegt sind (entweder durch Altbestand oder bereits erfolgte Planungsschritte). Für diese Steuereinheiten wird danach ermittelt, welche Arbeitsoperationen zu diesem Zeitpunkt erreichbar sind. Drei Fälle sind dabei zu unterscheiden:

---

[3] Vgl. Adam, D. (1988b), S. 99.

[4] Damit sind zum Planungszeitpunkt alle Arbeitsoperationen erreichbar, die keinen Vorgänger haben.

a) Es ist keine Arbeitsoperation erreichbar. Für den betrachteten Zeitpunkt wird dann in dieser Planungsstufe eine Stillstandszeit geplant.
b) Es ist genau eine Arbeitsoperation erreichbar. In diesem Fall wird diese Operation ab dem betrachteten Zeitpunkt mit der ermittelten Vorgabezeit eingeplant.
c) Es sind mehrere Arbeitsoperationen erreichbar. Mit Hilfe einer Prioritätsregel wird entschieden, welche Arbeitsoperation als nächste einzuplanen ist. Nach dieser Prioritätsregel hat diejenige erreichbare Arbeitsoperation mit dem frühesten Wunschstarttermin Vorrang. Bei Gleichheit nach diesem Kriterium wird jene mit der kürzeren Vorgabezeit eingeplant.[5]

Schrittweise soll diese Vorgehensweise an Beispiel 5 erläutert werden. Die Planung beginnt am Tag 1, an dem nur Steuereinheit 2 noch nicht belegt ist; alle übrigen Steuereinheiten sind noch durch einen Altbestand blockiert. Um einen Überblick über alle einzuplanenden Arbeitsoperationen zu gewinnen, wird die folgende Tabelle aufgebaut.

Steuereinheit	Arbeitsoperationen	Wunschtermin
1	Aa	11-12
	Bb	8-10
	Cd	9
2	Ab	8- 9
	Ca	7-10
	Ce	10-11
3	Ac	10-12
	Ba	5- 7
	Cc	11
4	Ad	14-15
	Cb	10
	Cf	12

Tab. 14: Einzuplanende Arbeitsoperationen in Beispiel 5

---

[5] Bei erneuter Gleichheit sei aus Gründen der Eindeutigkeit festgelegt, daß der Auftrag mit der kleineren laufenden Nummer vorgezogen wird.

Am Tag 1 ist in Steuereinheit 2 sowohl Ab als auch Ca erreichbar, während Ce noch auf den Vorgänger Cd warten muß.
Die Prioritätsregel läßt Ca gegenüber Ab aufgrund des früheren Wunschstarttermines den Vortritt. Von Tag 1 bis 4 wird
Steuereinheit 2 mit der Operation Ca belegt.

Am Tag 2 sind für alle Steuereinheiten bereits Aufträge eingeplant. Am Tag 3 endet in Steuereinheit 1 die Belegung durch
den Altbestand. Von den erreichbaren Arbeitsoperationen erhält Cd gegenüber Aa den Vorzug und wird für den Tag 3 eingeplant.

Am nächsten Tag ist eine Planung für die Steuereinheiten 1
und 3 vorzunehmen. In Steuereinheit 1 kommt Aa zum Zuge, in
Steuereinheit 3 Ba; bei beiden handelt es sich um die jeweils
einzige erreichbare Arbeitsoperation.

Ab Tag 5 wird Ab für 2 Tage in Steuereinheit 2 eingeplant
(Vorrang gegenüber Ce). Am Tag 6 tritt erstmals eine Besonderheit auf; in Steuereinheit 1 liegt keine erreichbare Arbeitsoperation vor, da Bb erst am Tag 7 erreichbar ist (geplante Belegung der Vorgänger-Operation Ba in Steuereinheit 3
ist Tag 4 bis 6). Als Folge ergibt sich eine Stillstandszeit
von einem Tag.

Am Tag 7 liegen noch keine Belegungen für irgendeine
Steuereinheit vor. In Steuereinheit 1 kann nun die zuvor an-
gesprochene Operation Bb eingeplant werden, in Steuereinheit
2 Ce, in Steuereinheit 3 erhält Ac gegenüber Cc den Vorrang
und in Steuereinheit 4 ist nur Cb erreichbar.

Tag 8 und 9 sehen vorläufig eine Stillstandszeit in Steuereinheit 4 vor. Am Tag 10 erhalten Cc (Steuereinheit 3) und Ad
(Steuereinheit 4) eine Belegung. Letztendlich liegt der
vorläufige Belegungstermin für Cf in Steuereinheit 4 fest
(Tag 12).

Das Endergebnis der zweiten Planungsstufe zeigt das folgende Gantt-Diagramm:

Gantt-Diagramm 5-1

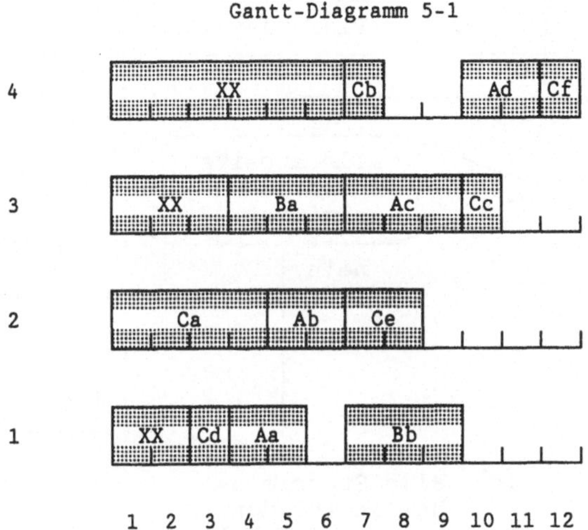

Anmerkung: XX bezeichnet den Altbestand.

Es zeichnet sich durch geringe, nicht zu vermeidende Stillstandszeiten aus. Die Liefertermineinhaltung im Beispiel ist gegeben, jedoch liegen nach dem zweiten Planungsschritt 4 Endlagertage vor (Auftrag A von 12 bis 14, Auftrag B am Tag 10, Auftrag C ist genau am Soll-Liefertag fertig - Tag 12 -).

Das folgende Ablaufdiagramm faßt noch einmal die Vorgehensweise beim zweiten Schritt der Retrograden Terminierung zusammen.

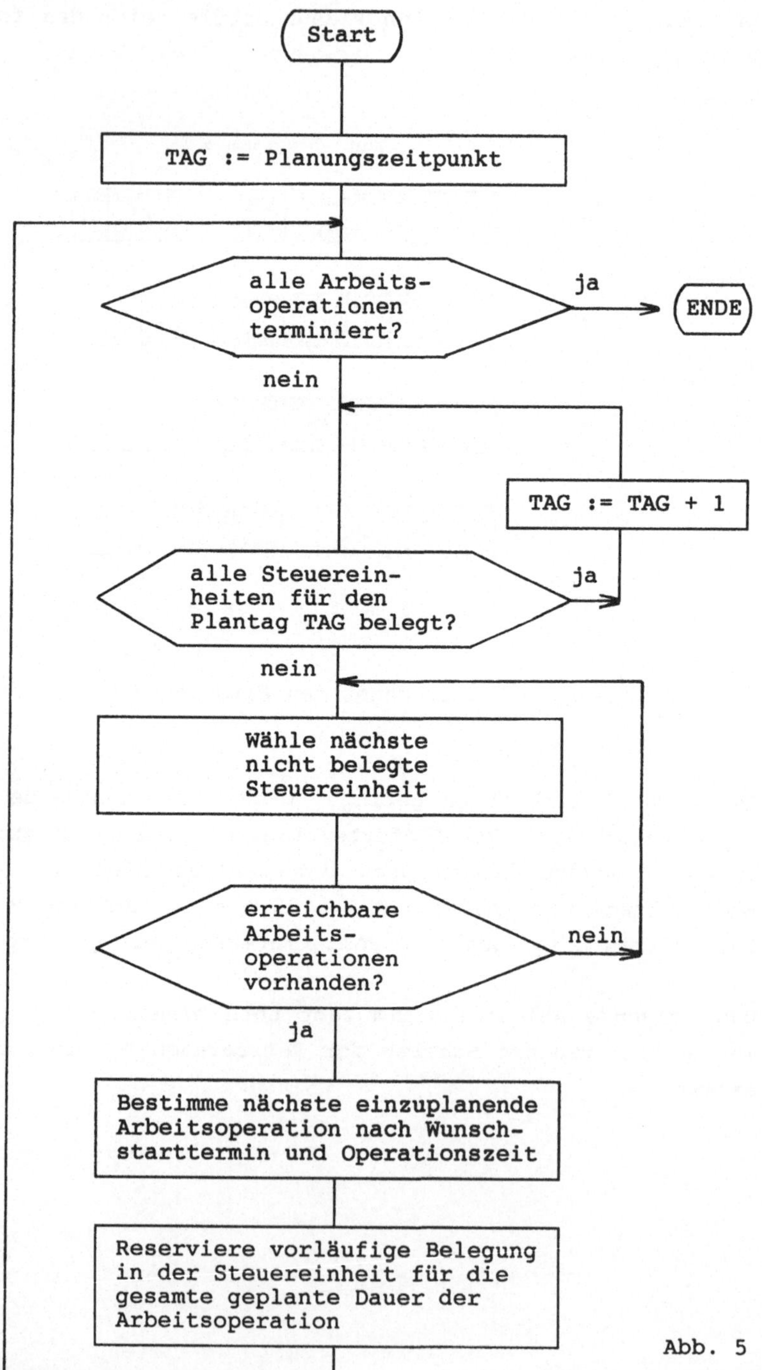

Start
TAG := Planungszeitpunkt
alle Arbeits-operationen terminiert?
ja
ENDE
nein
TAG := TAG + 1
alle Steuerein-heiten für den Plantag TAG belegt?
ja
nein
Wähle nächste nicht belegte Steuereinheit
erreichbare Arbeits-operationen vorhanden?
nein
ja
Bestimme nächste einzuplanende Arbeitsoperation nach Wunsch-starttermin und Operationszeit
Reserviere vorläufige Belegung in der Steuereinheit für die gesamte geplante Dauer der Arbeitsoperation

Abb. 5

5322. Dritte Stufe: Auflockerung des vorläufigen Belegungsplanes

Auch im Fall von Different Routing und vernetzten Fertigungsprozessen wird eine dreistufige Planung vorgenommen. Ziel der dritten Stufe ist es nunmehr, den dichten Belegungsplan der zweiten Stufe aufzulockern, um eine verbesserte Lagersituation zu erreichen. Aufgrund der geänderten Richtung der Planung (nun mit der Zeitachse) vertauschen sich beim Übergang von Identical Routing auf vernetzte Fertigungsprozesse die Zielvorgaben von zweiter und dritter Planungsstufe der Retrograden Terminierung.

Die dritte Stufe soll die vorläufigen Belegungstermine wieder in Richtung der Wunschtermine verschieben. Zu diesem Zweck wird aus dem Ergebnis der zweiten Stufe nach dem Kriterium "spätester vorläufiger Fertigstellungstermin" eine Reihenfolge über alle Arbeitsoperationen bestimmt.[6] Für das betrachtete Beispiel lautet diese Reihenfolge in Gantt-Diagramm 5-1: Cf, Ad, Cc, Bb, Ac, Ce, Cb, Ab, Ba, Aa, Ca, und Cd. Sukzessive wird bestimmt, um wie viele Zeiteinheiten (hier Tage) die betrachtete Arbeitsoperation in Richtung ihrer Wunschbelegung nach rechts verschoben werden kann.

Die Vorgehensweise der dritten Planungsstufe soll wiederum an Beispiel 5 verdeutlicht werden. Cf ist bereits zum Wunschtermin geplant, eine Verschiebung wäre offensichtlich wenig zweckmäßig, da sonst für C der Liefertermin überschritten wird. Die nächste Arbeitsoperation Ad ist vorläufig für Tag 10 bis 11 vorgesehen, die Wunschbelegung 13 bis 14 ist durch eine Rechtsverschiebung um 3 Tage realisierbar. Dabei tritt ein *Überholeffekt* auf, denn die Arbeitsoperationen Cf und Ad tauschen gegenüber dem Belegungsplan der zweiten Stufe ihre Reihenfolge. Die Ursache solcher Überholeffekte liegt im Be-

---

streben der zweiten Planungsstufe, möglichst wenig Stillstandszeiten zuzulassen. Dies führt dazu, daß die vorläufige
Belegungsplanung nicht auf die Wunschtermine achtet und Arbeitsoperationen unter Umständen weit vor den Wunschterminen
eingeplant werden. Diese in einigen Fällen etwas kurzsichtige
Vorgehensweise - strenge Orientierung an der Auslastung der
Steuereinheiten - kann durch die dritte Planungsstufe korrigiert werden, wenn die Bedeutung der Wunschtermine in den
Vordergrund tritt.

Die Verschiebung der Arbeitsoperationen wird in der folgenden
Tabelle dargestellt.

Arbeitsoperation	Wunschtermin	Stufe II	Stufe III
Cf	12	12	12
Ad	13-14	10-11	13-14
Cc	11	10	11
Bb	8-10	7- 9	8-10
Ac	10-12	7- 9	8-10
Ce	10-11	7- 8	10-11
Cb	10	7	10
Ab	8- 9	5- 6	6- 7
Ba	5- 7	4- 6	5- 7
Aa	11-12	4- 5	11-12
Ca	7-10	1- 4	2- 5
Cd	9	3	7

Tab. 15: Vergleich der Termine in Stufe I bis III

Das Ergebnis kann auch dem folgenden Gantt-Diagramm entnommen
werden.

Gantt-Diagramm 5-2

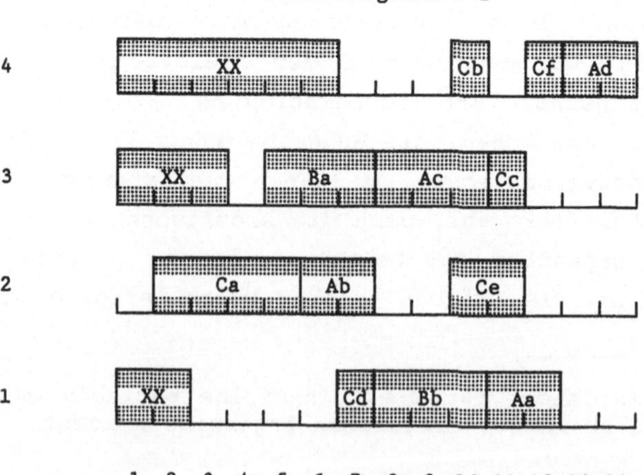

Auf einige Besonderheiten soll noch hingewiesen werden. Während bei den ersten vier Arbeitsoperationen eine Verschiebung auf die Wunschtermine möglich ist, führt im allgemeinen eine Terminkollision in den Steuereinheiten zu einer nicht vollständigen Anpassung an den Wunschtermin. Ac kann z. B. nur um einen Tag verschoben werden, da ansonsten die Belegung für Cc geändert werden müßte. Die Operation Ab könnte zwar theoretisch auf den noch nicht belegten Wunschtermin (8-9) verschoben werden, es muß jedoch beachtet werden, daß die im Arbeitsplan nachfolgende Operation Ac bereits am Tag 8 gestartet wird. Aus diesem Grund kann die Anpassung nur auf das Intervall 6-7 vorgenommen werden. Aa weist die größte Terminverschiebung durch die dritte Stufe aus (um 7 Tage), dabei "überholt" Aa die Operation Bb. Durch die blockierte Belegung an Tag 6 und 7 kann Ca nur um einen Tag verschoben werden.

Ein Reihenfolgetausch von Ca und Ab (Ca von 6 bis 9, Ab von 4 bis 5) könnte weitere zwei Zwischenlagertage einsparen. Begrenzte Reihenfolgetests, wie sie Adam vorschlägt[7], werden in der Rechnerumsetzung der Retrograden Terminierung bisher nicht durchgeführt. Über die Dialog-Schnittstelle ist der Disponent jedoch in der Lage, eine erkannte, unzweckmäßige bzw. verbesserungsfähige Reihenfolge über entsprechende Korrektureingaben zu ändern.

Der Belegungsplan der dritten Stufe weist gegenüber demjenigen der zweiten Stufe eine wesentlich größere Zahl von Stillstandszeiten aus. Die Anzahl der Zwischenlagertage sinkt von 14 auf 9 Tage. Die Endlagersituation verbessert sich, alle Aufträge werden just-in-time fertig (in Stufe 2 ergeben sich 4 Endlagertage).

Unabhängig von der speziellen Konstellation der Beispieldaten bleibt festzuhalten, daß beim Übergang von der zweiten zur dritten Stufe tendenziell

---

[7] Vgl. Adam, D. (1987b), S. 32 f.

■ die Endlagerzeiten abnehmen,

■ die Stillstandszeiten zunehmen,

■ die Zwischenlagerzeiten sich in beiden Richtungen ändern
  können, in den meisten Fällen jedoch abnehmen.

Die Belegungspläne der zweiten und dritten Stufe stellen
letztlich - wie im Fall Identical Routing - nur zwei Extrem-
fälle der Planung dar. Der Disponent muß einen gesunden Kompromiß zwischen den Zielgrößen hohe Auslastung der Steuereinheiten, geringe Lagerzeiten und hohe Termintreue finden. Die
Unterstützung, die er durch die interaktive Ausrichtung des
Verfahrens erhält, wird im folgenden Abschnitt beschrieben.

Die Darstellung der dritten Stufe der Retrograden Terminierung kann nicht abgeschlossen werden, ohne auf die ausgewiesenen **geplanten ablaufbedingten Stillstandszeiten** näher einzugehen. Die Interpretation der Belegungspläne erfordert ein
Verständnis für die vorhandenen Belegungslücken. Wie können
diese geplanten Stillstandszeiten genutzt werden? Grundsätzlich kommen zwei Möglichkeiten in Frage:

1. Es werden Aufträge vorgezogen, die einen späteren Belegungstermin durch die Retrograde Terminierung erhalten haben.
2. Die Zeiten werden mit Nebentätigkeiten (Reparaturen, Wartung) gefüllt.

Die erste Möglichkeit steht im Widerspruch zu den Grundideen
des Verfahrens. Aufgabe der dreistufigen Terminierung ist es,
einen zulässigen Belegungsplan zu erstellen, der die Konflikte zwischen den Zielen der Steuerung im Hinblick auf das
übergeordnete Gewinnziel der Unternehmung abzustimmen versucht. Die Entscheidung für einen Belegungsplan berücksichtigt insbesondere auch den Zielkonflikt zwischen den Auslastungen der Steuereinheiten und den Lagerzeiten der Aufträge.
Wäre es insgesamt vorteilhaft, die ermittelten Stillstandszeiten zur Produktion von Aufträgen zu nutzen, hätte die Ter-

minierung dieses Ergebnis hervorbringen müssen. Wird willkür-
lich von den Rahmenvorgaben der Retrograden Terminierung ab-
gewichen, stellt dies eine einseitige, nicht auf das Gewinnziel abgestimmte Verschiebung zwischen den Zielerreichungsgraden dar. Deshalb ist es nicht sinnvoll, die geplanten
Stillstandszeiten zur Produktion von später vorgesehenen Arbeitsoperationen zu verwenden.

Geplante Stillstandszeiten sind dagegen ein gutes Indiz dafür, wann Tätigkeiten, die im Rahmen des eingesetzten PPS-
Systems nicht geplant werden, sinnvollerweise durchgeführt
werden können. Beispiele für derartige Tätigkeiten sind
Pflege- und Wartungsarbeiten, Aufräumarbeiten, Instandhal-
tungsmaßnahmen und die Produktion eigengefertigter Lager-
teile. In der Praxis werden sie häufig vernachlässigt oder
nur über sehr grobe Annahmen berücksichtigt. Gleichwohl sind
sie für das Funktionieren der Werkstatt von entscheidender
Bedeutung. Der plötzliche Ausfall von Maschinen durch Störungen, die ihre Ursache in mangelnder regelmäßiger Wartung haben, oder das Fehlen von Einbauteilen im Lager, weil nicht
rechtzeitig für eine Produktion gesorgt wurde, können die gesamte Fertigung empfindlich stören. Mit der Retrograden Terminierung hat der Disponent ein Hilfsmittel zur Verfügung,
diese Tätigkeiten in die Belegung für die Produktion der
eigentlichen Werkstattaufträge geeignet zu integrieren.

533. Steuerungsparameter der Retrograden Terminierung

Obwohl in den bisherigen Ausführungen bereits mehrfach deutlich wurde, daß die einzelnen Stufen der Retrograden Terminierung die Ziele der Steuerung unterschiedlich stark gewichten und einzelne Ziele in den Vordergrund der Planungsüberlegungen stellen, ergibt der Algorithmus des Verfahrens stets
einen einzigen Belegungsplan. Am Beispiel der zuvor beschriebenen, dritten Stufe wird deutlich, daß eine eindeutige,
starre Gewichtung zwischen den Zielen der Steuerung nicht

sinnvoll ist. Erwartet das Unternehmen eine schwache Konjunktur und wenige Aufträge, wird es in der dritten Stufe eine stärkere Auflockerung des Belegungsplanes der zweiten Stufe anstreben. Umgekehrt können gute Absatzerwartungen dazu führen, daß die Kapazitäten der Steuereinheiten für diese Aufträge freigehalten werden, indem der Belegungsplan der zweiten Stufe in der dritten Stufe fast unverändert übernommen wird. Grundsätzlich muß es möglich sein, diese unterschiedliche Zielgewichtung innerhalb der Retrograden Terminierung zu berücksichtigen.

Ein zweiter Aspekt muß durch die Unsicherheiten über künftige Entwicklungen (z. B. Absatzentwicklung, Personalausfall) beachtet werden. Die Retrograde Terminierung sollte dem Disponenten aufzeigen, wie sich unterschiedliche Annahmen über unsichere Daten bzw. Rahmenbedingungen in den Zielerreichungsgraden der Steuerung auswirken.

Beide Aufgaben werden in der Retrograden Terminierung mit Simulationsunterstützung gelöst. Die Konsequenzen unterschiedlicher Einschätzungen über Rahmenbedingungen kann der Disponent abrufen, indem er Steuerungsparameter einstellt - am Terminal eingibt -, die innerhalb der Retrograden Terminierung eine unterschiedliche Zielgewichtung in Konfliktsituationen bewirken, z. B. den Grad der Terminanpassung zwischen zweiter und dritter Stufe beeinflussen.

In einem Überblick sollen die prinzipiellen Inhalte und Wirkungen der einzelnen Steuerungsparameter und die Simulation als Planungsmethode kurz vorgestellt werden. Der Disponent verfügt über folgende Steuerungsparameter:

■ Er kann **früheste Freigabezeitpunkte** für Aufträge festlegen, um zu verhindern, daß in der zweiten Stufe der Retrograden Terminierung Aufträge weit vor ihrem Wunschstarttermin eingeplant werden. Es besteht jedoch auch die Gefahr, daß durch die restriktive Einstellung des Parameters Aufträge

nicht pünktlich fertiggestellt werden können, weil der zu-
gestandene Zeitraum zwischen Freigabetag und Solliefertag
zu kurz angesetzt wird. An diesem Phänomen läßt sich der
Charakter der Simulation als Was-wäre-wenn-Rechnung erklä-
ren. Der eingestellte Steuerungsparameter Freigabezeitpunkt
(Wenn-Bedingung) ergibt nach drei Planungsstufen der Retrograden Terminierung einen Belegungsplan, für den sich die
Zielerreichungsgrade der Steuerung bestimmen lassen. Die
Analyse der verspäteten Aufträge im Beispiel zeigt, daß es
sinnvoll ist zu prüfen, ob eine vorgezogene Freigabe zu
einem günstigeren Ergebnis führt.

■ Mit der **Losgröße** verfügt der Disponent über einen zweiten
Steuerungsparameter, mit dem er auf die Ziele der Steuerung
Einfluß nehmen kann. Die Bedeutung dieses Punktes ist für
Unternehmen mit Einzel- und Kleinserienfertigung aber eher
gering.

■ Der dritte Steuerungsparameter **Sicherheitszuschläge** erlaubt
es z. B., den Liefertermin ausgewählter Aufträge vorzuziehen, um mit dem zusätzlich gewonnenen zeitlichen Puffer die
Wahrscheinlichkeit zu erhöhen, daß diese Aufträge nicht
verspätet fertiggestellt werden. Diese Vorgehensweise ist
geeignet, Konventionalstrafen für die verspätete Auslieferung vom Unternehmen fernzuhalten.

■ Mit Hilfe der vierten Einflußgröße **"provisorische Liefertermine für Auftragsanfragen"** ist es möglich, die Auswirkungen von Probeeinlastungen auf die Ziele der Steuerung zu
ermitteln. Insbesondere kann festgestellt werden, ob die
provisorischen Liefertermine eingehalten werden können.

■ Ein fünfter Punkt **"Parameter zur Kapazitätsplanung"** muß vom
Disponenten beachtet werden, falls die Kapazitäten der
Steuereinheiten simultan mit den Terminen der Aufträge
festgelegt werden können. Da die Art der Parameter stark
von der Situation des Unternehmens abhängt (Fertigungstyp,

Tarifverträge, Betriebsvereinbarungen), sollen hier nur zwei Beispiele genannt werden. Sind die Kapazitäten von der Personalzuordnung abhängig, kann beispielsweise die maximale Anzahl der Überstunden pro Tag oder die Anzahl der Arbeitsplatzwechsel pro Woche eine Vorgabe für die Planung sein.

Das Auffinden situationsadäquater Parametereinstellungen entspricht einem Regelkreis aus drei Schritten:
1. Einstellen der Steuerungsparameter,
2. Retrograde Terminierung,
3. Prüfen der Ergebnisse.

Letztlich kann dieser Kreis nur verlassen werden, wenn der Disponent mit einem Planungsvorschlag einverstanden ist. Wie viele Planungsläufe erforderlich sind, ist zum einen von der Situation abhängig (z.B. von der Anzahl der vorliegenden Auftragsanfragen), zum anderen von den Kenntnissen des Disponenten über die tendenzielle Wirkung einzelner Parametereinstellungen auf die Ziele der Steuerung.

Die interaktive Ausrichtung ist ein wesentliches Merkmal der Retrograden Terminierung, erst durch sie erhält man ein flexibles Planungsinstrument für die Werkstattfertigung. Die Planungsergebnisse beinhalten fast immer Schwachstellen, die jedoch erst durch eine nachträgliche Betrachtung offenkundig werden. Der erfahrene Disponent kennt die Gefahren, die eine bedingungslose Akzeptanz eines Planes mit sich bringen würde. Erst die Möglichkeit, aus verschiedenen Vorschlägen einen Plan auszuwählen und in diesen Sonderwünsche integrieren zu können, macht die Effizienz des Planungsinstrumentes Retrograde Terminierung aus.

Der prinzipielle Ablauf einer Planung mit der Retrograden Terminierung bei gegebenem Auftragsbestand kann der folgenden Abbildung entnommen werden. Die einzelnen Steuerungsparameter werden danach detailliert dargestellt.

Start
Eingaben und Festlegungen des Disponenten
1. früheste Freigabezeitpunkte einzelner Aufträge bzw. Arbeitsoperationen
2. Losgrößen
3. Sicherheitszuschläge gegen Störungen
4. provisorische Liefertermine für Auftragsanfragen
5. Basisdaten und Parameter der Kapazitätsplanung
I. Wunschterminierung
Vergleich der Wunschbelastung mit den Plankapazitäten
Kapazitäts- anpassung vornehmen?
ja
nein
II. Stufe der Terminierung
III. Stufe der Terminierung
Auswertung der Planungsergebnisse
Ergebnis akzeptabel?
nein
ja
Ende

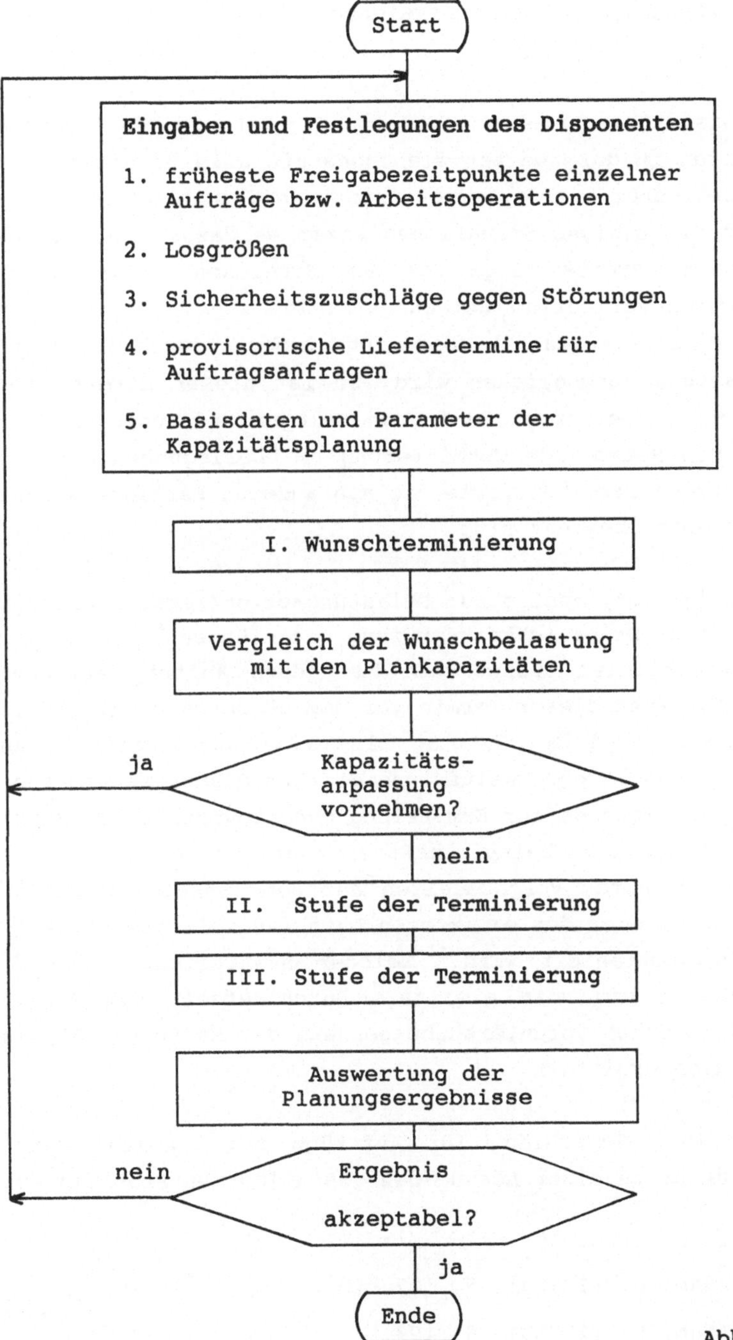

Abb. 6

5331. Zeitpunkt der Auftragsfreigabe

In der bisher beschriebenen Version der Retrograden Terminierung treten in der zweiten Planungsstufe alle zu einem Zeitpunkt erreichbaren Arbeitsoperationen in Terminkonkurrenz zueinander. In einigen Situationen kommt es dazu, daß Arbeitsoperationen bereits lange vor dem Erreichen ihrer Wunschstarttermine vorläufige Belegungstermine zugeteilt bekommen.
Auch wenn dies vielfach - aber nicht immer - durch die dritte
Planungsstufe ausgeglichen wird, so ist dieser Effekt unbe-
friedigend. Um einer allzu frühen Belegung vorzubeugen, wird
deshalb die Retrograde Terminierung um Überlegungen zur Auftragsfreigabe erweitert, wie sie aus anderen Fertigungssteuerungskonzepten bekannt sind.

Adam schlägt vor, analog zur belastungsorientierten Auftragsfreigabe eine Dringlichkeitsprüfung einzuführen.[8] In ihr soll
ein provisorischer Starttermin für jeden Auftrag ermittelt
werden. Nur wenn dieser Termin vor dem nächsten Planungszeitpunkt liegt, wird ein Auftrag als dringlich eingestuft und
zur Einplanung in der zweiten und dritten Planungsstufe freigegeben. Als Methode zur Ermittlung des provisorischen Starttermines führt Adam beispielhaft an, daß ein Mehrfaches entweder der gesamten Vorgabezeiten auf dem längsten Weg eines
Produktnetzes oder der erwarteten Durchlaufzeit vom Soll-Liefertermin subtrahiert wird.[9] Welcher Multiplikator für die
Vorgabezeiten bzw. die erwartete Durchlaufzeit zum Einsatz
kommt, wird durch Voruntersuchungen auf der Basis von Simulationsstudien ermittelt.

Während diese Vorschläge für Aufträge mit linearer Fertigungsstruktur zu einer Lösung des geschilderten Problems bei-

---

[8] Vgl. Adam, D. (1988b), S. 102 f.

[9] Vgl. Adam, D. (1988b), S. 103.

tragen können, erscheint es zweifelhaft, ob die gewünschte Wirkung auch bei vernetzten Strukturen auftritt, wenn ein einheitlicher Freigabetermin je Auftrag vergeben wird. Betrachten wir beispielsweise einen Auftrag, bei dem drei Baugruppen B1, B2 und B3 in verschiedenen Steuereinheiten vormontiert werden, bevor sie gemeinsam weiterverarbeitet werden:

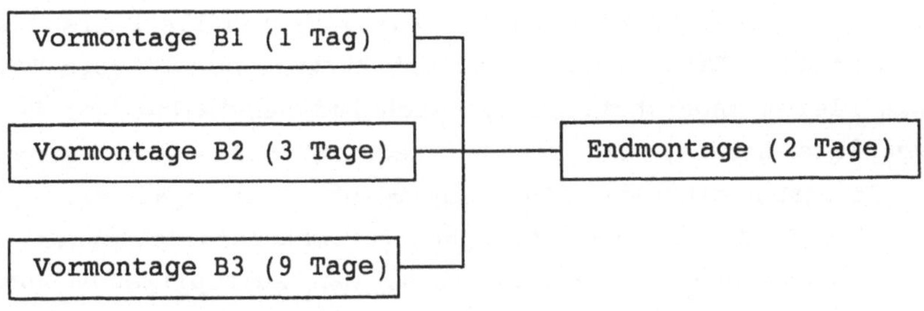

Abb. 7: Arbeitsplan des Beispiels zur Auftragsfreigabe

Geht z.B. das Vierfache der Vorgabezeiten in die Dringlichkeitsprüfung ein, so wird vom provisorischen Starttermin für die Endmontage (8 Tage vor Liefertermin) noch einmal ein Zeitraum von 36 Tagen subtrahiert (der kritische Weg verläuft über die Vormontage von B3), bis der einheitliche Starttermin des Auftrages feststeht, der in die Dringlichkeitsprüfung eingeht. Die Freigabe der Baugruppen-Produktion B1 und B2 erfolgt damit im allgemeinen viel zu früh, weil nicht beachtet wird, daß die Vorgabezeiten wesentlich geringer sind als für die Vormontage von B3. Die Ursache liegt offensichtlich in der nicht differenzierten Terminabstimmung der drei Teilzweige.

Für die weiteren Untersuchungen wird deshalb eine leicht veränderte Vorgehensweise präferiert. Für jeden Teilzweig einer vernetzten Fertigungsstruktur wird isoliert ein provisorischer Starttermin ermittelt, dabei sollen die bereits beschriebenen Methoden mit Unterstützung der Simulation eingesetzt werden. Wird also beispielsweise das Vierfache der Vorgabezeiten als sinnvolles Abgrenzungskriterium ermittelt, kann für jede der drei Baugruppen der provisorische (Teil-) Starttermin so festgelegt werden, daß vom vorläufigen Starttermin der Endmontage 4 Tage für B1, 12 Tage für B2 und unverändert 36 Tage für B3 subtrahiert werden. Die provisorischen Starttermine entsprechen also den Wunschstartterminen eines fiktiven Auftrages mit demselben Liefertag und einem jeweils viermal so großen Arbeitsinhalt. Die Belegungsspielräume für B1 und B2 werden durch die individuelle Betrachtung der einzelnen Teilzweige wesentlich kürzer, der längste Teilzweig bleibt unberührt. Stellt sich bei Durchsicht der Belegungspläne heraus, daß die Auftragsfreigabe - bzw. genauer die Freigabe einzelner Auftragszweige - zu spät erfolgte, kann der Disponent die Steuerungsparametereinstellungen für das Freigabeverhalten ändern (z.B. den Multiplikator von 4 auf 5 erhöhen). Neben dem Freigabemultiplikator kann zusätzlich als zweiter Freigabeparameter auch ein konstanter Abschlag je Teilzweig vorgegeben werden. Wird im Beispiel der Freigabemultiplikator 5 und ein konstanter Abschlag von 7 Tagen vorgegeben, errechnen sich retrograd die drei provisorischen Starttermine wie folgt:

B1 : $(5 \cdot 2) + (5 \cdot 1) + 7 = 22$ Tage vor Liefertermin,
B2 : $(5 \cdot 2) + (5 \cdot 3) + 7 = 32$ Tage vor Liefertermin,
B3 : $(5 \cdot 2) + (5 \cdot 9) + 7 = 62$ Tage vor Liefertermin.

Die bisherigen Überlegungen zielen auf den Freigabezeitpunkt ab, es ist ebenso möglich, die Auftragsgröße zu beeinflussen.

5332. Losgröße

Bisher wurde die Losgrößenproblematik ausgeklammert. Es wurde entweder die Losgröße 1 unterstellt oder von der Unteilbarkeit der Werkstattaufträge ausgegangen. Diese Prämisse entspricht auch weitestgehend den Verhältnissen in der Praxis im

Maschinenbau. In Einzelfällen können aber auch hier Kleinserien aufgelegt werden, so daß auch in diesem Einsatzbereich die Losgrößenplanung nicht vernachlässigt werden kann. Die Rückwirkungen der Losgröße auf die Ziele der Fertigungssteuerung müssen analysiert werden.[10] Mit einer vorweggeschalteten Losgrößenplanung sind Ausgangswerte für die Planung zu bestimmen und die Wirkungen auf die Zielgrößen festzustellen.[11] Bei Aufträgen, die in relativ großen Losen gefertigt werden, kann eine Verringerung der Losgröße zu kleineren Durchlaufzeiten und einem kontinuierlicheren Materialfluß führen, allerdings steigen Rüstzeiten und -kosten.[12]

5333. Sicherheitszuschläge gegen Störungen

53331. Notwendigkeit von Sicherheitszuschlägen

Gelingt es, das aus der Wunschterminierung resultierende Wunschbelastungsprofil zu realisieren, indem entsprechende Kapazitäten in den Steuereinheiten zu den ausgewiesenen Zeitpunkten bereitgestellt werden, können dennoch Probleme bei der Durchführung auftreten. Der reale Ablauf in der Werkstatt wird selten mit dem geplanten Ablauf übereinstimmen, weil immer wieder Störungen zu Planabweichungen führen. Viele der Planung zugrunde liegende Daten sind Schätzwerte für sich im Zeitablauf ändernde Größen. An den wesentlichen Determinanten sollen die Probleme ihrer Bestimmung erläutert und damit die Notwendigkeit von Sicherheitszuschlägen begründet werden.

---

[10] Vgl. Adam, D. (1988b), S. 103.

[11] Vgl. Adam, D. (1969), S. 51 ff.; derselbe (1986), S. 774 ff.; Eßer, P. (1978); Gutenberg, E. (1983), S. 201 ff.; Zäpfel, G. (1982), S. 195 ff.; Zwehl, W. v. (1979), Sp. 1163 ff.

[12] Vgl. Adam, D. (1988b), S. 103.

Unvorhersehbare, lang andauernde **Maschinenausfälle** können zu erheblichen Problemen in der Werkstatt führen. Zum einen müssen möglicherweise Mitarbeiter aus anderen Steuereinheiten zu Reparaturarbeiten abgezogen werden, zum anderen entsteht vor der Maschine ein Bearbeitungsstau, der je nach Auslastungslage zu nicht mehr aufzuholenden Verspätungen bei vielen Aufträgen führen kann. Während kürzere Maschinenausfälle und Anlaufschwierigkeiten gut aus Mittelwerten der Vergangenheit abgeleitet werden können, sollten längere Ausfälle nicht Gegenstand der Produktionsplanung sein. Vielmehr müssen rechtzeitige, vorbeugende Wartungsarbeiten in die Planung integriert werden, um diese Ausfälle zu verhindern oder in ihren Ausmaßen einzuschränken. Wiederholte Ausfälle sollten Anlaß für umgehende Ersatzüberlegungen in der Unternehmung sein.

Ungleich schwieriger ist es, die **Kapazität der Mitarbeiter** in der Planung zu berücksichtigen. Zwei Faktoren sind zu schätzen: Ausfallzeiten und Effizienz. Aus verschiedenen Gründen stehen Mitarbeiter für Produktionsaufgaben in der Werkstatt nicht immer zur Verfügung, z.B.:

- Urlaub,
- Krankheit,
- Lehrgänge und Ausbildung (Teilnahme oder Leitung),
- Kundendienst, Nacharbeiten, Garantie,
- Betriebsratstätigkeit, Betriebsversammlung,
- Wartung, Instandhaltung,
- Inventur.

Teilweise sind Zeitpunkt und Dauer des Ausfalls bekannt, teilweise tritt er plötzlich auf, insbesondere bei Krankheit. Ein wichtiger Unterschied liegt im Vergleich zu den Maschinenausfällen darin, daß sich der Informationsstand entscheidend mit der Nähe zum Planungszeitraum verbessert. Während es fast keinen Unterschied macht, ob man den Maschinenausfallanteil für die nächste oder für eine noch zwei Monate entfernte

Woche schätzt, ist es viel leichter, einen Überblick über den erwarteten Personalausfall in der nächsten Woche zu gewinnen als in der weiter entfernten Zukunft. Der durch aktuelle Belege verbesserte Informationsstand (z. B. Krankmeldungen, Urlaubsliste) erlaubt für einen begrenzten Zeitraum sogar eine personenbezogene Schätzung der Anwesenheitszeiten. Mangels anderer Möglichkeiten muß für weiter entfernte Zeiträume mit Erfahrungswerten der Vergangenheit operiert werden.

Während die Effizienz der Maschinenleistung vergleichsweise geringen Schwankungen unterliegt, ist die Ergiebigkeit der menschlichen Arbeitskraft von verschiedenen Faktoren abhängig. Es lassen sich vier Haupt-Determinanten unterscheiden:[13]

- Leistungsvermögen (abhängig u.a. von Begabung, Ausbildung, Einstellung zur Arbeit),
- Leistungswille (abhängig von verhaltenswirksamen Bedürfnissen, Entgelt),
- Bedingungen am Arbeitsplatz,
- Abstimmung von Fähigkeiten der Mitarbeiter und Anforderungen des Arbeitsplatzes.

Während die ersten drei Determinanten durch vorgeschaltete Planungsüberlegungen teilweise positiv beeinflußt werden können, fällt die schwierige Abstimmungsaufgabe zwischen Fähigkeiten und Anforderungen einerseits und den betrieblichen Interessen andererseits in den erweiterten Bereich der Produktionsplanung. Gegenstand einer regelmäßigen Planung ist sie jedoch nur, wenn Mitarbeiter im Zeitablauf unterschiedlichen Arbeitsplätzen (Steuereinheiten) zugeordnet werden können.

Für die Überwachung des Arbeitsfortschrittes werden üblicherweise Vorgabezeiten für die einzelnen Arbeitsoperationen festgelegt. Ob die Vorgabezeiten tatsächlich eingehalten wer-

---

[13] Vgl. Gutenberg, E. (1983), S. 11 ff.; Wagner, H. (1966), S. 161 ff.; Kern, W. (1980), S. 148 ff.

den können, hängt weitestgehend von den zuvor angegebenen Determinanten ab.

Die beschriebenen Punkte können nur ansatzweise die Schwierigkeiten aufzeigen, einen realistischen Dateninput für die Planung bereitzustellen. Die Berücksichtigung der Schwankungen durch die Darstellung der Planungsgrößen als Realisation von Zufallsgrößen ist im allgemeinen wenig hilfreich, da Verteilungsannahmen häufig - wenn überhaupt - nur mit viel Mühe herzuleiten sind und die genaue Untersuchung des Zusammenspiels der einzelnen Zufallsgrößen in realistischen Größenordnungen selbst Großrechner überfordert. Bei neuen Maschinen, Mitarbeitern oder Arbeitsoperationen sind Schätzwerte naturgemäß mit großer Unsicherheit behaftet.

Oberstes Gebot für die Planung muß es jedoch sein, die Störungen des Ablaufes und die Auswirkungen auf die Kapazitäten zu berücksichtigen. Aufgrund der geschilderten Probleme kommt nur eine grobe Berücksichtigung in Frage, was im Hinblick auf das Konzept der Rahmenplanung auch sinnvoll ist. Eine Feinplanung wäre illusorisch und würde eine Scheingenauigkeit vortäuschen.

53332. Formen und Einsatzmöglichkeiten von Sicherheitszuschlägen

Die Retrograde Terminierung bedient sich des Konzeptes der Puffer, um Sicherheitszuschläge für Störungen zu berücksichtigen. Unter dem Begriff Puffer werden in Anlehnung an Müller alle Spielräume in bezug auf die Ressourcenverwendung bei einem gegebenen Plan verstanden.[14] Folgende Puffer sind zu unterscheiden:

---

[14] Vgl. Müller, A. (1987), S. 3.

1. Puffer in den Vorgabezeiten:
   Wenn der Planende Vorgabezeiten und Kapazitäten als Daten festsetzt, so bleibt es ihm freigestellt, welche Vorgehensweise er dabei wählt. Er kann sich relativ streng an mittleren Vergangenheitswerten oder aus Zeitreihenanalysen gewonnenen Werten orientieren, diese jedoch auch vorsichtig bewerten. Schon mit der Art des Datenansatzes können also **Kapazitätsreserven** verbunden sein.

2. Puffer in den Übergangszeiten:
   Analog zu den technisch und organisatorisch bedingten Mindestübergangszeiten können auch Puffer als Übergangszeiten zwischen den Steuereinheiten festgelegt werden.[15] Zur Unterscheidung von den Mindestübergangszeiten werden diese im folgenden als **Pufferübergangszeiten** bezeichnet.

3. Puffer in der Liefertermin-Vorgabe:
   Eine weitere Möglichkeit, einen Sicherheitszuschlag für Störungen zu berücksichtigen, stellt die **Zeitspanne zwischen dem geplanten Produktionsendtermin und dem Soll-Liefertermin** eines Auftrages dar.[16] Mit verschiedenen Maßnahmen innerhalb der dreistufigen Vorgehensweise der Retrograden Terminierung ist es möglich, bei allen oder ausgewählten Aufträgen anzustreben, daß zwischen dem spätesten Fertigstellungstermin in der Werkstatt und dem Liefertermin ein zeitlicher Spielraum besteht. Erst wenn Störungen dazu führen, daß sich die Fertigstellung um mehr als diesen Puffer hinauszögert, ist der Auftrag dann von einer Verspätung betroffen.

Alle drei beschriebenen Möglichkeiten können kombiniert eingesetzt werden, um die Auswirkungen von Störungen abzuschwächen. Die Dimensionierung der Puffer beinhaltet grundsätzlich

---

[15] Vgl. Adam, D. (1988b), S. 104.

[16] Vgl. Adam, D. (1988b), S. 104; derselbe (1987b), S. 25.

eine Dilemma-Situation. Je großzügiger die Spielräume vorgegeben werden, umso leichter und wahrscheinlicher läßt sich der Plan auch real durchsetzen. Demgegenüber stellt eine zu starke Ausprägung dieser Puffer eine ineffiziente Ressourcennutzung dar. Es werden möglicherweise Aufträge abgelehnt, die mit der gegebenen Ausstattung noch realisierbar wären. Damit gehen Deckungsbeiträge verloren.

Wie bei den anderen Steuerungsparametern empfiehlt sich auch hier, im Dialog eines erfahrenen Disponenten mit dem Terminierungsprogramm auf dem Rechner die verschiedenen Alternativen auszuloten und einen Plan zu verabschieden, der den nötigen Kompromiß aus Sicherheitsdenken und unternehmerischem Risiko darstellt. Auch die ausführliche Analyse zur Pufferbildung bei Werkstattfertigung von Müller sieht einzig die Simulation als praktikables Instrument, um den Pufferbedarf möglichst genau abzuschätzen.[17]

Die Puffer können in allen drei Planungsstufen der Retrograden Terminierung eingesetzt werden. Damit die Ergebnisse der einzelnen Schritte ohne Umrechnungen miteinander verglichen werden können, erscheint es sinnvoll, einheitliche Vorgabezeiten in allen drei Stufen zu verwenden.

Die zweite Pufferart - Pufferübergangszeiten - kann differenziert nach den einzelnen Stufen eingesetzt werden. Während es unbedingt notwendig ist, Mindestübergangszeiten in der ersten Stufe - Wunschterminierung - zu berücksichtigen, ist dies bei den Pufferübergangszeiten nicht der Fall. Bezieht man sie ein, verschiebt sich das Wunschbelastungsprofil in Richtung der Heute-Linie. Nur im konkreten Fall läßt sich entscheiden, welche Vorgehensweise sinnvoller ist. Auch in der zweiten Planungsstufe muß abgewogen werden, ob die Pufferübergangszeiten eine Auswirkung darauf haben sollen, wann eine Ar-

---

[17] Vgl. Müller, A. (1987), S. 330 ff.; dieselbe (1988), S. 434 ff.

beitsoperation erreichbar ist. Prinzipiell läßt sich der vorläufige Belegungsplan der zweiten Stufe auch ohne Rückgriff auf sie bestimmen. In der dritten Stufe finden die Pufferübergangszeiten auf jeden Fall Verwendung. Bei der Anpassung der vorläufigen Belegung werden diese Puffer zwischen den Steuereinheiten beibehalten. Allerdings kann es dann vorkommen, daß ein Auftrag mit einer Terminüberschreitung ausgewiesen wird, die ohne Pufferübergangszeiten nicht relevant wäre.

Um die Pufferübergangszeiten richtig einsetzen zu können, sollen zwei Varianten unterschieden werden. Zum einen können sich Sicherheitszuschläge als sinnvoll erweisen, weil die Leistung der Steuereinheiten schwankt, und zwar unabhängig davon, welche Arbeitsoperationen dort erledigt werden. In diesem Fall könnte ein Vektor der Pufferübergangszeiten eingesetzt werden, der für jede Steuereinheit einen individuellen Sicherheitszuschlag ausweist. Es ist jedoch fraglich, ob dieser Zuschlag für jede Arbeitsoperation gleichermaßen als Gesamtwert oder als Zuschlag pro Vorgabezeiteinheit gewählt werden kann.

Die zweite Variante sieht vor, daß in den Arbeitsplänen Pufferübergangszeiten ausgewiesen werden. Da jedoch mit einer steigenden Zahl von Arbeitsplänen und Steuereinheiten dem Disponenten sehr viele Parameter angeboten werden, besteht die Gefahr, daß er den Überblick verliert. Das gesamte Instrument "Pufferübergangszeiten" ist deshalb nur mit Vorsicht einzusetzen.

Auch die dritte Pufferart - Sicherheitsspielraum vor dem vereinbarten Liefertermin - kann in allen drei Stufen der Retrograden Terminierung eingesetzt werden. Es wäre offenbar wenig erreicht, wenn der Disponent für jeden einzelnen Auftrag die Pufferangaben vordefinieren und ändern müßte. Um den zeitlichen Spielraum zwischen geplanter Fertigstellung und Soll-Liefertermin zu beeinflussen, wird der Steuerungsparameter

Wunschendlager eingeführt. Er gibt die vom Disponenten gewünschte Zeit an, die bei der Anpassung der vorliegenden Belegungstermine in der dritten Stufe der Retrograden Terminierung vor dem eigentlichen Liefertermin eines Auftrages nach Möglichkeit freigehalten wird. Ist die Endlagerzeit nach der zweiten Stufe bereits kleiner als der Parameterwert Wunschendlager oder liegt eine Verspätung vor, so wird die Belegung aus der zweiten Stufe nicht weiter in die Zukunft verschoben. Gilt der Wunschendlagerwert für alle Aufträge gleichermaßen, kann damit nur auf den Grad der Anpassung zwischen zweiter und dritter Stufe eingewirkt werden. Hohe Parameterwerte führen auch zu einer entsprechenden hohen Planauslastung, weil der relativ dichte Belegungsplan der zweiten Stufe nicht mehr sehr stark aufgelockert wird.

Der eigentliche Zweck des Parameters besteht jedoch darin, gezielt einzelne Aufträge zu bevorzugen, weil ihre Wichtigkeit eine Sonderbehandlung wünschenswert macht. Gründe dafür können sein, daß Terminüberschreitungen Konventionalstrafen nach sich ziehen oder der Kunde einen besonderen Stellenwert hat. Um diese Effekte berücksichtigen zu können, werden alle Werkstattaufträge bereits bei ihrer Erfassung einer **Priori**-**tätsklasse** zugeordnet. Aus Gründen der Übersichtlichkeit sollten nicht zu viele Klassen gebildet werden, im allgemeinen dürften etwa drei ausreichen. Wird der Steuerungsparameter Wunschendlager für jede Prioritätsklasse getrennt definiert, so läßt sich bei der Terminanpassung in der dritten Stufe leichter ein Kompromiß zwischen Sicherheitsdenken (hohe Wunschendlagerzeit) und risikoreicheren Belegungsplänen (geringe oder keine Wunschendlagerzeit) finden.

Zum Schluß dieses Unterabschnittes soll noch erwähnt werden, daß auch andere Möglichkeiten bestehen, Sicherheitszuschläge in die Planung einzubeziehen, denn auch beliebige Unterziele, die Art und Umfang der terminlichen Anpassung zwischen zweiter und dritter Stufe der Retrograden Terminierung beeinflussen, können prinzipiell berücksichtigt werden.

Beispielsweise könnte für eine Engpaßstufe eine bestimmte Mindestauslastungsquote angestrebt werden, z.B. 90% je Woche. Eine Verschiebung einer Arbeitsoperation, die Lagerzeiten einspart, könnte in der dritten Stufe dann abgelehnt werden oder nur zum Teil erfolgen, wenn die als Nebenbedingung formulierten Auslastungsziele sonst nicht eingehalten werden können. Kommen derartige Ziele in Betracht, ist die EDV-Umsetzung der Retrograden Terminierung entsprechend zu verändern und neue Parameter - im Beispiel die Mindestauslastungsquoten - müssen einstellbar sein.

5334. Liefertermine für Auftragsanfragen

Eine Aufgabe, die von heutigen Fertigungssteuerungskonzepten nur unzureichend erfüllt wird, besteht darin, für Auftragsanfragen sinnvolle und einhaltbare Liefertermine zu ermitteln. Weil die Werkstatt in vielen Unternehmen keine fundierten Angaben dazu machen kann, ob ein potentieller Auftrag zu einem bestimmten Termin ausgeliefert werden kann, vereinbart der Verkauf ohne detaillierte Absprachen allein unter Berücksichtigung von Umsatzaspekten die Liefertermine mit dem Kunden. Da es zweifelsohne ein verkaufsförderndes Argument ist, kurze Lieferfristen zu garantieren, entsteht hierdurch eine erhöhte Belastung der Werkstatt. Gegebenenfalls müssen Kosten verursachende Sondermaßnahmen (z.B. Überstunden, Fremdvergabe) ergriffen werden, um die Vereinbarungen einhalten zu können. Greifen auch diese Maßnahmen nicht, müssen Konventionalstrafen gezahlt werden, oder es tritt ein nicht quantifizierbarer Good-Will-Verlust ein.

Die Retrograde Terminierung soll auch dazu eingesetzt werden, den Verkauf bei der Vereinbarung von Lieferterminen zu unterstützen, indem das Programm eine sinnvolle Abstimmung mit den

Produktionsmöglichkeiten in der Werkstatt trifft.[18] Zwei Grundsituationen sollen im Planungsmodell abgebildet werden:

1. Ein Auftrag soll so früh wie möglich ausgeliefert werden, jedoch sollen keine bereits getroffenen Liefertermin-Vereinbarungen gefährdet werden.
2. Der Kunde hat einen konkreten Wunsch für den Liefertermin.

Im ersten Fall kann der Disponent zunächst prüfen lassen, ob sich die Auftragsanfrage in die Belegungslücken des aktuellen Rahmenplanes einfügen läßt (analog zum Verzahnungsverfahren[19]). Ist diese Anfrage erfolgreich, besteht kein Grund zu einer weiteren Untersuchung, da die Zeitziele der Fertigungssteuerung unverändert bleiben und lediglich eine erhöhte Kapazitätsauslastung zum Tragen kommt. Allerdings muß beachtet werden, daß die bisherigen Stillstandszeiten mit der Einplanung eines zusätzlichen Auftrages nicht mehr als zeitlicher Puffer genutzt werden können. Der ermittelte provisorische Fertigstellungstermin kann dem Verkauf gemeldet werden, ergänzt um den Hinweis, daß eine zusätzliche Sicherheitsspanne nach diesem voraussichtlichen Endtermin wünschenswert wäre.

Im allgemeinen wird es jedoch nötig sein, mit Hilfe einer Simulation zu untersuchen, welche Auswirkungen eine Auftragsannahme auf das Gesamtsystem Werkstatt hat. Wenn der Liefertermin als Kundenwunsch vorgegeben ist (Fall 2), kann wie bisher terminiert werden. Aber auch der Fall, daß der Liefertermin noch offen ist, also Gegenstand der Planung, soll unterstützt werden.

Dies geschieht wie folgt: Zum Zeitpunkt t soll die Belegung einer Steuereinheit erfolgen. Unter den erreichbaren Arbeitsoperationen wird die nächste einzuplanende bestimmt und die

---

[18] Vgl. Adam, D. (1988b), S. 104.

[19] Vgl. dazu Abschnitt 5222.

Differenz zwischen dem betrachteten Zeitpunkt und dem Wunschstarttermin dieser Arbeitsoperation gebildet. Ist dieser Wert
größer als ein vorzugebender Schwellenwert (z.B. drei Wochen), wird statt des Werkstattauftrages die Auftragsanfrage
eingeplant. Auf diese Weise werden alle Arbeitsoperationen
der Anfrage gerade so in die Belegung eingeschlossen, daß
keine knappen Kapazitäten beansprucht werden, denn die Belegung erfolgt nur dann, wenn für den aktuell dringlichsten
Auftrag noch ein angemessener Spielraum besteht. Die geschil-
derte Vorgehensweise ergibt einen Liefertermin-Vorschlag, der
einen Kompromiß zwischen Kundeninteressen (so früh wie möglich) und Firmeninteressen (keine zusätzlichen Kosten, keine
Gefährdung bestehender Aufträge) darstellt.

Der Normalfall für Lieferterminanfragen besteht aber sicherlich darin, daß bereits konkrete Vorstellungen auf Seiten des
Kunden bestehen und geprüft werden muß, ob sich diese realisieren lassen. In diesem Fall kann die Auftragsanfrage wie
ein normaler Werkstattauftrag behandelt werden und eine regu-
läre Terminierung erfolgen. Alternative Liefertermin-Vorgaben
können getestet und in ihren Auswirkungen verglichen werden.
Der Verkauf kann davon unterrichtet werden, welche Verhand-
lungsspielräume in bezug auf den Liefertermin bestehen, ab
welchem kritischen Zeitpunkt die Termineinhaltung nur über
Zusatzmaßnahmen (z.B. durch Überstunden) möglich ist und ab
welchem Tag eine Fertigstellung auf gar keinen Fall mehr
pünktlich möglich ist, weil z.B. Fremdbezugsteile nicht termingerecht beschafft werden können.

Liegen mehrere Anfragen gleichzeitig vor, so können sie entweder simultan oder in einer nach Wichtigkeit der Anfragen
gestaffelten Reihenfolge eingeplant werden. Letzteres empfiehlt sich vor allem dann, wenn abzusehen ist, daß nicht
alle Anfragen akzeptiert werden können. Die Kundenwünsche
(zeitliche Nähe der gewünschten Termine zum Planungszeitpunkt) sind als Reihenfolgekriterium nur bedingt geeignet,
weil es für das Unternehmen sinnvoll sein kann, einen großen

Auftrag mit entsprechenden Deckungsbeiträgen rechtzeitig zu projektieren, ohne sich noch freie Kapazitäten in nächster Zukunft durch kleinere Eilaufträge zu blockieren. Durch die sukzessive Bearbeitung der Auftragsanfragen kann ermittelt werden, für welche Aufträge die gegebenen Kapazitäten nicht ausreichen. Die Kosten für Kapazitätsanpassungsmaßnahmen sind dann gegebenenfalls in der Preisfindung zu berücksichtigen.

5335. Kapazitätsanpassungen

Ein wesentlicher Eckstein der bisherigen Überlegungen ist die Voraussetzung, daß die Kapazitäten aller Steuereinheiten im Zeitablauf gegeben sind. Erst mit den gegebenen Kapazitäten (z.B. 8 Vorgabestunden je Arbeitstag) liegt fest, wie lange eine bestimmte Arbeitsoperation mit einer entsprechenden Vorgabezeit (z.B. 40 Vorgabestunden) voraussichtlich benötigt, um in der Steuereinheit fertiggestellt zu werden (im Beispiel 5 Arbeitstage). Erfordern es die betrieblichen Gegebenheiten, einen Arbeitstag einzusparen, so kann dies z.B. durch Maßnahmen erreicht werden, die die Tageskapazität dieser Steuereinheit vorübergehend auf zehn Vorgabestunden erhöhen.

In den bisherigen Beispielen wurde die Tageskapazität aller Steuereinheiten vereinfachend auf 1 VZE festgelegt und damit eine sehr grobe Terminierung vorgenommen, um die Grundideen der Retrograden Terminierung zu verdeutlichen. Für praktische Fälle ist jedoch eine genauere Unterteilung der Tageskapazität erforderlich, die sich in einer einheitlichen Maßgröße (VZE) ausdrücken lassen sollte. Ob für eine konkrete Werkstatt eine Vorgabezeiteinheit einer halben Stunde oder zehn Minuten entspricht, hängt davon ab, wie genau sich die einzelnen Vorgabezeiten schätzen lassen. Scheingenauigkeiten sind auch hier zu vermeiden.

"Ob die Ziele der Fertigungssteuerung erreicht werden können, hängt ganz ausschlaggebend von der Höhe der zu bestimmten Zeitpunkten verfügbaren Kapazitäten ab."[20] Der Grad, im dem sich die Kapazitäten der einzelnen Steuereinheiten beeinflussen lassen, hängt von verschiedenen Faktoren ab, die in unterschiedlichen Ausprägungen in Betrieben mit Werkstattfertigung vorliegen können. In dieser Arbeit werden drei Einflußgrößen näher untersucht.

1. Abhängigkeit der Fertigungszeiten von der Person des Ausführenden:
   Der erste Einflußfaktor ist in der Werkstattfertigung von großer Bedeutung. Ob eine komplizierte Arbeitsoperation von einem erfahrenen Mitarbeiter oder von einem Lehrling erledigt wird, ist in vielen Fällen ein entscheidender Unterschied, da ein anzulernender Mitarbeiter oft ein Vielfaches der angesetzten Vorgabezeit benötigen wird und auch noch zusätzlich Teile der Arbeitszeit des Ausbilders beansprucht. Diese kurzfristigen Nachteile werden zwar durch die langfristigen Vorteile der Ausbildung ausgeglichen, müssen jedoch in der Planung berücksichtigt werden, d.h. es muß gegebenenfalls geplant werden, welche Aufträge unter Dringlichkeitsaspekten für eine Ausbildung besonders geeignet sind.

2. Zuordnung der Mitarbeiter zu Steuereinheiten:
   Je nachdem, ob die Zuordnung von Mitarbeitern zu einzelnen Steuereinheiten im Zeitablauf starr oder flexibel ist, entstehen für den Betrieb neue Möglichkeiten, das Kapazitätsangebot einer Steuereinheit durch Personalumsetzungen zu beeinflussen.

3. Flexible Arbeitszeitvereinbarungen:
   Mit ihnen ist es möglich, die Anwesenheitszeit der Mitarbeiter in Grenzen so zu beeinflussen, daß eine bessere

---

[20] Adam, D. (1988b), S. 104.

zeitliche Abstimmung der Kapazitätsangebote auf die Bedarfssituation möglich ist.

Die Planung der einzelnen Maßnahmen erfordert umfassende Überlegungen, die im folgenden Abschnitt näher erläutert werden.

Der Grundprozeß der Kapazitätsplanung läuft nach dem auf der folgenden Seite gezeigten Schema ab.

Für die erste Festlegung des Kapazitätsangebotes einer Steuereinheit kann der Disponent mit Durchschnittswerten der Vergangenheit operieren. Allerdings sollte er sich dabei am Normalniveau orientieren und nicht bereits übliche Überstunden berücksichtigen. Eine andere Möglichkeit besteht darin, eine in der Vergangenheit bewährte - eventuell auch gar nicht veränderbare - Personalzuordnung mit den erwarteten Anwesenheitszeiten auszuwerten[21], um so das Kapazitätsangebot zu ermitteln.

Eine Vorabfestlegung des Kapazitätsangebotes ist in jedem Fall ohne Berücksichtigung des aktuellen Auftragsbestandes erforderlich, denn bereits in der ersten Stufe der Retrograden Terminierung muß die Höhe bekannt sein, um die Vorgabezeiten aller Arbeitsoperationen durch Vergleich mit dem täglichen Kapazitätsangebot der Steuereinheiten in Betriebskalendertage umrechnen zu können. Die Betrachtung des Wunschbelastungsprofils aller Steuereinheiten, d.h. des Kapazitätsbedarfs im Zeitablauf bei Wunschterminierung, läßt nun erkennen, in welchen Zeiträumen Maßnahmen zu einer Kapazitätsanpassung erforderlich sind. Grundsätzlich ist es sinnvoll, die verfügbaren Kapazitäten an dieses Wunschbelastungsprofil an-

---

[21] Gegebenenfalls muß auch die unterschiedliche Effizienz der einzelnen Mitarbeiter berücksichtigt werden, vgl. Abschnitt 541 dieser Arbeit.

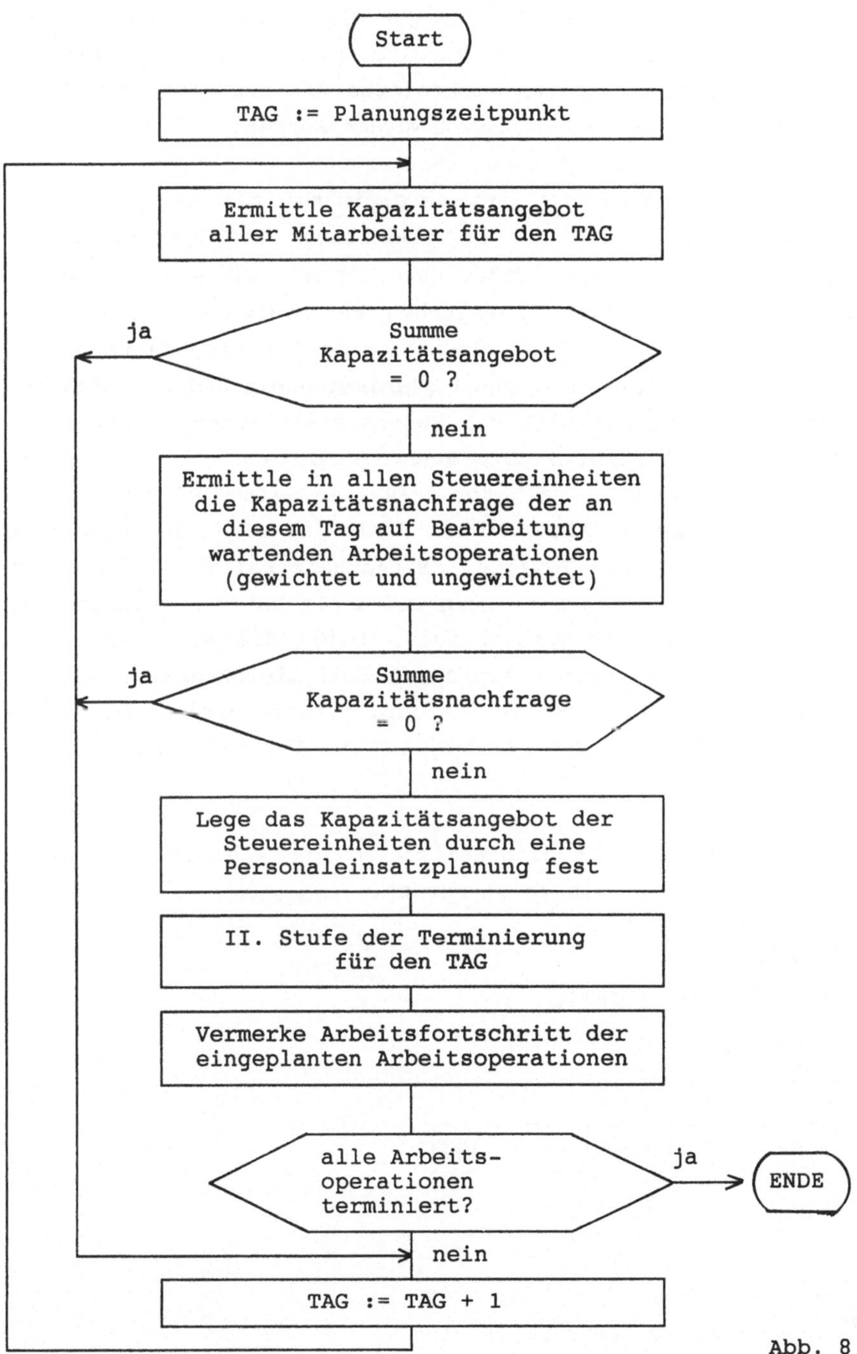

Start
TAG := Planungszeitpunkt
Ermittle Kapazitätsangebot aller Mitarbeiter für den TAG
Summe Kapazitätsangebot = 0 ?
ja
nein
Ermittle in allen Steuereinheiten die Kapazitätsnachfrage der an diesem Tag auf Bearbeitung wartenden Arbeitsoperationen (gewichtet und ungewichtet)
Summe Kapazitätsnachfrage = 0 ?
ja
nein
Lege das Kapazitätsangebot der Steuereinheiten durch eine Personaleinsatzplanung fest
II. Stufe der Terminierung für den TAG
Vermerke Arbeitsfortschritt der eingeplanten Arbeitsoperationen
alle Arbeits- operationen terminiert?
ja
ENDE
nein
TAG := TAG + 1

Abb. 8

zupassen.[22] Allerdings muß festgestellt werden, ob die gegebenenfalls entstehenden Mehrkosten (z.B. durch den Einsatz von Leiharbeitern) durch verbesserte Zielerreichungsgrade in anderen Bereichen ausgeglichen werden können.

Diese Planungssituation ist vergleichbar mit der zu Beginn des Kapazitätsabgleiches im klassischen PPS-System, allerdings ergibt sich ein großer Unterschied. Während die Durchlaufterminierung beim klassischen PPS-System mit Übergangszeiten arbeitet, die eine Verschiebung der eingelasteten Aktivitäten in beide Richtungen (Vergangenheit und Zukunft) gestatten, orientiert sich die Wunschterminierung an einem anzustrebenden Idealbild. Die Wunschterminierung liefert damit einen viel besseren Indikator dafür, in welche Richtung Kapazitäten anzupassen sind, um die Ziele der Steuerung besser zu erreichen. Auch das Teilziel "Sicherheit bei Störungen" läßt sich in der Wunschterminierung und damit bei dem angestrebten Kapazitätsprofil berücksichtigen, indem die Wunschterminierungen nicht mit dem vereinbarten Soll-Liefertermin, sondern einem zeitlich früheren Termin durchgeführt werden, der einen gewissen Sicherheitsspielraum für die Fertigstellung garantiert.

Die dargestellten Möglichkeiten sollen wiederum an einem kleinen Beispiel aufgezeigt werden.

Beispiel 6:

■ Altbestand: entfällt

■ Arbeitsplan I:

| a: 1 / 8 | —— | b: 2 /14 |

---

[22] Vgl. Adam, D. (1988b), S. 105.

■ Arbeitsplan II:

| a: 2 /20 |————| b: 1 /20 |

■ Aufträge:

Auftrag	Arbeitsplan	Liefertermin
A	I	5
B	II	5

■ Planungszeitpunkt: 1

■ Weitere Prämissen:
- 1 VZE entspricht zwei Zeitstunden.
- Die tägliche Arbeitszeit beträgt 8 Stunden.
- Die Mitarbeiter unterscheiden sich nicht in ihrer Effizienz.
- Jeder Steuereinheit sind zwei Mitarbeiter fest zugeordnet.
- Ein Mitarbeiter in Steuereinheit 1 hat von Tag 1 bis 3 Urlaub.
- Kapazitätsanpassungen sind nur durch Überstunden möglich, jedoch täglich nicht mehr als 2 Stunden je Mitarbeiter.
- In der Vergangenheit wurden im Durchschnitt täglich 7 VZE je Steuereinheit erreicht.

Zunächst ist das Kapazitätsangebot je Steuereinheit im Zeitablauf festzustellen. Prinzipiell läßt sich zwar der durchschnittliche Vergangenheitswert ansetzen. Diese Vorgehensweise läßt jedoch außer acht, daß für die nahe Zukunft bessere Informationen (Urlaubsliste, Krankmeldungen) vorliegen. Deswegen wird das Kapazitätsangebot im Beispiel für Tag 1 bis 5 aufgrund der bekannten Urlaubs- und Krankmeldungen ermittelt, ab Tag 6 wird ein Kapazitätsangebot von 7 VZE angesetzt.

Tag	Steuereinheit 1	Steuereinheit 2
1	4	8
2	4	8
3	4	8
4	8	8
5	8	8
ab 6	7	7

Tab. 16: Kapazitätsangebot [VZE] in Beispiel 6

Dieses Angebot ist Basis für die Wunschterminierung der Aufträge A und B.

Arbeits- operation	Aufträge A	B
a	2- 3	0- 2
b	4- 5	3- 5

Tab. 17: Wunschtermine in Beispiel 6

Bei der Wunschterminierung treten nunmehr zwei Schwierigkeiten auf, die nicht relevant sind, wenn die Vorgabezeiten auf Tagesbasis angegeben werden. Bei Auftrag A sind ausgehend vom Liefertermin (Tag 5) retrograd 14 VZE in Steuereinheit 2 abzuziehen. Der Start für Arbeitsoperation Ab muß aufgrund der gegebenen Kapazitäten am Tag 4 erfolgen. Im Idealfall bleibt sogar noch etwas Spielraum für Arbeitsoperation Aa am Tag 4, weil das Kapazitätsangebot der Tage 4 und 5 (16 VZE) nur mit 14 VZE durch Auftrag A belegt wird. Es kann jedoch nicht im Sinn des angestrebten Konzeptes einer Rahmenplanung sein, Teile der Arbeiten von Arbeitsoperation Aa in der Wunschterminierung auf den Tag 4 morgens zu verlegen. Übersichtlicher und realistischer ist es, zwischen zwei Arbeitsoperationen mindestens eine Nacht zu legen und den Übergang zwischen Steuereinheit 1 und 2 zwischen Tag 3 und 4 vorzusehen. Damit entfällt auch eine genaue Reihenfolgeplanung für die Aktivitäten, die innerhalb eines Tages durch eine Steuereinheit zu erledigen sind. Für die 8 VZE von Arbeitsoperation Aa werden damit die Tage 2 und 3 festgelegt. In einigen Fällen wird durch diese Vorgehensweise ein unnötig großer Puffer von fast einem Tag angesetzt.

Für die Arbeitsoperation Bb trifft zunächst die gleiche Situation wie auf Auftrag A zu. Der Kapazitätsnachfrage von 20 VZE steht an den Tagen 3 bis 5 ein Gesamtangebot von 24 VZE gegenüber.

Für die Arbeitsoperation Ba reichen die Tage 1 und 2 mit einem Angebot von 16 VZE nicht aus, um die Nachfrage von 20 VZE zu befriedigen. Die fehlenden 4 VZE müßten theoretisch am Tag 0 gefertigt werden.

Der Disponent prüft durch einen Vergleich von Wunschbelastungsprofil und Kapazitätsangebot zuerst, ob Kapazitätsanpassungen nötig bzw. sinnvoll sind.

Tag	Wunschbelastung Steuereinheit 1	Wunschbelastung Steuereinheit 2
0	0	4
1	0	8
2	4	8
3	8	0
4	8	6
5	8	8

Tab. 18: Wunschbelastung in Beispiel 6

Zwei Kapazitätsüberhänge sind zu prüfen. In Steuereinheit 1 fehlen am Tag 3 vier VZE, die jedoch durch ein nicht genutztes Angebot am Tag 1 auszugleichen sind (Aa wird auf Tag 1 bis 2 vorgezogen). In Steuereinheit 2 fehlen zu Beginn 4 VZE (8 Stunden). Der Disponent kann nun zwei Alternativen gegeneinander abwägen. Ordnet er für Tag 1 und 2 in Steuereinheit zwei jeweils für beide Mitarbeiter zwei Überstunden an, so ergibt sich der folgende Belegungsplan:

Gantt-Diagramm 6-1

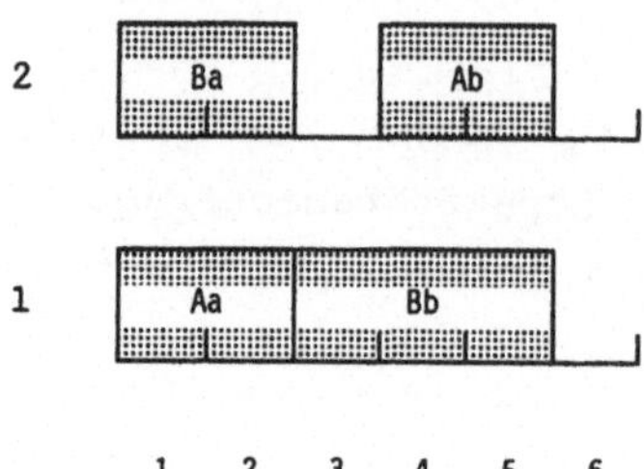

In der zweiten Alternative - ohne Überstunden - muß auch am Tag 3 noch in Steuereinheit 2 an der Arbeitsoperation Ba gearbeitet werden. Nur wenn Steuereinheit 1 noch am Tag 3 den Auftrag B weiter fertigen könnte, steht von Tag 3 bis 5 genügend Normalkapazität zur Verfügung, um den Auftrag termingerecht fertigzustellen. Werden auch in Steuereinheit 1 keine Überstunden geleistet und erfolgt der Übergang zwischen Steuereinheit 2 und 1 von Auftrag B nicht mehr am Tag 3, ergibt sich die folgende Belegung:

Gantt-Diagramm 6-2

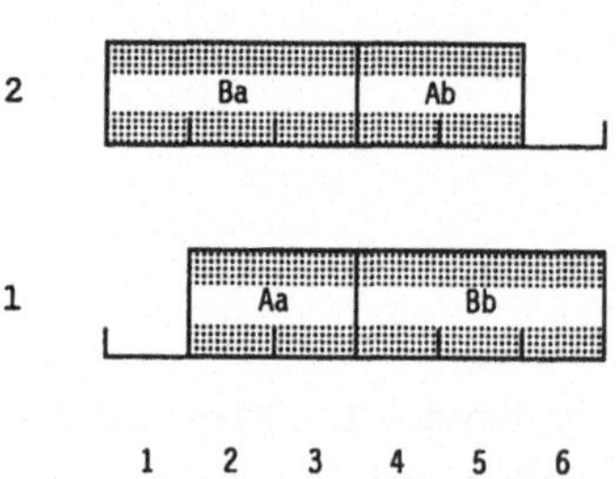

Auftrag B wird nicht termingerecht fertig.

Selbst in diesem vergleichsweise einfachen Beispiel mit nur einem Anpassungsinstrument (Überstunden) sind bereits viele Belegungsstrategien möglich, die bewertet werden müssen. Mit einer größeren Zahl von Aufträgen, Steuereinheiten, Arbeitsplänen und Anpassungsinstrumenten steigt die Komplexität des Planungsproblems beträchtlich.

54. Die Berücksichtigung personalorientierter Kapazitäten in der Planung

Die Ausführungen zu dem Steuerungsparameter Kapazitätsanpassungen im vorigen Abschnitt belegen die große Bedeutung einer zielsetzungsgerechten Kapazitätsplanung für die Ergebnisse der Terminierung. Für die Werkstattfertigung kommt es darauf an, die personalorientierten Kapazitäten so zu beeinflussen, daß die Ziele der Steuerung möglichst gut erreicht werden. Dabei ist es für ein Unternehmen wichtig, die Kapazitätsbereitstellung dem im Zeitablauf schwankenden Arbeitsanfall anzupassen, weil dadurch sowohl die Auslastungsgrade der Steuereinheiten erhöht werden (ablaufbedingte Stillstandszeiten werden vermieden) als auch die Zwischen- und Endlagerzeiten der Aufträge verringert werden. Allerdings müssen die Kosten der Anpassung den Vorteilen aus den verbesserten Zielerreichungsgraden gegenüber gestellt werden.

Drei Determinanten beeinflussen die Höhe der personalorientierten Kapazität einer Steuereinheit:

1. Anzahl der dort eingesetzten Mitarbeiter,
2. ihre Anwesenheitszeiten,
3. ihre Effizienz.

Wie diese Determinanten das Kapazitätsangebot einer Steuereinheit bestimmen, wird im folgenden Abschnitt 541 näher untersucht.

Die Anpassungsfähigkeit eines Systems an unterschiedliche Datensituationen wird allgemein als **Flexibilität** bezeichnet,[1]

---

[1] Vgl. Altrogge, G. (1979), Sp. 604 ff.; Kern, W. (1980), S. 129 f. und den Überblick bei Horváth, P. / Mayer, R. (1986).

im hier näher untersuchten Planungsbereich - Anpassung des
Kapazitätsangebotes der Steuereinheiten an die Kapazitätsnachfrage - spricht man deshalb von **flexiblen Personalkapazitäten**. Die unterschiedlichen Rahmenbedingungen in den Betrieben mit Werkstattfertigung werden in den Planungsmodellen der
Retrograden Terminierung berücksichtigt, indem zwei Formen
flexibler Personalkapazitäten unterschieden werden.

■ Flexibilität in der Verwendung der Mitarbeiter:

- Im Betrieb sind alle Mitarbeiter einem Arbeitsplatz fest
  zugeordnet (starrer Personaleinsatz).

- Die Mitarbeiter können aufgrund ihrer Ausbildung Tätigkeiten in verschiedenen Arbeitsbereichen durchführen und
  werden im Zeitablauf unterschiedlichen Steuereinheiten
  zugeordnet (flexibler Personaleinsatz).[2]

■ Flexibilität in der Höhe der täglichen Arbeitszeit:

- Die vertraglich vereinbarte Normalarbeitszeit wird prinzipiell eingehalten (starre Arbeitszeitregelung).[3]

- Es bestehen flexible Arbeitszeitregelungen, die es erlauben, die tägliche Arbeitszeit der Mitarbeiter zu planen.
  Dabei müssen verschiedene Rahmenbedingungen beachtet werden (maximale Höhe des täglichen Flexibilisierungsspiel-
  raumes, Ausgleichszeiträume für Mehr- und Minderarbeit,
  Wahlrechte der Mitarbeiter).

---

[2] Dieser Fall beinhaltet auch, daß einzelne Mitarbeiter als
Spezialisten nur einem Arbeitsplatz zugeordnet werden
können.

[3] Sind Überstunden zulässig, wird dies als einfachste Form
flexibler Arbeitszeiten behandelt.

Die Kombination beider Erscheinungsformen flexibler Personalkapazitäten führt zu den Fällen, die in der folgenden Übersicht aufgeführt werden.

Fall	Personaleinsatz	Arbeitszeitregelung
1	starr	starr
2	flexibel	starr
3	starr	flexibel
4	flexibel	flexibel

Tab. 19: Übersicht flexibler Personalkapazitäten

Zu 1: Das Kapazitätsangebot einer Steuereinheit schwankt im Zeitablauf, es kann jedoch nicht durch die Kapazitätsplanung kurzfristig beeinflußt werden. Dieser Fall wurde in den bisherigen Modellen unterstellt.

Zu 2: Die Aufgabe der Kapazitätsplanung besteht darin, den Personaleinsatz so zu planen, daß der im Zeitablauf schwankende Kapazitätsbedarf bei Wunschterminierung in den einzelnen Steuereinheiten durch Personalumsetzungen annähernd als Kapazitätsangebot zur Verfügung gestellt wird. Die unterschiedliche Effizienz der Mitarbeiter an den einzelnen Arbeitsplätzen muß in den Modellen der Personaleinsatzplanung berücksichtigt werden.

Zu 3: Das Kapazitätsangebot der Steuereinheiten wird durch geeignete Festlegungen der Anwesenheitszeiten der Mitarbeiter an den Bedarf angepaßt.

Zu 4: Die Fälle 2 und 3 sind gemeinsam zu lösen.

In den weiteren Abschnitten werden die Fälle 2 bis 4 nacheinander untersucht und gezeigt, welche Interdependenzen zwischen Termin- und Kapazitätsplanung bestehen und wie ein integriertes Gesamtmodell der Retrograden Terminierung aussehen kann.

541. Determinanten für die Höhe personalorientierter Kapazitäten

Vor der Modellbildung wird zunächst gezeigt, welchen Einfluß die Anwesenheitszeit und Effizienz der Mitarbeiter auf die Höhe des Kapazitätsangebotes einer Steuereinheit haben.

5411. Anwesenheitszeit der Mitarbeiter

Vereinfachend sei zunächst angenommen, daß die tägliche Arbeitszeit je Mitarbeiter 8 Stunden beträgt und daß jeder Mitarbeiter einer Steuereinheit fest zugeordnet ist (Fall 1). Offensichtlich wäre es nicht ausreichend, das tägliche Kapazitätsangebot einer Steuereinheit als Produkt aus der Anzahl der Stammitarbeiter und ihrer Arbeitszeit zu bilden. Diese Vorgehensweise würde unter anderem folgende Punkte außer acht lassen:

■ Mitarbeiter werden krank oder nehmen außerhalb der Betriebsferien Urlaub.

■ Für nicht unmittelbar der Produktion dienende Tätigkeiten (z.B. Kundendienst, Instandhaltung) müssen Mitarbeiter von ihren Stammarbeitsplätzen abgezogen werden.

Aus aktuellen Daten (z.B. Krankmeldungen, Urlaubsanträgen) und der genauen Auswertung der Vergangenheitsdaten des Betriebes müssen Vorhersagen über die erwarteten effektiven Arbeitszeiten der einzelnen Mitarbeiter getroffen werden. Denkbar wäre z.B., daß für jeden Mitarbeiter ein erwarteter Monatsausfallquotient geschätzt wird, der für weiter entfernt liegende Zeiträume zum Zuge kommt. Im folgenden wird davon ausgegangen, daß über ein solches Schätzverfahren die geplante Anwesenheitszeit des Mitarbeiters m am Tage t (A_{mt} [ZE]) der Planung zugrunde gelegt werden kann. Bei einer starren Zuordnung des Personals ergibt sich das Kapazitätsangebot einer Steuereinheit an einem Tag t als Summe der entsprechenden A_{mt}-Werte.[4] Aufgrund der geschilderten Effekte schwankt das Kapazitätsangebot einer Steuereinheit im Zeitablauf.

5412. Effizienz der Mitarbeiter

Die Schnelligkeit, in der eine komplexe Tätigkeit ausgeübt wird, hängt neben allgemeinem Geschick auch in hohem Maße von dem Erfahrungsstand des Mitarbeiters ab. Deshalb arbeiten Mitarbeiter an ihrem Stammarbeitsplatz in der Regel effizienter als an anderen Arbeitsplätzen, in denen sie nur gelegentlich als Aushilfe eingesetzt werden. Die Fertigungssteuerung muß die unterschiedlichen Effizienzen der Mitarbeiter in den einzelnen Steuereinheiten beachten.

Erster Ansatzpunkt ist die Einführung eines **Effizienzgrades** e_{ms} [VZE/ZE] für den Mitarbeiter m in der Steuereinheit s. In einem Beobachtungszeitraum wird für alle Arbeitsgänge, die der Mitarbeiter in der Steuereinheit ausführt, die Summe der Vorgabezeiten und die Summe aus den individuell benötigten Zeiten ermittelt. Der Quotient beider Summen ergibt den Effizienzgrad. Dabei wird unterstellt, daß sich die Vorgabezeiten auf einen erfahrenen Mitarbeiter beziehen.

Ein Beispiel soll die Ermittlung des Effizienzgrades verdeutlichen:

---

[4] Diese Vorgehensweise wurde auch in Beispiel 6 benutzt.

Arbeitsgang	Vorgabezeit	benötigte Zeit
a	10	25
b	8	12
c	3	4
d	9	20
e	8	16
f	2	3
Summe:	40	80

Effizienzgrad: 40/80 = 0,5 [VZE/ZE]

Tab. 20: Effizienzgradermittlung

Das konstruierte Beispiel zeigt, daß der Effizienzgrad nur eine ungefähre Angabe gestattet, wie viele Zeiteinheiten der betrachtete Mitarbeiter voraussichtlich für einen Arbeitsgang benötigt. Eine Vorabschätzung mit einem Effizienzgrad von 0,5 hätte beispielsweise für Arbeitsgang a 20 ZE erwarten lassen - also 5 ZE zu wenig -, für Arbeitsgang b 16 ZE - 4 ZE zu viel -. Für Planungszwecke wird für diesen Mitarbeiter von einem einheitlichen Effizienzgrad von 0,5 für *alle* Arbeits-gänge in der Steuereinheit ausgegangen. Die Möglichkeiten der BDE erlauben es, eine regelmäßige Kontrolle des Wertes (Ein-halten eines zulässigen Schwankungsintervalls von z.B. ± 5 Prozent innerhalb eines Monats) durchzuführen und gegebenen-falls eine Änderung vorzunehmen. Bei Lehrlingen ist so leicht ein Fortschritt in der Ausbildung zu erkennen. Im allgemeinen werden sich die Effizienzgrade bei den übrigen Mitarbeitern nicht wesentlich ändern, zumal die Angaben keine Scheingenau-igkeiten - z.B. durch die Angabe von drei Nachkommastellen - widerspiegeln sollten. Abweichungen lassen sich teilweise auch auf Schätzfehler des Disponenten zurückführen, der für neue Tätigkeiten keine Erfahrungswerte vorliegen hat. Um diese Effekte berücksichtigen zu können, wäre es eventuell sinnvoll, die Vorgabezeiten für neue Arbeitsoperationen in-tern als nicht auswertungsrelevant zu kennzeichnen und vom Vergleich Planwert - Istwert auszuschließen.

Über den Effizienzgrad ist es möglich, die unterschiedliche Bedeutung der Anwesenheitszeiten einzelner Mitarbeiter zu gewichten. Das Produkt aus geplanter Anwesenheitszeit A_{mt} und dem Effizienzgrad e_{ms} ergibt die Vorgabezeit, die der Mitarbeiter m in seiner Anwesenheitszeit am Tag t voraussichtlich in Steuereinheit s abarbeiten wird. Dieser Wert ist mit steigender Unsicherheit behaftet, je weiter der Tag t in der Zukunft liegt und je unerfahrener der Mitarbeiter ist. Für eine Steuereinheit s stellt sich das geplante Kapazitätsangebot am Tag t (KA_{st}) somit als Summe der Vorgabestunden der zugeteilten Mitarbeiter dar:

$$KA_{st} := \sum_{m \in Z_{st}} A_{mt} \cdot e_{ms}$$

(Z_{st} umfasse die Mitarbeiter-Indizes, die Steuereinheit s am Tag t zugeteilt sind.)

Die Summenformel läßt sich mit Hilfe der Schaltvariablen

$$x_{mst} := \begin{cases} 1, & \text{falls} \quad m \in Z_{st} \\ 0, & \text{sonst} \end{cases}$$

schreiben als

$$KA_{st} := \sum_{m} A_{mt} \cdot e_{ms} \cdot x_{mst}$$

542. Flexibler Personaleinsatz in den Steuereinheiten

In einem Überblick wird zunächst gezeigt, wie das Instrument flexibler Personaleinsatz in den Steuereinheiten in die Gesamtplanung integriert werden kann, anschließend wird die Umsetzung der Planungsaufgabe in den einzelnen Stufen der Retrograden Terminierung diskutiert.

5421. Personaleinsatzplanung als Teil der Kapazitätsplanung in der Retrograden Terminierung

Die Grundmodelle der Retrograden Terminierung gehen davon aus, daß die Kapazitäten der Steuereinheiten im Zeitablauf gegeben sind. Die Terminplanung kann auf die Höhe der Kapazitäten keinen direkten Einfluß nehmen. Lediglich die Auswertung eines Planungsdurchganges kann dazu führen, daß der Disponent Anpassungsmaßnahmen vornimmt, d. h., dem Rechner mitteilt, an welchen Tagen und in welchen Steuereinheiten von einem veränderten Kapazitätsangebot ausgegangen werden kann. Diese Kapazitätsdaten sind Basis weiterer Planungen mit Hilfe der Retrograden Terminierung. In jedem Fall liegen die Kapazitäten jedoch vor der Terminplanung im gesamten Zeitablauf ab dem Planungstag fest.

Prinzipiell ist es denkbar, auch den flexiblen Personaleinsatz in den Steuereinheiten so vorzunehmen, daß zuerst eine Personaleinsatzplanung für jeden Tag bis zum Planungshorizont durchgeführt wird. Damit liegen die Kapazitätsangebote aller Steuereinheiten im Zeitablauf fest, und die Retrograde Terminierung kann wie in den bisherigen Modellen die Termine der Aufträge ermitteln. Diese Vorgehensweise wiederholt jedoch den Fehler, der zu Schwachstellen in den Modellen der klassischen Ablaufplanung führt. Auch dort wird unterstellt, daß die Personaleinsatzplanung vorab durchgeführt wird.[5] Dieser Ansatz wird den Interdependenzen zwischen beiden Planungsbereichen nicht gerecht. Das Kapazitätsangebot einer Steuereinheit an einem Tag beeinflußt die Kapazitätssituation in mehrfacher Hinsicht:

- Es stellt die maximale Höhe der zu erledigenden Nachfrage dar.
- Es verringert die Kapazitätsnachfrage des nachfolgenden Werktages um die erledigten Arbeiten.

---

[5] Vgl. dazu Abschnitt 321.

- Die beendeten Arbeitsoperationen führen, falls es sich
  nicht um die jeweils letzte eines Auftrags handelt, zu
  neuer Kapazitätsnachfrage in den Steuereinheiten, die nachfolgende Arbeitsoperationen bearbeiten.

Diese dynamischen Verpflechtungen kann ein streng hierarchi-
sches Vorgehen (zuerst Kapazitätsplanung als Ganzes, dann
Terminplanung) nicht berücksichtigen.

Deshalb wird im folgenden ein Modell vorgestellt, daß dazu
besser in der Lage ist. Der grundlegende Gedanke besteht
darin, beide Planungsaufgaben im Planungszeitraum täglich
nacheinander durchzuführen. Die Kapazitätsplanung (Personaleinsatzplanung) legt die Kapazitätsangebote der Steuereinheiten für jeweils einen Planungstag fest. Aufbauend auf diesen Kapazitäten legt die Reihenfolgeplanung der Retrograden
Terminierung fest, welche Aufträge in den Steuereinheiten an
diesem Tag gefertigt werden. Die Kapazitätsplanung des nächsten Tages benutzt nun die veränderte Kapazitätsnachfragesituation, um wiederum die Kapazitätsangebote der Steuereinheiten für einen Tag festzulegen. Die Interdependenzen zwischen beiden Planungsbereichen können nicht durch einen optimierenden und gleichzeitig rechenbaren Ansatz abgebildet
werden. In der Personaleinsatzplanung ist deshalb ein heuristisches Vorgehen nötig, das auf die übergeordneten Unternehmensziele abgestimmt ist. Insbesondere muß dafür gesorgt
werden, daß dringlichen Arbeitsoperationen auch Kapazitäten
zugeteilt werden. Die folgenden Ausführungen geben einen
Überblick über die Verknüpfung von Personaleinsatzplanung und
Retrograder Terminierung in den drei Stufen des Verfahrens.

Zu Beginn eines Planungslaufes sind Eingaben des Disponenten
nötig. Es steht ihm frei, Vorabzuordnungen der Mitarbeiter zu
bestimmten Steuereinheiten vorzunehmen und somit die regelge-
stützte Personaleinsatzplanung in ihren Möglichkeiten einzuschränken. Falls mehrere Personaleinsatzheuristiken vorliegen, muß eine passende ausgewählt und die eventuell vorgesehenen Parametereingaben vorgenommen werden. Die durchschnitt-

liche Kapazität einer Steuereinheit je Arbeitstag muß als Startwert der Wunschterminierung festgelegt werden.

Die Wunschterminierung als erste Stufe der Retrograden Terminierung führt zu einem Vergleich von Wunschbelastungsprofil und Kapazitätsangebot der Steuereinheiten. Wird über lange Zeiträume ein grundsätzlicher Kapazitätsmangel festgestellt, kann die Terminierung abgebrochen werden, und es muß über Maßnahmen nachgedacht werden, die eine vorübergehende Aufstockung der Kapazität erlauben. Hier kommen insbesondere Überstunden, der Einsatz von Leiharbeitern oder die Nutzung flexibler Arbeitszeitvereinbarungen in Frage. Nur wenn sich der Kapazitätsmangel auf wenige Steuereinheiten konzentriert und in anderen Bereichen freie Kapazitäten ausgewiesen werden, ist es sinnvoll, die weiteren Schritte der Retrograden Terminierung mit integrierter Personaleinsatzplanung vorzunehmen.

Solange nicht alle Arbeitsgänge aller Aufträge in der zweiten Stufe der Retrograden Terminierung einen vorläufigen Belegungstermin erhalten haben, läuft für jeden Arbeitstag eine zweistufige Berechnung ab. In den Steuereinheiten warten an dem betrachteten Tag Arbeitsgänge auf ihre (Weiter-)Bearbeitung. Daraus lassen sich durch Summenbildung Kapazitätsnachfragegrößen je Steuereinheit ableiten, die als Basis einer heuristischen Personaleinsatzplanung dienen. Ergebnis dieses Planungsschrittes ist das Kapazitätsangebot je Steuereinheit für den betrachteten Tag. Dieses geht in die zweite Stufe der Retrograden Terminierung ein, die in üblicher Weise abläuft, jedoch nur für diesen Arbeitstag, d.h. solange das Kapazitätsangebot einer Steuereinheit ausreicht, werden die wartenden Arbeitsgänge nach Maßgabe ihres Wunschstarttermines eingeplant. Der dadurch erwartete Arbeitsfortschritt ist Grundlage für die Terminierung des nächsten Arbeitstages.

Die dritte Stufe der Retrograden Terminierung - Verschieben der Aufträge in Richtung ihrer Wunschtermine - muß gleichzeitig auch die Kapazitätsangebote der Steuereinheiten neu planen oder zumindest Änderungen des Bedarfs durch die Verschiebung der Termine abdecken.

5422. Personaleinsatzplanung in der zweiten Stufe der Retrograden Terminierung

Die Personaleinsatzplanung wird vor der eigentlichen Terminierung in der zweiten Stufe durchgeführt. Sie ermittelt das Kapazitätsangebot der einzelnen Steuereinheiten je Arbeitstag als Reaktion auf die Höhe der Kapazitätsnachfrage. Die Methode wird in zwei Schritten entwickelt. Zunächst wird die Zuordnung bei gegebenen Kapazitätsnachfragegrößen (Gesamtsumme in Vorgabestunden) besprochen, anschließend gezeigt, daß eine Erweiterung des Ansatzes notwendig ist, um die auftragsbezogenen Ziele der Steuerung (Lagerzeiten, Termintreue) stärker zu beachten.

54221. Zuordnung der Mitarbeiter aufgrund gegebener Gesamtnachfrage

Das Problem der Personaleinsatzplanung besteht im Fall flexibler Zuordnungsmöglichkeiten darin, mit Hilfe eines optimierenden oder heuristischen Ansatzes für jede Steuereinheit s am Tag t die Menge der zugeordneten Mitarbeiter Z_{st} festzulegen. Als Eingabedaten werden die Anwesenheitszeiten A_{mt} [ZE], die Effizienzgrade e_{ms} [VZE/ZE] und die Kapazitätsnachfragewerte KN_{st} [VZE] benötigt. Letzere lassen sich mit Ausnahme des ersten Tages nur während der Planung bestimmen, weil die Höhe der Kapazitätsangebote KA_{st} die Kapazitätsnachfrage $KN_{s,t+1}$ des nächsten Tages unmittelbar beeinflußt. Zum einen verringert sich die Nachfrage des nächsten Tages in einer Steuereinheit s um das Kapazitätsangebot des Vortages, andererseits können durch Erledigung einer Arbeitsoperation nachfolgende Arbeitsoperationen des Auftrages gestartet werden, d. h., sie werden zur Kapazitätsnachfrage in einer Steuereinheit. Diese dynamischen Beziehungen werden vorerst vernachläßigt, es wird das Kapazitätsangebot für einen einzigen Tag bestimmt.

Zwei Prämissen des Planungsmodells sind vorab festzulegen:

1. Mindesteinsatzzeit eines Mitarbeiters in einer Steuereinheit:
   Soll es möglich sein, die Anwesenheitszeit eines Mitarbeiters auf verschiedene Steuereinheiten innerhalb eines Tages zu verteilen? Im allgemeinen ist ein häufiger Arbeitsplatzwechsel sowohl mit einem Motivationsverlust als auch mit einer verminderten Leistung in der Eingewöhnungszeit verbunden. Deshalb gilt in dieser Arbeit folgende Prämisse für alle Zuordnungsmodelle:
   Ein Mitarbeiter kann an einem Arbeitstag nur genau einer Steuereinheit zugeteilt werden.

2. Maximale Besetzung einer Steuereinheit pro Tag:
   Da der Zuordnungsalgorithmus berücksichtigen muß, daß in einer Steuereinheit nicht unbegrenzt viele Arbeitsplätze zeitlich parallel besetzt werden können, muß diese Anzahl der Planung als Restriktion bekannt sein. Für die folgenden Beispiele gelte aus Vereinfachungsgründen, daß allen Steuereinheiten bis zu 3 Mitarbeiter je Tag zugeordnet werden können.

Die weiteren Überlegungen beziehen sich auf das folgende

<u>Beispiel 7:</u>

■ Planungszeitpunkt: $t = 1$

■ Mitarbeiter: $m = M1, M2, M3, M4$

  Steuereinheiten: $s = 1, 2, 3, 4$

■ Tabelle der Effizienzgrade und Plan-Anwesenheitszeiten

m	Effizienzgrad in Steuereinheit s				Plananwesenheitszeit am Tag 1
	1	2	3	4	
M1	1,00	0,50	1,00	–	7
M2	–	1,00	1,00	–	6
M3	0,50	0,25	0,25	0,25	8
M4	–	0,80	0,50	1,00	7

(Ein Strich kennzeichnet eine unzulässige Zuordnung.)

■ Kapazitätsnachfrage in den Steuereinheiten

s	Auftrag	Wunschstarttermin	VZE	
1	A	-5	10	
	B	2	5	
	C	10	20	Σ 35
2	D	2	15	
	E	6	10	
	F	7	15	Σ 40
3	G	-15	11	Σ 11
4	H	2	5	
	I	3	5	
	K	5	5	Σ 15

Die Zuordnung soll nun für Tag 1 erfolgen. Naheliegend ist es, ein möglichst hohes, nutzbares Kapazitätsangebot NKA_t anzustreben, so daß formal der Ausdruck

$$NKA_t := \sum_s \text{Min}(KA_{st}, KN_{st}) \qquad (\text{mit } t = 1)$$

zu maximieren ist. Dabei ermittelt die Funktion MIN das Minimum unter den in der Klammer folgenden Kapazitätswerten. Die Minimumbildung verhindert, daß in einer Steuereinheit s der Anteil des Kapazitätsangebotes der die Nachfrage in dieser Steuereinheit übersteigt, einen positiven Zielfunktionsbeitrag leistet.

Durch einfache Überlegungen kann die Lösung für das Beispiel bestimmt werden. Wird jeder Mitarbeiter in einer Steuereinheit eingesetzt, in der er einen maximalen individuellen Effizienzgrad besitzt und ist zusätzlich die Kapazitätsnachfrage in allen Steuereinheiten mindestens so groß wie das Kapazitätsangebot, ist eine Zuordnung mit einem maximalen Gesamtkapazitätsangebot erreicht.

m	max. Effizienz-grad	in Steuerein-heit(en)	max. Tagesleistung
M1	1	1 und 3	$1 \cdot 7 = 7$
M2	1	2 und 3	$1 \cdot 6 = 6$
M3	0,5	1	$0,5 \cdot 8 = 4$
M4	1	4	$1 \cdot 7 = 7$

Tab. 21: Maximale Tagesleistung der Mitarbeiter

In Beispiel 8 ergeben sich vier Möglichkeiten, die maximale Betriebs-Tagesleistung von 24 Vorgabestunden zu erreichen (Summe der maximalen Kapazitätsangebote der Mitarbeiter: 7 + 6 + 4 + 7 = 24 VStd).

Möglichkeit	Steuereinheit von Mitarbeiter m =				Kapazitätsangebot in Steuereinheit s =			
	M1	M2	M3	M4	1	2	3	4
1	1	2	1	4	11	6	0	7
2	3	2	1	4	4	6	7	7
3	1	3	1	4	11	0	6	7
4	3	3	1	4	4	0	13	7
	7	6	4	7	35	40	11	15
	max. Kapazitätsangebot des Mitarbeiters				Σ Kapazitätsnachfrage			

Tab. 22: Zuordnung nach maximaler Effizienz

Hinweis zum Lesen der Tabelle: Im mittleren Block kann entnommen werden, welcher Steuereinheit ein Mitarbeiter zugeordnet ist. Möglichkeit 1 entspricht somit folgender Zuordnung:
M1->1, M2->2, M3->1, M4->4 (Ein Pfeil stellt verkürzt dar,
daß ein Mitarbeiter einer Steuereinheit zugeordnet wird.) Das
maximale Kapazitätsangebot der Mitarbeiter kann der letzten
Zeile des mittleren Blocks entnommen werden. Es entspricht
mit Ausnahme von Mitarbeiter 3 - maximaler Effizienzgrad
beträgt 0,5 - genau der Anwesenheitszeit. Die Kapazitätsangebote der einzelnen Steuereinheiten, wie sie sich aus den vier
verschiedenen Zuordnungsmöglichkeiten ergeben, können
schließlich dem rechten Block der Tabelle entnommen werden.
Möglichkeit 1 ergibt z.B. ein Kapazitätsangebot von 11 VZE in
Steuereinheit 1, weil Mitarbeiter 1 (7 VZE) und Mitarbeiter 3
(4 VZE) zugeordnet sind.

Möglichkeit 4 beinhaltet eine Besonderheit. Weil das Kapazitätsangebot von 13 VZE in Steuereinheit 3 nur auf eine Gesamtnachfrage von 11 VZE trifft, werden 2 VZE "verschenkt".
Das nutzbare Kapazitätsangebot beträgt für Möglichkeit 4 somit nur 22 (4+11+7) VZE.

Insgesamt ergeben sich damit drei Zuordnungslösungen, um das
nutzbare Kapazitätsangebot des Tages 1 zu maximieren. Eine

kritische Sicht ist erforderlich, um die bisherige Vorgehensweise zu beurteilen. Sie nimmt keine Rücksicht darauf, daß
die Kapazitätsnachfrage in den Steuereinheiten unterschiedlich dringend ist. Möglichkeit 1 würde beispielsweise kein
Personal für Steuereinheit 3 bereitstellen, obwohl dort der
zur Zeit dringlichste Auftrag G auf Bearbeitung wartet.

Das Modell ist deshalb in dieser Form noch nicht geeignet,
die Kapazitäten zielsetzungsgerecht festzulegen. Auftragsbezogene Steuerungsziele müssen stärker berücksichtigt werden.

**54222. Berücksichtigung der Dringlichkeit von Aufträgen
in der Personaleinsatzplanung**

Denkbar wäre es, eine gemeinsame Reihenfolge aller Arbeitsgänge zu bilden und streng nach dem Kriterium "frühester
Wunschstarttermin" das Personal den Steuereinheiten zuzuord-
nen. Zuerst müßten 11 Stunden in Steuereinheit 3 für Auftrag
G bereitgestellt werden. Eine Zuteilung von Mitarbeiter 1
(2/3/4) erbringt ein Kapazitätsangebot von 7 VZE (6/2/3,5
VZE). Mögliche Zuordnungsalternativen sind Mitarbeiter 1 und
2 (13 VZE), Mitarbeiter 2, 3 und 4 (11,5 VZE) oder Mitarbeiter 1 und 4 (10,5 VZE). Ein Vergleich ist schwierig, weil
nicht berücksichtigt wird, welche indirekten Wirkungen bei
den übrigen Aufträgen auftreten. Die hier naheliegende Zuordnung der Mitarbeiter 2, 3 und 4 würde zwar nur eine halbe VZE
ungenutzt lassen, indirekt werden jedoch alle Möglichkeiten
versperrt, die eine effizientere Nutzung der Zeiten von Mitarbeiter 3 und 4 beinhalten.

Ein Kompromiß beider Vorgehensweisen - Orientierung an Kapa-
zitätsmaximierung bzw. Erledigung dringlicher Aufträge - besteht darin, Gewichtungsfaktoren für die Vorgabezeiten einzuführen, die die unterschiedliche Dringlichkeit der Aufträge
bzw. genauer der einzelnen Arbeitsgänge berücksichtigen.

Durch die Gewichtung wird der Zusammenhang zwischen Dringlichkeit und Höhe der relevanten Kapazitätsnachfrage geregelt. Die Gewichtung sollte einigen naheliegenden Forderungen genügen:

1. Der Gewichtungsfaktor für die Vorgabezeit eines Arbeitsganges sollte zwischen 0 und 1 liegen.
2. Der Gewichtungsfaktor sollte umso größer sein, je kleiner die Differenz zwischen Wunschstarttermin und Planungstag ist. Insbesondere wenn die Differenz negativ ist - der Wunschstarttermin liegt vor dem Planungstag -, sollte eine starke Gewichtung erfolgen.
3. Die Gewichtungsfunktion sollte einfach und überschaubar sein.

Im Rahmen der Retrograden Terminierung wird eine Einteilung der Arbeitsoperationen in Dringlichkeitsklassen vorgenommen, für die jeweils ein eigener Gewichtungsfaktor vorgesehen ist. Einteilungskriterium ist die Lage des Wunschstarttermines im Verhältnis zum Planungstag. Die folgende Skizze zeigt eine beispielhafte Einteilung in drei Klassen:

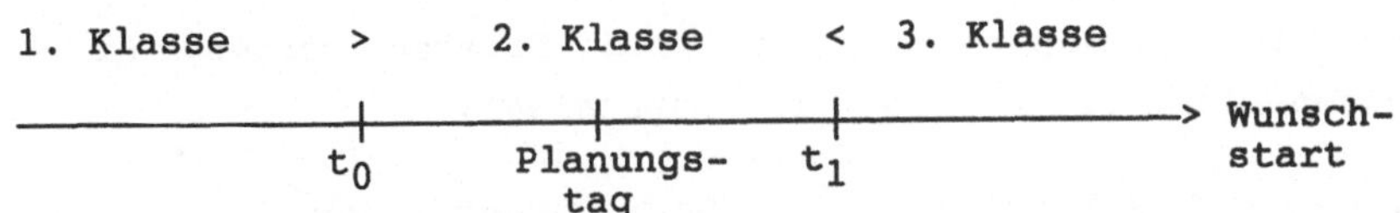

Abb. 9: Beispiel einer Einteilung in drei Dringlichkeitsklassen

Aufträge, deren Wunschstarttermin zwischen den Zeitpunkten t_0 und t_1 liegt, gehören zur zweiten Klasse. Fällt er davor, werden sie der ersten Klasse zugeordnet, fällt er danach, gehören sie zur dritten Klasse. Die Dringlichkeit eines Auftrages nimmt somit von der ersten zur dritten Klasse ab.

Eine sinnvolle Einteilung in Dringlichkeitsklassen kann nur situationsspezifisch gefunden werden, sie hängt z. B. vom Planungshorizont (Wie lange im voraus sind Aufträge dem Unternehmen bekannt?) und der mittleren Termineinhaltung (z. B. ständiger Terminverzug) ab. Zur Unterstützung können statistische Auswertungen von Vergangenheitsdaten herangezogen werden. Die Auswirkungen unterschiedlicher Klassenbildungen und deren Gewichtung auf die Ziele der Steuerung können mit Hilfe der Simulation ermittelt werden.

Die Gewichtung der ersten Klasse mit den relativ dringlichsten Arbeiten wird auf 1,0 normiert festgelegt, die übrigen Gewichte sind Steuerungsparameter der Kapazitätsplanung. Für Beispiel 7 wird im weiteren die Situation eines Unternehmens unterstellt, das ständig mit Terminverzug zu kämpfen hat. Eine Voruntersuchung zeigt, daß eine durchschnittliche Verspätung je Auftrag von 14 Tagen besteht. Deshalb arbeitet der Betrieb mit folgender Klasseneinteilung:

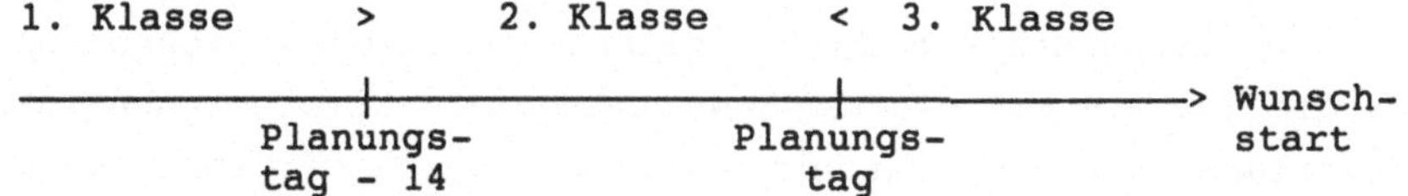

Abb. 10: Beispiel einer Einteilung in drei Dringlichkeitsklassen für Unternehmen mit ständigem Terminverzug

Die Gewichtungsparameter der drei Klassen werden für den ersten Planungslauf wie folgt festgelegt:

Klasse	Wunschstarttermin	Gewichtungsfaktor
1	mindestens 14 Tage vor Planungstag	1,0
2	höchstens 13 Tage vor Planungstag	0,5
3	ab Planungstag	0,1

Tab. 23: Dringlichkeitsklassen

Mit dieser Annahme ergeben sich folgende gewichtete Kapazitätsnachfragen der einzelnen Steuereinheiten in Beispiel 7:

Steuereinheit s	gewichtete Kapazitätsnachfrage GKN_{st}
1	$0,5 \cdot 10 + 0,1 \cdot 5 + 0,1 \cdot 20 = 7,5$
2	$0,1 \cdot 15 + 0,1 \cdot 10 + 0,1 \cdot 15 = 4,0$
3	$1,0 \cdot 11 \qquad\qquad\qquad\qquad = 11,0$
4	$0,1 \cdot 5 + 0,1 \cdot 5 + 0,1 \cdot 5 = 1,5$

Tab. 24: Gewichtete Kapazitätsnachfrage

Eine neue Zielsetzung für die Personaleinsatzplanung kann lauten, das Kapazitätsangebot der Steuereinheiten so zu gestalten, daß ein möglichst hoher Anteil der *gewichteten* Kapazitätsnachfrage befriedigt werden kann. Die Gewichtungsfaktoren lassen sich wie folgt interpretieren: Eine VZE besonders dringlicher Nachfrage (Gewichtung 1,0) wird nur dann nicht bearbeitet, falls durch eine Umsetzung mehr als 2 VZE dringlicher Nachfrage (Gewichtung 0,5) oder mehr als 10 VZE der übrigen Nachfrage (Gewicht 0,1) bearbeitet werden könnten.

Wie sieht ein Ansatz aus, der dieser neuen Zielsetzung gerecht wird? Ein klassischer Ansatz der Linearen Programmierung scheitert daran, daß ein strenges Einhalten einer Nebenbedingung der Form "zugeteilte Kapazität der Steuereinheit <= (gewichtete) Kapazitätsnachfrage der Steuereinheit" nicht unbedingt wünschenswert ist, da ein geringfügiges Überschreiten einer (mehrerer) Restriktion(en) erfolgreicher sein kann als ein Einhalten aller Restriktionen.[6]

Deshalb wird in dieser Arbeit ein heuristisches Vorgehen präferiert. Ausgangspunkt der Überlegungen ist das folgende Tableau:

---

[6] Dabei wird noch vom Problem der scheinbaren Unlösbarkeit der Aufgabenstellung in Fällen abstrahiert, in denen keine Zuteilung existiert, die alle Restriktionen gleichzeitig beachtet, z.B. in Fällen starker Unterauslastung.

m	erwartete Leistung in Steuereinheit s =				Anwesenheitszeit A_{mt}
	1	2	3	4	
M1	7	3,5	7	–	7
M2	–	4^*	6	–	6
M3	4	2	2	$1,5^*$	8
M4	–	4^*	3,5	$1,5^*$	7
GKN_{st}	7,5	4,0	11,0	1,5	
KN_{st}	35,0	40,0	11,0	15,0	

Tab. 25: Ausgangssituation der Zuordnung

Das Tableau enthält die erwarteten Vorgabezeitleistungen der einzelnen Mitarbeiter, die sich als Minimum aus der Normalleistung in der betreffenden Steuereinheit ($A_{mt} \cdot e_{ms}$) und der gewichteten Kapazitätsnachfrage (GKN_{st}) ergeben.[7]

Eine denkbare Zuordnungsregel lautet:

(1) Ordne die Mitarbeiter denjenigen Steuereinheiten zu, in denen sie möglichst viele VZE der gewichteten Kapazitätsnachfrage abarbeiten. Bei Gleichheit bevorzuge diejenige Steuereinheit mit der größeren gewichteten Kapazitätsnachfrage.

Diese Regel führt hier sofort zum Optimum mit 19 + 1,6 VZE (M1->3 , M2->3, M3->1, M4->2).[8] Gegenüber dem Maximum bei Berücksichtigung der gesamten Kapazitätsnachfrage - 24 VZE - fehlen 3,4 VZE, von denen 2 VZE in Steuereinheit 3 verloren gehen, weil dort nur 11 VZE nachgefragt, aber 13 VZE bereit-

---

[7] Ist die Normalleistung der Mitarbeiter größer als die gewichtete Nachfrage, wird dies im Tableau mit einem Stern gekennzeichnet.

[8] Über die 19 VZE gewichtete Kapazitätsnachfrage hinaus stehen weitere 1,6 VZE in Steuereinheit 4 zur Verfügung, weil Mitarbeiter 2 dort insgesamt 5,6 VZE planmäßig erbringt.

gestellt werden, und weitere 1,4 VZE, weil Mitarbeiter 4 nur auf seinem zweiteffizientesten Arbeitsplatz eingesetzt wird.

Probleme können mit dieser Zuordnungsregel entstehen, weil sie nicht berücksichtigt, daß sich mit der Zuteilung eines Mitarbeiters die restliche, nicht erledigte (gewichtete) Kapazitätsnachfrage verringert. Sie bevorzugt einseitig den aktuellen Kapazitätsengpaß. Eine Veränderung der Zuordnungsregel (1) kann diesen Mangel beseitigen:

(2) Ordne die Mitarbeiter denjenigen Steuereinheiten zu, in denen sie möglichst viele VZE der *durch bisherige Personalzuweisungen nicht erledigten* gewichteten Kapazitätsnachfrage abarbeiten. Bei Gleichheit bevorzuge diejenige Steuereinheit mit der größeren *durch bisherige Personalzuweisungen nicht erledigten* gewichteten Kapazitätsnachfrage.

Der Sukzessiv-Entscheidungscharakter der Regel (2) schafft jedoch ein neues Problem, nämlich eine möglichst günstige Reihenfolge zu finden, in der die Mitarbeiter zugeordnet werden. Die Reihenfolgewirkung zeigt ein Vergleich der Ergebnisse, wenn einmal in aufsteigender Mitarbeiternumerierung und einmal in absteigender Folge zugeordnet wird. In aufsteigender Folge ergibt sich:

Zuordnung	VZE	gewichtete, unbefriedigte Kapazitätsnachfrage in Steuereinheit s =			
		1	2	3	4
		7,5	4	11	1,5
M1->3	7	7,5	4	4	1,5
M2->2	6	7,5	0	4	1,5
M3->1	4	3,5	0	4	1,5
M4->3	3,5	3,5	0	0,5	1,5

Tab. 26: Zuordnung in aufsteigender Reihenfolge

Insgesamt ergibt sich in dieser Reihenfolge ein Kapazitätsangebot von 18,5 + 2 VZE. Das Ergebnis im umgekehrten Fall
lautet:

Zuordnung	VZE	gewichtete, unbefriedigte Kapazitätsnachfrage in Steuereinheit s =			
		1	2	3	4
		7,5	4	11	1,5
M4->2	5,6	7,5	0	11	1,5
M3->1	4	3,5	0	11	1,5
M2->3	6	3,5	0	5	1,5
M1->3	5	3,5	0	0	1,5

Tab. 27: Zuordnung in absteigender Reihenfolge

Es handelt sich um das aus Regel (1) bekannte Ergebnis mit
einem Kapazitätsangebot von 19 + 1,6 VZE.

Da die von einer Reihenfolgeregel ausgehenden Wirkungen im
allgemeinen nicht als besonders gewichtig einzuschätzen sind,
mag es genügen, einige (nicht alle) Reihenfolgezuordnungen in
ihrer Kapazitätswirkung vom Rechner vergleichen zu lassen.

Die Güte der Personaleinsatzplanung hängt sowohl von der Anwendung einer Zuordnungsmethode ab, die die gewichtete Kapazitätsnachfrage möglichst gut befriedigt, als auch von der
eingesetzten Gewichtungsfunktion.

Zusammenfassend können folgende Schritte in der zweiten Stufe der Retrograden Terminierung unterschieden werden:

1. Festlegen des Klasseneinteilungskriteriums (kritische Zeitspannen für die Differenz zwischen Planungstag und Wunschstartterminen),

2. Festlegen der Gewichtungsfaktoren der einzelnen Klassen,

3. Ableiten der ungewichteten und gewichteten Kapazitätsnachfrage je Steuereinheit,

4. Zuordnung der Mitarbeiter zu den Steuereinheiten, so daß ein möglichst großer Anteil der gewichteten Kapazitätsnachfrage als Kapazitätsangebot bereitgestellt werden kann,

5. Einplanen der wartenden Arbeitsoperationen bis zur Höhe des festgelegten Kapazitätsangebotes,

6. Einordnung der an diesem Tag erledigten Arbeitsoperationen in die Warteschlange nachfolgender Steuereinheiten.

Die Schritte 3 bis 6 werden solange tageweise durchgeführt, bis alle Arbeitsoperationen erledigt sind.

5423. Personaleinsatzplanung in der dritten Stufe der Retrograden Terminierung

Schwierigkeiten ergeben sich bei der Durchführung der dritten Stufe, weil ein bloßes Verschieben der Aufträge in Richtung ihrer Wunschtermine bei gleichzeitigem Beibehalten der Kapazitätsangebote der zweiten Stufe nicht mit den Zielen der

Steuerung harmoniert, wie an einem Beispiel verdeutlicht werden soll.

<u>Beispiel 8:</u>

■ Altbestand: entfällt

■ Arbeitsplan I:

```
┌──────────────┐           ┌──────────────┐
│  a: 1 /48    │───────────│  b: 2 /32    │
└──────────────┘           └──────────────┘
```

■ Aufträge:

Auftrag	Arbeitsplan	Liefertermin
A	I	7

■ Planungszeitpunkt: 1

■ Weitere Prämissen:
  - 1 VZE entspricht einer Stunde.
  - Die tägliche Arbeitszeit beträgt 8 Stunden.
  - Zwei Mitarbeiter mit gleicher Effizienz können in Steuereinheit 1 und 2 eingesetzt werden.

Die Durchführung der zweiten Stufe der Retrograden Terminierung bereitet keine Schwierigkeiten, weil die im Zeitablauf wechselnde Kapazitätsknappheit in Steuereinheit 1 bzw. 2 ausschließlich durch Auftrag A verursacht wird. An den Tagen 1 bis 3 werden beide Mitarbeiter in Steuereinheit 1 eingesetzt, so daß ein Kapazitätsangebot von jeweils 16 VZE besteht (insgesamt können somit die nachgefragten 48 VZE abgearbeitet werden). An den Tagen 4 und 5 wechselt der Arbeitsplatz zur Steuereinheit 2 mit gleichem Kapazitätsangebot von 16 VZE, so daß die benötigten 32 VZE zur Verfügung stehen.

Die dritte Stufe der Retrograden Terminierung versucht, die vorläufige Belegung der zweiten Stufe mit einer Endlagerzeit von 2 Tagen zu verbessern. Arbeitsgang b wird deshalb um 2

Tage in die Zukunft verschoben, gleichzeitig liegt damit die bisher nicht vorgenommene Zuordnung für beide Mitarbeiter an Tag 6 und 7 fest, nämlich Steuereinheit 2. Wird danach Arbeitsgang a um 2 Tage verschoben, so muß auch die bisherige Personalzuordnung an Tag 4 und 5 entsprechend geändert werden, da das Kapazitätsangebot nun nicht mehr in Steuereinheit 2 sondern in Steuereinheit 1 benötigt wird.

Die Erkenntnisse aus dem Beispiel lassen sich wie folgt zu einer allgemeinen Vorgehensweise der dritten Stufe ausbauen. Die Arbeitsgänge werden einzeln verschoben, und zwar in der Reihenfolge, die sich nach dem vorläufigen Startterminen der zweiten Stufe ergibt. Begonnen wird mit dem Arbeitsgang, der den spätesten Starttermin aufweist. Danach folgt der Auftrag mit dem zweitspätesten Starttermin usw. Es wird eine gemeinsame Reihenfolge aller Arbeitsoperationen gebildet, die unabhängig davon ist, in welcher Steuereinheit die Arbeiten zu erledigen sind.

Für den Arbeitsgang wird zunächst geprüft, welche Verschiebung in die Zukunft angestrebt wird. Für den letzten Arbeitsgang eines Auftrags wird dazu die Zeitspanne zwischen vorläufigem Endtermin und Liefertermin (abzüglich eventueller Sicherheitszuschläge) betrachtet. Eine Verschiebung ist nur sinnvoll, wenn die Fertigstellung nach der zweiten Stufe vor dem Liefertermin vorgesehen ist. Die angestrebte maximale Verschiebung kann festgehalten werden. Alle übrigen Arbeitsgänge können nur so weit in die Zukunft verschoben werden bis der Starttermin der dritten Stufe des laut Arbeitsplan folgenden Arbeitsganges erreicht ist. Durch die retrograde Vorgehensweise in der dritten Stufe liegen die endgültigen Starttermine aller nachfolgenden Arbeitsoperationen bereits fest. Ergebnis des ersten Schrittes ist in jedem Fall die gewünschte Rechtsverschiebung des Starttermines auf der Zeitachse.

Nächster Schritt ist die kapazitative Realisierungsprüfung, d. h., es wird ermittelt, um wie viele Zeiteinheiten (Tage) der vorläufige Termin der zweiten Stufe tatsächlich verschoben werden kann. Zuerst wird die gewünschte, maximale Verschiebung getestet. Verläuft die Prüfung nicht erfolgreich, wird schrittweise festgestellt, ob eine um eine Zeiteinheit (einen Tag) verminderte Verschiebung vorgenommen werden kann. Eventuell bleibt der bisherige Starttermin der zweiten Stufe bestehen. Die Prüfung ermittelt, in welcher Höhe bisher ungenutzte Kapazitäten an den einzelnen Werktagen den Steuereinheiten zur Verfügung gestellt werden können. Am Anfang der dritten Stufe werden hier die noch freien Kapazitäten jenseits des Planungshorizontes der zweiten Stufe (Tag 5 in Beispiel 8) zugeordnet. Der betroffenen Steuereinheit werden möglichst effiziente Mitarbeiter zugeordnet, bei Wahlmöglichkeiten (gleiche Effizienz) werden Spezialisten in der Zuordnung bevorzugt, weil die Fähigkeiten der universell einsetzbaren Mitarbeiter eventuell auch anderweitig genutzt werden können. Mit der Verschiebung eines Arbeitsganges entstehen zu früheren Zeitpunkten (in Beispiel 8 an Tag 4 und 5) ungenutzte Kapazitäten, die nun nicht mehr starr dieser Steuereinheit zugeordnet werden, sondern in einen "Kapazitätstopf" wandern, über den noch verfügt werden kann. Nach der Verschiebung von Arbeitsgang b entsteht an den Tagen 4 und 5 ein freies Kapazitätsangebot von 16 VZE. Arbeitsgang a kann nur deshalb verschoben werden, weil dieses Angebot auch in Steuereinheit 1 eingesetzt werden kann. Allgemein muß unbedingt beachtet werden, daß die freien Kapazitäten nur unter Berücksichtigung der verschiedenen Effizienzgrade der Mitarbeiter in den einzelnen Steuereinheiten eingesetzt werden können. Nachdem die von einer Verschiebung betroffenen Kapazitätseinheiten reserviert bzw. freigesetzt sind, werden die Überlegungen mit dem nächsten Arbeitsgang fortgeführt.

Die allgemeine Vorgehensweise ist bisher noch nicht in einen Algorithmus umgesetzt worden. Es muß noch geprüft werden, ob das hierarchische Vorgehen, das den zuerst verschobenen Arbeitsoperationen größere Freiheiten einräumt als den in der dritten Stufe zuletzt geplanten Arbeitsgängen, in der Lage ist, die Ziele der Steuerung geeignet zu beeinflussen. Möglicherweise ist es sinnvoller, eine simultane Realisierungsprüfung für mehrere Arbeitsgänge anzustreben, indem ausgehend vom spätesten Liefertermin aller vorliegenden Aufträge retrograd Tag für Tag eine Personaleinsatzplanung durchgeführt wird, die den Aufträgen, die dort wunschgemäß bearbeitet werden wollen, Kapazitäten zuteilt. Bei knappen Kapazitäten könnten diejenigen Arbeitsgänge vorrangig bedacht werden, deren Verschiebung eine größere Zahl von End- bzw. Zwischenlagertagen einspart.

543. Flexible Arbeitszeiten

Auch das Instrument "flexible Arbeitszeiten" kann zu einer flexiblen Kapazitätsplanung genutzt werden. Zunächst sollen die Rahmenbedingungen vorgestellt, anschließend die Integration in die Retrograde Terminierung diskutiert werden.

5431. Grundlegende Begriffe und tarifvertragliche Bestimmungen

Der formale Begriff **Arbeitszeit** ist in der Literatur nicht umstritten. "Die Arbeitszeit umfaßt das zeitliche Ausmaß, während dessen der Arbeitnehmer dem Unternehmen seine Arbeitskraft pro Tag, Woche, Monat bzw. Jahr vertraglich und gegen Entgelt zur Verfügung stellt."[9] Nach dieser Definition fallen Pausen - es wird kein Entgelt gezahlt bzw. die Arbeitskraft steht nicht zur Verfügung -, Urlaub und Krankheit nicht unter den Begriff Arbeitszeit. Van Deelen bemängelt die

---

[9] Reichwald, R. (1979), Sp. 175.

Eignung der Definition für Aufgaben der Arbeitszeitgestaltung, weil es nicht auf die *effektive* Arbeitszeit ankommt, die im Planungszeitpunkt unbekannt ist, sondern auf die *nominale* Arbeitszeit, die der Arbeitnehmer gemäß Tarif- und Betriebsvereinbarungen innerhalb eines Betrachtungszeitraumes abzuleisten hat.[10] Unter diesem Aspekt erscheint die Einbeziehung aller bezahlten Zeiten (Urlaub, Feiertag, Krankheit) sinnvoll, zumal auch die tarifvertraglich vereinbarten Wochenarbeitszeiten unproduktive Zeiten umfassen. Andererseits muß jedoch für Planungszwecke versucht werden, von diesen Zeiten auf die effektiven Arbeitszeiten in der Zukunft zu schließen.

Schwierigkeiten ergeben sich bei der Definition **flexibler Arbeitszeiten**, weil es sich hier zwar um einen verbreiteten, jedoch mit unterschiedlichen Inhalten ausgefüllten Begriff handelt.[11] In Anlehnung an van Deelen liegen flexible Arbeitszeiten vor, "wenn eine mehrmalige Festlegung von Dauer und/oder Lage der Arbeitszeit vorgenommen werden kann."[12] Demgegenüber zeichnen sich *starre* Arbeitszeiten dadurch aus, daß durch eine feste Vereinbarung sowohl Dauer als auch Lage der Arbeitszeit bestimmt sind.[13]

Die Diskussion um flexible Arbeitszeiten rückte Mitte der achtziger Jahre in den Blickpunkt des Interesses, als in den Tarifauseinandersetzungen der Metallindustrie zwei konträre Forderungen aufeinander prallten. Auf gewerkschaftlicher Seite wurde vehement die Einführung der 35-Stunden-Woche bei vollem Lohnausgleich gefordert. Die Arbeitgeber strebten flexible Arbeitszeitvereinbarungen an und sahen hierin eine Möglichkeit, Arbeitsplätze zu sichern. Die Suche nach einem Kom-

---

[10] Vgl. Deelen, H. v. (1987), S. 16 f.

[11] Vgl. Deelen, H. v. (1987), S. 20.

[12] Deelen, H. v. (1987), S. 23.

[13] Vgl. Deelen, H. v. (1987), S. 21.

promiß gestaltete sich sehr schwierig, unter anderem auch deshalb, weil die traditionelle Betriebswirtschaftslehre keine genauen Auskünfte darüber geben konnte, wie Maßnahmen zur Arbeitszeitflexibilisierung und -verkürzung auf die Kapazitäten wirken.[14] Erst in jüngster Zeit haben sich einige Autoren mit diesem Problemkreis befaßt.[15]

Ohne auf rechtliche Regelungen näher eingehen zu wollen,[16] sollen einige wesentliche Ergebnisse der Manteltarifvereinbarungen der Metallindustrie von 1984 und 1987 zusammengefaßt werden. Als Ausgleich für die stufenweise Absenkung der tariflichen wöchentlichen Arbeitszeit von 40 Stunden auf 37 Stunden (ab 1. April 1989) wurden zwei Flexibilisierungsinstrumente geschaffen:[17]

■ **Differenzierung** (Die durchschnittliche Wochenarbeitszeit eines vollzeitbeschäftigten Arbeitnehmers bzw. einer bestimmten Arbeitnehmer-Gruppe kann in einer festgelegten Bandbreite variiert werden. Ab dem 1. April 89 beträgt die Untergrenze 36,5 Stunden und die Obergrenze 39 Stunden.)

und

■ **Variierung** (Die individuelle Arbeitszeit kann ungleichmäßig - unter Beachtung von Ausgleichszeiträumen und von Ober- und Untergrenzen - auf einzelne Tage, Wochen und Monate verteilt werden.).

---

[14] Vgl. Günther, H. / Schneeweiß, Ch. (1988), S. 915.

[15] Vgl. Deelen, H. v. (1987); Günther, H. (1988); Günther, H. / Schneeweiß, Ch. (1988).

[16] Vgl. Haupt, R. / Hartung, I. (1988), S. 467 f.

[17] Vgl. Bittelmeyer, G. et al. (1987), S. 18 ff; Haupt, R. / Hartung, I. (1988), S. 468 f.

Untersuchungen in der Praxis zeigen, daß nicht alle Betriebe die neuen Möglichkeiten bewußt ausnutzen.[18] Vielfach wurde die Möglichkeit der **Bündelung** durchgeführt, d.h. der Betrieb arbeitet weiter mit einer regelmäßigen Wochenarbeitszeit von 40 Stunden und gewährt für die zuviel geleisteten Zeiten einen Ausgleich in Form von freien Tagen ("Brückentage"). Es gibt jedoch bereits Erfahrungsberichte über die Umsetzung der Arbeitszeitverkürzungen und über den Einsatz von Differenzierung und Variierung.[19] Eine Systematisierung verschiedener Arbeitszeitmodelle erarbeitet van Deelen.[20]

Auch künftige tarifpolitische Auseinandersetzungen müssen eine bestmögliche Abstimmung zwischen betrieblichen Erfordernissen und Arbeitnehmerbedürfnissen erreichen; die Interessen von Gewerkschaften, Unternehmen und Mitarbeitern sind weiterhin konträr.[21] Eine Kernforderung der Unternehmen beinhaltet eine Ausdehnung der Betriebszeiten. Bei der **Betriebszeit** handelt es sich um die nominellen Zeiten, "in denen der gesamte Betrieb bzw. einzelne Abteilungen oder Arbeitsplätze als Folge einer betrieblichen Entscheidung einer potentiellen Nutzung zur Verfügung stehen."[22] Bei einer starren Kopplung von Betriebszeit und Arbeitszeit führen sinkende Wochenarbeitszeiten offensichtlich auch zu verringerten Betriebszeiten. Dies hat einige wesentliche Nachteile:[23]

---

[18] Vgl. Haupt, R. / Hartung, I. (1988), S. 471 f.

[19] Vgl. Hegner, F. / Kramer, U. (1988); Knebel, H. / Zander, E. (1986), S. 57 ff. (BMW) und S. 70 ff. (Siemens).

[20] Vgl. Deelen, H. v. (1987), S. 27 ff.

[21] Vgl. die Stellungnahmen der einzelnen Interessengruppen in Knebel, H. / Zander, E. (1986).

[22] Deelen, H. v. (1987), S. 54 f.

[23] Vgl. Bittelmeyer, G. et al. (1987), S. 12.

- Verringerung der Ansprechzeiten durch Kunden,
- Verringerung der Nutzungszeit der Betriebsmittel und damit im allgemeinen eine geringere Produktivität,
- die Amortisationsdauer für Maschinen steigt,
- es ist häufige Mehrarbeit zu erhöhten Kosten (Überstundenzuschläge) erforderlich.

Eine Ausdehnung der Betriebszeiten auf eine 6-Tage-Woche käme vielen Unternehmen entgegen. Auch bei sinkenden Wochenarbeitszeiten lassen sich Schichtmodelle entwickeln, die eine Ausdehnung der Betriebszeiten ermöglichen.[24] Sollen z.B. in einer Abteilung zwei Arbeitsplätze in einer 6-Tage-Woche mit jeweils 9 Stunden besetzt werden, so lassen sich Pläne erstellen, nach denen sich drei Mitarbeiter mit einer Wochenarbeitszeit von 36 Stunden diese Arbeitsplätze teilen, und zwar so, daß die Arbeitnehmer nur an vier Tagen je Woche arbeiten. Dies erfordert jedoch die Bereitschaft, auch an zwei von drei Samstagen zu arbeiten. Die folgende Tabelle zeigt eine denkbare Realisierungsmöglichkeit.

	1. Woche						2. Woche						3. Woche					
	Mo	Di	Mi	Do	Fr	Sa	Mo	Di	Mi	Do	Fr	Sa	Mo	Di	Mi	Do	Fr	Sa
Arbeitnehmer A	9	9	9	9					9	9	9	9	9	9			9	9
Arbeitnehmer B		9	9	9	9		9	9			9	9	9	9	9	9		
Arbeitnehmer C	9	9			9	9	9	9	9	9					9	9	9	9

Tab. 28: Beispiel einer Arbeitszeitverteilung von 36 Wochenstunden auf 6 Arbeitstage

Ähnliche Job-Sharing-Effekte lassen sich auch über verschiedene Formen von Teilzeitarbeit erreichen.[25] Die Ausdehnung

---

[24] Vgl. Bittelmeyer, G. et al. (1987), S. 43 ff.; Priewe, J. (1988).

[25] Vgl. Bittelmeyer, G. et al. (1987), S. 22 ff.

der täglichen Betriebszeit ist über verschiedene Formen von Gleitzeitvereinbarungen möglich.[26]

Eine weitere Entkopplung von Betriebszeit und persönlicher Arbeitszeit wird von vielen Autoren in den nächsten Jahren erwartet.[27] Den Interessen der Arbeitnehmer, über ihre Freizeit möglichst umfassend selbst zu bestimmen, soll durch die Einführung sogenannter **Cafeteria-Systeme** entsprochen werden.[28] Das Unternehmen stellt eine für einen längeren Zeitraum angestrebte Kapazitätsverteilung auf (Rahmenplan). Die einzelnen Arbeitnehmer können sich aus diesem "Menü" nach Absprachen untereinander oder nach im Zeitablauf wechselnden Rangfolgen "bedienen", d.h. die Lage ihrer persönlichen Arbeitszeit im vorgegebenen Rahmen weitestgehend selbst bestimmen.

5432. Erweiterung des Modells der Retrograden Terminierung um die Planung flexibler Arbeitszeiten

Wenn Überlegungen zur Arbeitszeitflexibilisierung in die Produktionsplanung einbezogen werden sollen, müssen einige Fragen geklärt werden:

- ■ In welchen Fällen ist eine Flexibilisierung überhaupt sinnvoll?
- ■ Welche Form soll eingesetzt werden?
- ■ Welche Grenzen sind dabei zu beachten?
- ■ Wie sieht ein geeignetes Planungsmodell aus?
- ■ Wie werden die Interdependenzen zu anderen Problemen, insbesondere der Personaleinsatzplanung, abgebildet?

---

[26] Vgl. Bittelmeyer, G. et al. (1987), S. 30 ff.

[27] Vgl. Haupt, R. / Hartung, I. (1988), S. 473.

[28] Vgl. Haupt, R. / Hartung, I. (1988), S. 473.

Die folgenden Ausführungen werden Hinweise zur Beantwortung der Fragen geben. Insbesondere soll gezeigt werden, wie das bisherige Planungsmodell der Retrograden Terminierung erweitert werden kann, um auch den Aspekt flexibler Arbeitszeiten zu berücksichtigen. Das Modell soll es ermöglichen, einen mittelfristigen Rahmenplan zur Verteilung der Arbeitszeiten aufzustellen, der auf der einen Seite den betrieblichen Interessen genügt, auf der anderen Seite jedoch auch den Mitarbeitern die Freiheit einräumt, die Lage ihrer Arbeitszeiten nach Absprachen mit Kollegen teilweise selbst festzulegen.

Der Ansatzpunkt zu einer Planung flexibler Arbeitszeiten liegt im Vergleich des Kapazitätsangebotes mit der Kapazitätsnachfrage einer Steuereinheit. Auch wenn die Personaleinsatzplanung für einen gewissen Ausgleich der Nachfrageunterschiede in den einzelnen Steuereinheiten sorgen kann, gelingt es nur selten, gerade so viel Kapazität bereitzustellen, wie zur Bearbeitung der dringlichen Nachfrage erforderlich ist. Bereits vor der Terminierung kann festgestellt werden, ob ein Ausbau der Arbeitszeiten - dringliche Nachfrage kann nicht bearbeitet werden - oder ein Abbau - es liegen entweder gar keine oder nur nicht dringliche Arbeiten vor - anzustreben ist. Diese grundsätzliche Überlegung sollte gegebenenfalls mit Kostenüberlegungen gekoppelt werden, wenn eine Veränderung der Lage der Arbeitszeit nicht kostenneutral erfolgt.

Das Planungsmodell muß die im Tarifvertrag oder in der Betriebsvereinbarung festgelegte Form der Flexibilisierung und die darin enthaltenen Ober- und Untergrenzen beachten. In dieser Arbeit soll beispielhaft das Jahresarbeitskonzept verwendet werden.[29] Es geht von den folgenden Prämissen aus:

---

[29] Zu diesem Konzept vgl. Günther, H.-O. / Schneeweiß, Ch. (1988), S. 916.

1. Jeder Mitarbeiter verfügt über ein Arbeitszeitkonto, auf
   dem die in Bezug auf die Normalarbeitszeit - z.B. 37
   Wochenstunden - zu viel bzw. zu wenig geleisteten Stunden
   addiert werden.

2. Ein positiver Stand - Guthaben - berechtigt dazu, einen
   Freizeitausgleich für diese aufgelaufenen Überstunden zu
   nehmen. Ein negativer Stand verpflichtet dazu, die fehlenden Stunden nachzuholen.

3. Bezahlte Überstunden - ohne Veränderung des Arbeitszeitkontos - treten nicht auf. Es ist aber prinzipiell möglich, diese als zusätzliche Maßnahme in das Modell aufzunehmen, um einen noch größeren Anpassungsspielraum zu bekommen.

4. Der Stand des Arbeitszeitkontos eines jeden Mitarbeiters
   darf bestimmte Ober- und Untergrenzen am Ende eines Tages
   nicht über- bzw. unterschreiten.

5. Die tägliche Arbeitszeit kann nur innerhalb vorgegebener
   Grenzen variiert werden. Die Normalarbeitszeit darf z.B.
   nur um maximal zwei Stunden unter- bzw. überschritten werden.

Günther und Schneeweiß stellen ein LP-Modell vor, das auf dem
Jahresarbeitskonzept beruht.[30] Es erlaubt zwar eine mittel-
fristige Rahmenplanung, ist aber für Anwendungen im Umfeld
der Werkstattfertigung ungeeignet, weil es auf einem zu hohen
Abstraktions- und Aggregationsniveau arbeitet.

Eine Formulierung eines LP-Modells zur Planung flexibler Arbeitszeiten innerhalb der Retrograden Terminierung führt aus
ähnlichen Gründen wie im Fall der Personaleinsatzplanung zu

---

[30] Vgl. Günther, H.-O. / Schneeweiß, Ch. (1988);
Günther, H.-O. (1988).

einem nicht zufriedenstellenden Ergebnis.[31] Präferiert wird deshalb ein heuristischer Lösungsansatz, der davon ausgeht, daß die Personaleinsatzplanung zuvor durchgeführt wurde, falls nicht ohnehin eine starre Zuordnung der Mitarbeiter zu den Steuereinheiten vorliegt. Aufgrund der komplexen Beziehungen zwischen Personaleinsatzplanung und Arbeitszeitplanung wird also kein Simultanansatz, sondern ein Stufenkonzept verwirklicht.[32]

Ausgehend von den gegebenen Werten für die Kapazitätsnachfrage und das vorläufige Kapazitätsangebot arbeitet das Modell in mehreren Schritten:

Zuerst wird festgestellt, wie groß die Differenz zwischen dringlicher[33] Kapazitätsnachfrage und dem vorläufigen Kapazitätsangebot ist. Ein positiver Wert deutet daraufhin, daß eine Ausweitung der Arbeitszeit anzustreben ist, während ein negativer Wert auf eine möglichst zu realisierende Freistellung der zugeordneten Mitarbeiter hinweist. Es sind verschiedene andere Regeln möglich, um die Sollvorgabe für die weiteren Überlegungen - Veränderung des Kapazitätsangebots in Steuereinheit s am Tag t um DKA_{st} [VZE] - festzulegen. Beispielsweise könnte die gewichtete Kapazitätsnachfrage zur Differenzbildung herangezogen werden oder eine differenzierte Betrachtung für den Fall des Ausbaus oder des Abbaus der Kapazitäten erfolgen, indem aus Sicherheitsgründen ein Abbau nicht in gleicher Weise befürwortet wird wie ein Ausbau der Arbeitszeit.

---

[31] Vgl. dazu einen Modellansatz und die kritische Analyse bei Adam, D. (1989).

[32] Zu ähnlichen Grundideen des im folgenden skizzierten Modells vgl. Adam, D. (1989).

[33] Die Dringlichkeit eines Auftrages wird wie bisher als Differenz zwischen dem Wunschstarttermin in der Steuereinheit und dem Planungszeitpunkt gemessen.

Im zweiten Schritt wird festgestellt, um wie viele Vorgabezeiteinheiten das bisherige Kapazitätsangebot einer
Steuereinheit *maximal* in die gewünschte Richtung verändert
werden kann. Aufgrund der festgelegten Prämissen kann für
jeden Mitarbeiter bestimmt werden, um wie viele Zeiteinheiten
die Normalarbeitszeit ausgedehnt bzw. abgebaut werden kann,
ohne die Grenzen für die Veränderung der Tagesarbeitszeit und
für die Höhe des Arbeitszeitkontos zu verletzen. Diese
nominelle Zeitspanne wird in Vorgabezeiteinheiten umgerechnet
(Multiplikation mit dem Effizienzgrad der Mitarbeiter in der
betrachteten Steuereinheit) und über alle Mitarbeiter
summiert. Ergebnis des zweiten Schrittes ist der maximale
effektive Flexibilisierungsspielraum der Steuereinheit s am
Tag t - FS_{st} [VZE].

Dritter Schritt: Der Quotient von angestrebter Veränderung
DKA_{st} [VZE] und dem Flexibilisierungsspielraum FS_{st} [VZE]
gibt nunmehr an, in welchem Maße jede einzelne Zeiteinheit
zur Flexibilisierung herangezogen werden müßte, um einen Ausgleich von Kapazitätsangebot und -nachfrage im Sinne des
ersten Schrittes zu erreichen. Ein Wert, der größer als 1
ist, zeigt an, daß ein Ausgleich mit den bisherigen Instru-
menten nicht möglich ist. Dies könnte ein Hinweis für den
Disponenten sein, über weitere Sondermaßnahmen - z.B. Überstunden, Leiharbeiter im Ausbaufall - nachzudenken. Eine weitere Planungsaufgabe ist nur dann zu leisten, wenn der Quotient kleiner als 1 ist, d.h. der Flexibilisierungsspielraum
wird nur zum Teil genutzt. Theoretisch könnte nun mit Hilfe
eines Algorithmus, der sich an Lohnkosten, den bisherigen
Ständen der Arbeitszeitkonten und den Effizienzwerten orientiert, festgelegt werden, welcher Mitarbeiter wie lange zu
arbeiten hat.[34] Es darf jedoch bezweifelt werden, ob dieser
Weg praktisch realisierbar ist, weil die Arbeitnehmervertre-
ter einer derartigen Fremdbestimmung sicherlich nicht zustim-
men würden. Um den Rahmenplanungscharakter zu zeigen, genügt

---

[34] Diesen Weg beschreibt Adam, vgl. Adam, D. (1989).

es, die geplante Anzahl der Nominalstunden je Steuereinheit für die nächsten Tage auszuweisen. Es muß jedoch darauf geachtet werden, daß die Absprache unter den Mitarbeitern nur einen Tausch zwischen in etwa gleich effizienten ermöglicht. Diese Idee soll an einem Beispiel verdeutlicht werden.

Beispiel 9:

Einer Steuereinheit s sind für die nächsten 5 Tage sechs Mitarbeiter zugeteilt. Für die Mitarbeiter gelten folgende Daten:

Mitarbeiter m	Effizienzgrad e_{ms}	Arbeitszeitkonto
1	1,00	+ 20
2	1,00	+ 5
3	0,90	- 3
4	0,55	- 5
5	0,50	+ 2
6	0,45	+ 6

Weitere Prämissen sind, daß
- die tägliche Normalarbeitszeit 8 Stunden beträgt,
- zwischen 6 und 10 Stunden variiert werden kann und
- der Stand des Arbeitszeitkontos zwischen -10 und +25 Stunden liegen muß.

Weitere Prämisse: Der Vergleich von dringlicher Kapazitätsnachfrage und vorläufigem Kapazitätsangebot (nominal: $6 \cdot 8 = 48$ Stunden, effektiv: $8 + 8 + 7,2 + 2 + 1,6 + 1,2 = 28$ VStd je Tag) zeigt folgende gewünschte Veränderung des Kapazitätsangebotes:[35]

---

[35] Die Bestimmung der Tageswerte kann streng genommen nur so erfolgen, daß für jeden Tag zunächst geprüft wird, ob die angestrebte Flexibilisierung auch realisierbar ist, denn die Kapazitätsnachfrage am nächsten Tag und damit indirekt auch der Flexibilisierungsbedarf an diesem Tag hängen auch von der tatsächlich realisierten Kapazitätsveränderung ab. Somit impliziert die Angabe der Tabellenwerte für mehrere Tage, daß keine Realisierungsschwierigkeiten erwartet werden.

Tag t	DKA_{st} [VStd]
1	+ 3
2	+ 6
3	0
4	- 9
5	- 3

Tab. 29: Angestrebte Veränderung des Kapazitätsangebotes

Wie kann die angestrebte Ausweitung (Tag 1 und 2) bzw. Ein-
schränkung des Kapazitätsangebotes (Tag 4 und 5) so realisiert werden, daß sowohl die Interessen des Unternehmens als
auch der Mitarbeiter gewahrt bleiben? Ein Problem resultiert
daraus, daß für den Betrieb eine Arbeitsstunde von z.B. Mitarbeiter 1 und 6 aufgrund deutlich unterschiedlicher Effizienzgrade nicht gleichwertig ist, wohl aber von Mitarbeiter 1
und 2. Deshalb wird in dieser Arbeit vorgeschlagen, die Mitarbeiter mit ähnlichem Effizienzgrad zu einer Gruppe zusammenzufassen, in der untereinander geklärt werden kann, wie
eine für die Gruppe als Gesamtheit festgelegte Sollstunden-
zahl auf die einzelnen Mitglieder verteilt wird. Die Datensituation des Beispiels legt es nahe, die Mitarbeiter 1 bis 3
und 4 bis 6 zu jeweils einer Gruppe zusammenzufassen. Sollen
in einer Steuereinheit am Tag 1 insgesamt 3 Vorgabestunden
zusätzlich geleistet werden, so lautet eine denkbare Forderung, daß jede der beiden Gruppen zwei zusätzliche Stunden
bereitstellen muß. Diese Vorgabe berücksichtigt, daß die in
der zweiten Gruppe geleisteten Stunden effektiv nur etwa eine
Vorgabestunde ergeben. Andererseits findet ein sozialer Ausgleich statt, indem die Mehrbelastung gleichmäßig auf die
Gruppen verteilt wird.

Formelmäßig läßt sich die gleichmäßige Aufteilung auf die
einzelnen Gruppen allgemein wie folgt herleiten: Die insgesamt angestrebte Kapazitätsveränderung (DKA_{st}) wird durch die
Summe der Effizienzgrade aller Mitarbeiter geteilt und mit
der jeweiligen Gruppenstärke multipliziert. Wie das Ergebnis

innerhalb der Gruppe realisiert wird, bleibt dieser überlassen. Ein Hauptargument wird sicherlich der Stand des Arbeitszeitkontos sein, so daß in der Gruppenabsprache im Fall von Mehrarbeit ein Druck auf diejenigen Mitarbeiter ausgeübt wird, die einen geringen Stand - vielleicht sogar ein Defizit - haben. Im Fall von Freizeitausgleich werden die Mitarbeiter mit einem hohen Zeitkontostand verstärkt auf einen Abbau drängen. Die Vorgabewerte für die beiden Mitarbeitergruppen des Beispiels betragen nach diesen Überlegungen somit:

Tag t	Gruppenvor-gabe [Std]	Änderung [VZE]
1	24 + 2	+2 / +1
2	24 + 4	+4 / +2
3	24	
4	24 - 6	-6 / -3
5	24 - 4	-4 / -2

Tab. 30: Gruppenvorgabezeiten

Die normale Gruppenvorgabe von 24 Stunden (3 • 8 Stunden) wird an den ersten beiden Tagen erhöht, an den Tagen 4 und 5 verringert. Die letzten Spalten geben an, wie sich die Gruppenvorgabe effektiv in den beiden Gruppen ungefähr auswirkt, ungefähr deshalb, weil nicht klar ist, welche Mitarbeiter nicht 8 Stunden arbeiten. Werden beispielsweise in der zweiten Gruppe am ersten Tag die Mitarbeiter 4 und 5 mit jeweils einer Stunde zusätzlich eingesetzt, beträgt die Vorgabezeitleistung 1,05 (0,55 + 0,5) VStd, leistet Mitarbeiter 6 zwei Überstunden, sind es aber nur 0,9 VStd. Die geringfügigen Effizienzunterschiede innerhalb der Gruppe werden bewußt toleriert. Die angestrebten Flexibilisierungen können in den nächsten 5 Tagen erreicht werden, auch ohne zu wissen, wie die genaue Arbeitszeitabsprache innerhalb der Gruppe endet.

55. Kopplung der Retrograden Terminierung mit einem Materialwirtschaft-Baustein

Die bisherigen Überlegungen zur Retrograden Terminierung haben ausführlich gezeigt, wie die Hauptprobleme eines Zeitwirtschaft-Bausteins - die Kapazitäts- und Terminplanung - angegangen werden. Gleichzeitig wurden die Beziehungen zur Programmplanung - Bestimmung sinnvoller Liefertermine - und zur Produktionssteuerung - Vorgabe von Rahmenplänen als Eckdaten für die Steuereinheiten - deutlich. Zum Schluß dieses Kapitels sollen Möglichkeiten angerissen werden, auch die Interdependenzen zur Materialwirtschaft zu berücksichtigen, um den Ausbau zu einem vollen PPS-System einzuleiten. Es können nur einige Grundgedanken erläutert werden. Die komplexen Beziehungen werden in einer eigenen Dissertation am Institut für Industrie- und Krankenhausbetriebslehre behandelt.

Die Ergebnisse der Terminierung sind nur dann brauchbar, wenn alle für eine Arbeitsoperation in einer Steuereinheit benötigten Teile auch zu den geplanten Zeiten zur Verfügung stehen. Fragen der mengenmäßigen Bedarfsermittlung[1] können an dieser Stelle ausgeklammert werden, weil sie unabhängig vom verwendeten Terminplanungskonzept auftreten. Die Teile können grob in drei Gruppen eingeteilt werden:

1. Teile, die im Lager zum Planungszeitpunkt vorrätig und noch nicht für andere Aufträge reserviert sind,

2. Teile, für die ein frühester Beschaffungstermin bestimmt werden kann und

---

[1] Vgl. dazu auch Abschnitt 4112 und die dort aufgeführt Literatur.

3. Teile, die noch produziert werden müssen, und in Kapazitätskonkurrenz mit den Kundenaufträgen stehen.

Die erste Gruppe ist unproblematisch. Die Teile können für den betrachteten Auftrag reserviert werden. Sind die Teile knapp, z.B. weil die Nachfrage mehrerer Aufträge nicht gleichzeitig befriedigt werden kann, erfolgt die Zuteilung aufgrund einer Prioritätsregel, die sich im allgemeinen an der Dringlichkeit der Aufträge orientieren wird. Die nicht verfügbaren Teile sind der Kategorie 2 oder 3 zuzuschlagen.

In der zweiten Gruppe werden Teile geführt, die entweder fremdbezogen werden - hier muß durch eine geeignete Beschaffungsplanung der voraussichtliche Lieferzeitpunkt geschätzt werden - oder die in einer separaten Werkstatt eigengefertigt werden. In letzterem Fall muß in einer vorgeschalteten Planung der voraussichtliche Fertigstellungstermin bestimmt werden. Da die Bestimmung des Verfügbarkeitstermines im allgemeinen mit großen Unsicherheiten behaftet ist, sollten die im Zuge der rollierenden Planung immer aktueller werdenden Informationen für die Terminierung genutzt werden. Eine Verbindung zur Terminierung der Kundenaufträge kann über die Freigabezeitpunkte der Aufträge hergestellt werden. Der Disponent hat im bisher vorgestellten Modell die Möglichkeit, den frühesten Freigabezeitpunkt der ersten Arbeitsoperation eines Auftrages bzw. der einzelnen Teilzweige bei vernetzter Fertigung festzulegen.[2] Benötigen Arbeitsoperationen Teile, die erst zu einem bestimmten Zeitpunkt voraussichtlich verfügbar sind, können diese Informationen berücksichtigt werden, wenn früheste Freigabezeitpunkte festgesetzt werden.

Beispiel: Ein Auftrag muß drei Bearbeitungsstufen nacheinander durchlaufen und benötigt in der zweiten Stufe ein Teil, das erst zum Zeitpunkt t zur Verfügung steht. In der Terminplanung darf dann die zweite Stufe auch erst ab dem Zeit-

---

[2] Vgl. dazu Abschnitt 5331.

punkt t vorgesehen werden. Liegt der Wunschstarttermin der
zweiten Stufe vor dem Tag t, ist es sinnvoll, den Wunschstarttermin der ersten Stufe nach hinten zu verschieben. So
wird sichergestellt, daß der betrachtete Auftrag nicht
aufgrund seiner Dringlichkeit in Stufe 1 anderen ähnlich
dringenden Aufträgen vorgezogen wird, obwohl absehbar ist,
daß die Weiterverarbeitung in Stufe 2 frühestens zum Zeitpunkt t erfolgen kann.

Noch schwieriger gestaltet sich die Behandlung der dritten
Teilegruppe (Teile, die eigengefertigt werden, aber gemeinsame Kapazitäten beanspruchen), weil in diesem Fall die Ver-
fügbarkeitszeitpunkte durch die Terminplanung beeinflußt werden können. Eine denkbare Vorgehensweise wird im folgenden
dargestellt. Für die eigengefertigten Teile werden Werkstattaufträge gebildet, deren Liefertermin so festgelegt wird, daß
er mit dem Wunschstarttermin der bedarfsauslösenden Arbeitsoperation übereinstimmt. Eventuell können auch noch zusätzliche Puffertage abgezogen werden. Die Terminierung erfolgt danach wie üblich, allerdings wird zusätzlich vor der Einplanung einer Arbeitsoperation geprüft, ob eigengefertigte Teile
nach bisherigem Stand des Terminplanes auch zur Verfügung
stehen. Es entsteht somit eine dynamische Verfügbarkeitsprüfung. Iterativ können die Auswirkungen von veränderten Festlegungen der Liefertermine für die Teileanfertigungen festgestellt werden. Mit der Losgröße taucht in diesem Zusammenhang
noch ein weiterer Planungspunkt auf, der schwierig zu lösen
ist. Wichtige, auftragsspezifisch zu fertigende Teile fallen
nicht in diese dritte Gruppe, weil sie sinnvollerweise bereits im Gesamtarbeitsplan des Auftrages berücksichtigt werden.
Auch wenn obige Ausführungen noch einem praktischen Test unterzogen werden müssen, darf zusammenfassend festgehalten
werden, daß der Zeitwirtschaft-Baustein Retrograde Terminierung günstige Voraussetzungen besitzt, um die Interdependenzen zur Materialwirtschaft abzubilden, in die Planung einzubeziehen und zu einem realistischen Gesamtplan umzusetzen.

6. Personaleinsatz- und Terminplanung mit Hilfe der Retrograden Terminierung - ein Planungsmodell für die Werkstattfertigung

Die bisherige Darstellung der Retrograden Terminierung zeigte an vielen Stellen, daß es notwendig ist, die Simulation als Hilfsmittel der Planung einzusetzen. Im folgenden soll zunächst das Instrument Simulation in einem Überblick vorgestellt werden, anschließend wird die Anwendung in einer konkreten Simulationsstudie zur Retrograden Terminierung gezeigt. Insbesondere verdeutlicht diese Studie, welcher Einfluß von den Steuerungsparametern der Retrograden Terminierung auf die Zielerreichung in einer ausgewählten Datensituation ausgeht.

61. Die Simulation als Planungsinstrument

Die ständig steigende Notwendigkeit in vielen Forschungsgebieten - nicht nur in der Betriebswirtschaftslehre -, komplexe Zusammenhänge im Zeitablauf zu analysieren, hat zusammen mit der zunehmenden Leistungsfähigkeit moderner Datenverarbeitungsanlagen dazu geführt, daß Simulationen in vielen Einsatzgebieten angewendet werden. Die Simulation beinhaltet allgemein sowohl die Modellentwicklung für ein reales System (hier die Werkstatt eines Industriebetriebes) als auch die Durchführung von Experimenten mit dem Modell.[1] Damit können zwei Aufgaben verbunden sein, zum einen, das Verhalten des Systems zu studieren (z. B. beim Eintreffen von Störungen), zum andern, Strategien zu bewerten, die das Verhalten des Systems beeinflussen (z. B. Prioritätsregeln für die Bearbei-

---

[1] Zur Definition und Abgrenzung des Begriffs Simulation vgl. Witte, Th. (1973), S. 17 ff.

tungsreihenfolge an einer Bearbeitungsstation).[2] Diese Zweiteilung entspricht dem Charakter eines Simulationsmodells als Erklärungs- bzw. Entscheidungsmodell.[3]

Allgemein lassen sich folgende neun Phasen eines Simulationsprozesses unterscheiden:[4]

1. System-Definition:[5]

   Jedes System ist wiederum Untersystem von größeren Systemen. So ist beispielsweise die betrachtete Werkstatt Teil des gesamten Unternehmens und Teil eines Marktes für entsprechende Produkte. Es ist notwendig, das untersuchte System einzugrenzen, seine Beziehungen zu nicht betrachteten Bereichen zu analysieren und über Prämissen abzubilden. Ferner ist die Problemstellung herauszuarbeiten, unter der das System analysiert werden soll.

2. Modellbildung[6]

   Das im ersten Schritt definierte reale System ist in ein formales System zu überführen. Die Modellbildung ist im allgemeinen mit Schwierigkeiten verbunden. Es ist zumeist nicht möglich, ein genaues Abbild des realen Systems im Modell zu erhalten, so daß Vereinfachungen in der Darstellung nötig sind. Andererseits ist beim Streben nach einer großen Abbildungstreue des Modells zu beachten, daß we-

---

[2] Vgl. Shannon, R. E. (1975), S. 2.

[3] Vgl. Witte, Th. (1973), S. 29 ff.; Busse von Colbe, W. / Laßmann, G. (1983), S. 59; Adam, D. (1983), S. 128 f.

[4] Vgl. Shannon, R. E. (1975), S. 23.

[5] Vgl. Shannon, R. E. (1975), S. 26.

[6] Vgl. Witte, Th. (1973), S. 102 ff.; derselbe (1979), S. 17 ff.; Adam, D. / Witte, Th. (1975), S. 369 ff. und 419 ff.; Shannon, R. E. (1975), S. 14 ff.; Schnabl, H. (1985), S. 453 ff.; Schneeweiß, Ch. (1987), S. 83 ff.

sentliche Aspekte und Beziehungen nicht in unwesentlichen
Details untergehen. Die Abstraktion in der Modellbildung
muß letztlich danach beurteilt werden, ob die für die untersuchte Problemstellung relevanten Elemente und Beziehungen zwischen den Elementen hinreichend genau erfaßt
sind. Zur Verdeutlichung der Beziehungen zwischen den Elementen können Flußdiagramme herangezogen werden.

Simulationsmodelle bestehen in der Regel aus folgenden
Komponenten, für die Beispiele aus dem Anwendungsgebiet
Terminplanung bei Werkstattfertigung gegeben werden
sollen:

- Elemente (Maschinen, Mitarbeiter, Aufträge, Arbeitspläne),
- Variablen (Es müssen Inputvariablen - Liefertermine der
  Aufträge, Vorgabezeiten - und Outputvariablen - Auslastungsgrade, Lagerzeiten - unterschieden werden. Variablen, die vom Bediener eines Simulationsmodells vorgegeben werden können, heißen Parameter.),
- funktionale Beziehungen zwischen den Elementen des Modells und ihre Wirkung auf die Variablen,
- Restriktionen (maximale Leistung einer Maschine je
  Zeiteinheit),
- Zielfunktionen (z. B. durchschnittliche Liefertermineinhaltung, mittlere Kapazitätsauslastung).

3. Datenaufbereitung[7]

Art, Umfang und Form der benötigten Daten müssen festgestellt, vorhandene Daten auf ihre Gültigkeit geprüft werden. Da viele Einflußfaktoren stochastischer Natur sind,
muß festgelegt werden, ob diese durch empirische Daten
oder durch Werte theoretischer Wahrscheinlichkeitsvertei-

---

[7] Vgl. Shannon, R. E. (1975), S. 27 f.; Scheer, A.-W.
(1987a), S. 190 ff.; Stahlknecht, P. (1987), S. 158 ff.

lungen repräsentiert werden sollen. Werden nur empirische
Daten verwendet, ist es oft nicht möglich, das Verhältnis
zwischen Input- und Outputgrößen auf dem Wege von Sensiti-
vitätsanalysen zu studieren. In diesem Fall ist zu prüfen,
ob die Vergangenheitsdaten repräsentativ für die Zukunft
sind.

4. Erstellen eines Simulationsprogrammes auf dem Computer

Die aufgestellten formalen Modelle werden in ein Computer-
programm überführt. Vor der eigentlichen Codierung ist die
Frage zu klären, welche Programmiersprache benutzt wird.
Neben universell einsetzbaren, höheren Programmiersprachen
kommen auch speziell für Simulationszwecke entwickelte
Sprachen in Frage.[8]

5. Modell-Validierung:[9]

Ein Beweis für die Richtigkeit des aufgestellten Modells
ist im allgemeinen nicht möglich. Es muß jedoch geprüft
werden, ob die Beobachtungen im formalen System auch im
realen System auftreten. Die Arbeitsweise des Modells kann
durch Experten der untersuchten Problemstellung getestet
werden, die Prämissen können auf ihren Sinn und das Verhältnis zwischen Input- und Outputgrößen auf erklärbare
Zusammenhänge untersucht werden.

6. Planung des Simulationsexperimentes

Wird das Simulationsmodell als Entscheidungsmodell benutzt, muß überlegt werden, wie geeignete Parametereinstellungen gefunden werden können, um gegebene Ziele best-

---

[8] Zum Einsatz von Simulationssprachen vgl. Witte, Th.
(1986), S. 597 ff.; Schoop, E. (1987), S. 252 ff.

[9] Vgl. Schmidt, B. (1985), S. 20; Schnabl, H. (1985),
S. 453 ff.; Cochran, J. K. (1987), S. 233 ff.

möglich zu erreichen.[10] Ferner ist festzulegen, auf welche
Weise der Zusammenhang zwischen Parametern und Outputgrößen verdeutlicht werden soll (Auswertung). Weitere Probleme betreffen die Startbedingungen des Simulationsexperimentes[11] und die Anzahl der Simulationsläufe.

7. Durchführung des Simulationsexperimentes

8. Auswertung des Simulationsexperimentes[12]

Die Ergebnisse eines Simualtionslaufes müssen so verdichtet werden, daß der Benutzer aus ihnen Erkenntnisse gewinnen kann, d. h., er darf nicht mit einer Fülle von Einzel-
daten überfordert werden. Um Zusammenhänge zwischen Inputgrößen und Zielerreichungsgraden erkennen zu können, sollten die verdichteten Ergebnisse einzelner Simulationsläufe
wiederum durch Tabellen oder Graphiken zusammengefaßt
werden.

9. Implementierung und Dokumentation

Letzter Schritt sollte es sein, das Simulationsmodell Anwendern zugänglich zu machen. Diese können zumeist nur
dann einen Nutzen aus dem Modell ziehen, wenn ihnen die
zuvor geschilderten Schritte offengelegt werden und sie
aus der Dokumentation entnehmen können, ob in ihrem Fall
die gleichen Voraussetzungen erfüllt sind.

---

[10] Zu den Methoden vgl. Witte, Th. (1973), S. 209 ff.; Biethahn, J. (1978), S. 154 ff.

[11] Beispielsweise sind folgende Fragen zu beantworten: Welcher Zustand des Systems ist als Ausgangspunkt geeignet?
Welche Abhängigkeit der Ergebnisse besteht von diesem gewählten Startzustand? Gibt es eine Anlaufphase, die nicht
ausgewertet werden sollte?

[12] Vgl. Witte, Th. (1973), S. 167 ff.

Diese neun Phasen sind nicht als linearer Prozeß anzusehen, der nur einmal durchlaufen wird, sondern als ein Prozeß, der wesentlich von den Rückkopplungen zwischen den Phasen beeinfluß ist. Beispiele:

■ In der Modellbildung werden Daten unterstellt, die nicht beschafft werden können. Die Modellbildung muß korrigiert werden.

■ Die Modellvalidierung ergibt, daß das erstellte Computerprogramm das reale System nicht richtig beschreibt. Auch hier sind Korrekturen an der Modellbildung erforderlich.

■ Die Interpretation der Simulationsergebnisse läßt keinen Zusammenhang zwischen Input- und Outputgrößen erkennen, so daß untersucht werden muß, welche Phase gegebenenfalls zu verändern ist.

62. Eine Simulationsstudie zur Retrograden Terminierung

Die im vorigen Abschnitt angesprochenen Phasen eines Simulationsprozesses werden im folgenden auf die Retrograde Terminierung angewendet. Es wird gezeigt, wie ein Entscheidungsmodell aufgebaut ist, mit dessen Hilfe die Personaleinsatz- und Terminplanung in einer Werkstatt vorgenommen werden kann.

621. System-Definition und Modellbildung

Mit dem im folgenden entwickelten Modell werden zugleich mehrere Aufgaben gelöst:

1. Der Planungsalgorithmus der Retrograden Terminierung wird in einem realen Anwendungsfall getestet.

2. Das Modell ermöglicht einen Vergleich mit anderen Steuerungsverfahren oder empirischen Ergebnissen.

3. Es ist ohne große Änderungen implementierbar und kann für Planungsaufgaben genutzt werden.

Wie bereits in der Arbeit aufgeführt wurde, konnte für die Simulationsstudie ein Unternehmen gewonnen werden, das benötigte Daten zur Verfügung gestellt hat und die Bereitschaft bekundet hat, als Pilot-Anwender zu fungieren. Als realer Anwendungsfall wird die Situation in der Werkstatt dieses Unternehmens im Jahr 1986 vorgestellt. Da es aufwendig ist, andere Steuerungsverfahren (z. B. die belastungsorientierte Auftragsfreigabe) auf spezielle Belange des Unternehmens einzustellen (insbesondere auf die personalorientierten Kapazitäten), wird auf einen Verfahrensvergleich verzichtet. Die prinzipielle Möglichkeit eines Vergleiches wird im Modell jedoch berücksichtigt, so daß spätere Untersuchungen darauf gegebenenfalls zurückgreifen können. Die tatsächlichen Zielerreichungsgrade im Jahr 1986, wie sie aus den vorliegenden Daten abgeleitet werden können, dienen als Vergleichswerte. Damit das Modell im täglichen Einsatz in der Werkstatt bestehen kann, ist es notwendig, entweder Aufgaben der Datenverwaltung (ansehen, ändern, auflisten, drucken) zu integrieren oder auf bereits vorhandene Software auszuweichen. Für das Pilot-Unternehmen wurden diese Service-Funktionen neu entwickelt. Somit lassen sich drei Blöcke im Gesamtmodell unterscheiden:

1. Datenverwaltung   (verfahrensunabhänig),
2. Planungsaufgaben   (verfahrensabhängig),
3. Ergebnisauswertung (weitgehend verfahrensunabhängig)[1].

Die Werkstatt als reales System wird in ein Modell überführt, dessen wesentliche Elemente Aufträge, (Rahmen-) Arbeitspläne, Steuereinheiten und Mitarbeiter sind.

Steuereinheiten sind über eine Kenn-Nummer oder einen Namen identifizierbar. Als Restriktion für die Personaleinsatzplanung wird die maximale Anzahl parallel zu besetzender Arbeitsplätze benötigt.

Arbeitspläne kennzeichnen die prinzipielle Abfolge einzelner Arbeitsgänge (zeitlich nacheinander, zeitlich parallel) und die zwischen ihnen gegebenenfalls bestehenden Mindestübergangszeiten. Diese Beziehungen werden durch eine Vorrang-Matrix bzw. Mindestübergangszeitenmatrix wiedergegeben.[2] Jedem

---

[1] Um Steuerungsparameter des betrachteten Verfahrens vom Disponenten geeignet einstellen zu können, ist es in vielen Fällen sinnvoll, spezielle Auswertungen vorzunehmen, die für andere Verfahren ohne Bedeutung sind.

[2] Zur Verwaltung von Arbeitsplandaten in PPS-Systemen vgl. Busch, U. (1987), S. 105 f.; Grupp, B. (1985), S. 181 ff.; Zäpfel, G. (1982), S. 79 ff.

Arbeitsgang ist darüber hinaus genau eine Steuereinheit zugeordnet, in der die Arbeiten erledigt werden.

Aufträge und Auftragsanfragen liegen als Datei vor. Der Zugriff auf einzelne Elemente erfolgt über eine eindeutig definierte Auftragsnummer. Folgende Variablen werden als Eingabedaten je Auftrag vorausgesetzt: Prioritätsklasse, Nummer des zugehörigen Arbeitsplanes, frühester Auftragsstarttag (diese Variable wird im folgenden noch erläutert), vereinbarter bzw. gewünschter Liefertag sowie die Vorgabezeiten für die einzelnen Arbeitsgänge. Die Vorgabezeiten beziehen sich auf einen erfahrenen Mitarbeiter. Entweder durch die Simulation oder durch den tatsächlichen Arbeitsfortschritt werden folgende Outputvariablen gefüllt: Wunschstarttermin, Ist-Arbeitszeit, Produktionsbeginn und -ende je Arbeitsgang.

Ein Bereich des realen Systems, der in der Modellbildung bisher ausgeklammert wird, ist die Materialwirtschaft. Der Einfluß fehlenden Materials auf die Produktion wird durch eine Variable abgebildet, den frühesten Materialbereitstellungstermin für einen Auftrag (bzw. Bereitstellungstermine für die einzelnen Arbeitsgänge). Da auch weitere Gründe vorliegen können, warum ein Auftrag erst ab einem bestimmten Zeitpunkt gestartet werden kann (z. B. Erstellen von Konstruktionsunterlagen, Einholen von Genehmigungen für Schaltpläne), faßt der früheste Auftragsstarttermin diese Restriktionen in einer einzigen Variablen zusammen. Bestehen keine Einschränkungen für den Beginn eines Auftrages, wird der früheste Starttermin auf den Bestelltag festgelegt. Die Analyse einer bereits vergangenen Periode kann von gegebenen frühesten Startterminen ausgehen. Real herrscht beim Disponenten jedoch zumeist große Unsicherheit über diese Zeitpunkte vor. Durch den rollierenden Planungsmodus der Retrograden Terminierung nimmt die Bedeutung der Unsicherheit für kurzfristige Entscheidungen stark ab.

Mitarbeiter werden durch folgende Variablen beschrieben:
- Kenn-Nummer, Name, einsetzbar von / bis,[3] Stamm-Steuer-
  einheit,
- Effizienzwerte für alle Steuereinheiten,
- Stand des Arbeitszeitkontos,[4]
- voraussichtliche Anwesenheitszeit für die Tage bis zum
  Planungshorizont.

Zur vereinfachten Ermittlung, ob an einem Tag alle Mitarbeiter abwesend sind, wird ein Betriebskalender geführt, aus dem
ersichtlich ist, ob ein Tag ein Werktag ist.

622. Datenaufbereitung

Zur Erhebung des Ist-Zustandes 1986 wurden Abrechnungsunter-
lagen mit der Datenstruktur

   Tag / Mitarbeiter / Kostenstelle / Auftrag / Zeit

ausgewertet. In einer ersten Phase mußten offensichtliche
Fehler, die vom bisherigen Erfassungsprogramm nicht entdeckt
wurden, beseitigt werden. Der korrigierte Datenbestand erlaubt eine vollständige Erklärung aller produktiven und un-
produktiven Zeiten der Mitarbeiter für das Jahr 1986.

Mit dem Simulationsmodell werden nur die eigentlichen Kundenaufträge geplant, weil im nachhinein nicht zu bewerten ist,
ob andere Aktivitäten (Wartung, Kundendienst, Reparaturen,
Produktion von Kleinteilen) eine terminliche Verschiebung erlaubt hätten oder nicht. Als Prämisse wird deshalb festge-

---

[3] Das Modell berücksichtigt also einen im Zeitablauf schwankenden Mitarbeiterstamm.

[4] Diese Information wird nur für den Fall flexibler Arbeitszeiten benötigt.

setzt, daß alle derartigen Tätigkeiten an denselben Tagen und von denselben Mitarbeitern wie in der Realität ausgeführt werden. Aus den Daten läßt sich damit ableiten, wie lange jeder Mitarbeiter an den einzelnen Tagen ausschließlich für Arbeitsoperationen an Kundenaufträgen zur Verfügung gestanden hat. Real angefallenene Überstunden sind in diesen Zeiten enthalten.

Ein Vergleich zwischen Modell und Realität läßt folgende Bewertung für den starren Datenansatz des Kapazitätsangebotes zu. Das Modell ist gegenüber der tatsächlichen Planungssituation benachteiligt, weil verschiebbare sonstige Tätigkeiten und Überstunden starr im Zeitablauf verankert sind. Ein Vorteil des Modells gegenüber der Realität liegt darin, daß die Höhe der verplanbaren Anwesenheitsstunden im Zeitablauf zum jeweiligen Planungszeitpunkt exakt bekannt ist. Dieser Vorteil darf nicht überbewertet werden, weil auch real kurzfristig eine große Sicherheit über die verplanbaren Mitarbeiterstunden besteht, und Schätzfehler bei langfristigen Daten nur einen vergleichsweise geringen Einfluß auf den Ablauf zwischen dem aktuellen und dem darauf folgenden Planungszeitpunkt besitzen (rollierende Planung). Allerdings können große Schätzfehler starke Auswirkungen auf die Lieferterminbestimmung von Auftragsanfragen haben. Dieses Problem ist jedoch nicht spezifisch für die Retrograde Terminierung, sondern trifft auf alle Steuerungsverfahren gleichermaßen zu.

Neben der Bestimmung des Kapazitätsangebotes der Mitarbeiter ist zu klären, von welchen Sollgrößen (Arbeitsplänen, Vorgabezeiten) die Planung ausgehen kann. Aus dem Ist-Zustand lassen sich für alle Aufträge Gantt-Diagramme für den tatsächlichen Durchlauf der Steuereinheiten ableiten. Er entspricht für alle Aufträge im wesentlichen dem folgenden Arbeitsplan:

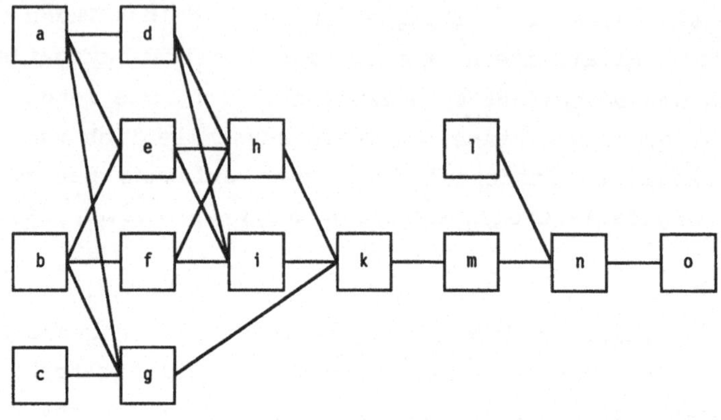

Abb. 11: Rahmenarbeitsplan im Pilot-Unternehmen

Allerdings wurden für einige Aufträge Teile der Arbeiten in den Steuereinheiten abweichend von dieser Reihenfolge vorproduziert (insbesondere für angekündigte Eilaufträge) oder später wieder aufgenommen (Nacharbeiten an fehlerhaften Teilen). Der idealisierte Ablauf des Arbeitsplanes wurde nur von wenigen Aufträgen eingehalten. Der Arbeitsplan stellt eine Zusammenfassung mehrerer auftragstypenspezifischer Arbeitspläne dar, indem im prinzipiellen Durchlauf Arbeitsgänge ausgewiesen werden, die nicht von allen Aufträgen benötigt werden. Das Simulationsmodell kommt mit einem Arbeitsplan aus, einige Arbeitsgänge werden gegebenenfalls übersprungen (Passing), indem eine Vorgabezeit von 0 angesetzt wird. Das starre Festhalten an diesem Arbeitsplan führt im Modell insbesondere bei Eilaufträgen tendenziell zu einer Durchlaufzeitverlängerung, weil Arbeiten, die in der Realität zeitlich parallel erfolgten (Vorarbeiten) im Modell nur zeitlich nacheinander abgewickelt werden können. Mindestübergangszeiten liegen nicht vor. Es gilt jedoch weiter die Prämisse, daß Nachfolger von Arbeitsoperationen, die innerhalb einer Zeiteinheit (hier also an einem Tag) beendet werden, frühestens zu Beginn der nächsten vollen Zeiteinheit gestartet werden können.

Die Vorgabezeiten der Aufträge wurden real nicht vergeben, müssen für das Simulationsmodell somit im Nachhinein festgelegt werden. Vereinfachend werden alle Istzeiten eines Auftrages in einer Steuereinheit mit der Effizienz der Mitarbeiter in dieser Kostenstelle[5] multipliziert und aufaddiert. Die Vorgabezeit eines Arbeitsganges entspricht somit der Zeit, die ein erfahrener Mitarbeiter (Effizienzgrad 1) insgesamt für alle Tätigkeiten in der entsprechenden Steuereinheit benötigt.

Ein letzter Punkt innerhalb der Datenaufbereitung betrifft den Einfluß des gewählten Zeitausschnittes auf das Modell. Die Startbedingungen der Simulation ergeben sich unmittelbar aus der Ist-Situation im Januar 1986. Bereits 1985 angefangene Aufträge werden nur mit ihrem noch nicht erledigten Anteil der Vorgabezeiten berücksichtigt. Der Liefertermin einiger Aufträge, an denen am Ende des Jahres 1986 gearbeitet wurde, liegt im Jahr 1987. Von diesen wurden zumeist nur einzelne Arbeitsgänge, selten ganze Aufträge abgeschlossen. Um einen Vergleich mit der Ist-Situation durchzuführen, wurde folgende Vorgehensweise gewählt: Die real halbfertigen Aufträge werden im Modell als normale Aufträge behandelt, die zum 19.12.86 (letzter Arbeitstag im Jahr) fertiggestellt werden müssen. Die Vorgabezeiten umfassen nur den real bereits 1986 abgewickelten Anteil des Gesamtauftrages.

Diese Datenveränderung hat einige Konsequenzen für die Interpretation der nachfolgenden Simulationsergebnisse:

---

[5] Die Effizienzwerte beruhen auf Schätzungen des Werkstattmeisters. Sie wurden überprüft, indem Tabellen erstellt wurden, die angeben, wie lange die Mitarbeiter in den einzelnen Steuereinheiten im Jahr 1986 eingesetzt wurden. So konnte festgestellt werden, ob lange Einsatzzeiten mit hohen Effizienzwerten korrelieren.

1. Die veränderten Aufträge wurden im Ist-Zustand per Definition des Liefertermines pünktlich fertig. Es wird im Modell nicht bewertet, welcher Einfluß von den Terminen bereits abgeschlossener Arbeitsgänge auf die Zielerreichung im Jahr 1987 ausgeht.

2. Die Simulation kann maximal die gleiche Anzahl von abgearbeiteten Vorgabestunden erreichen wie die Realität. Ein zusätzliches Leistungspotential ergibt sich aus einem eventuell vorhandenen, nicht ausgeschöpften Kapazitätsangebot.

3. Da durch die eingeführte Liefertermin-Definition alle Aufträge im Jahr 1986 abgewickelt werden sollen, macht es für die Simulation keinen Sinn, Arbeiten in das Jahr 1987 zu verlagern.

Zusammenfassend läßt sich feststellen, daß die Prämissen, die in der Aufbereitung aller Daten der Simulationsstudie stecken, häufig real vorhandene Planungsspielräume blockieren. Die später aufgeführten Simulationsergebnisse stellen deshalb eine vorsichtige Bewertung des Verbesserungspotentials gegenüber der tatsächlich erfolgten Handsteuerung dar.

Zum Abschluß dieses Unterabschnittes wird ein Überblick über die Struktur der vorliegenden Auftragsdaten gegeben. Der Umfang der Vorgabezeiten je Auftrag (Summenwert über die einzelnen Arbeitsgänge) ist sehr unterschiedlich und kann der folgenden Tabelle entnommen werden.

Klasse	Vorgabe-zeiten [VStd]	Anzahl Auf-träge	Anteil an Zahl der Aufträge		Anteil am Jahresarbeits-volumen	
			%	Σ %	%	Σ %
1	1908	1	0,5	0,5	6,9	6,9
2	706	1	0,5	0,9	2,5	9,4
3	655 - 670	2	0,9	1,9	4,8	14,2
4	524	1	0,5	2,3	1,9	16,1
5	422	1	0,5	2,8	1,5	17,6
6	300 - 399	8	3,7	6,5	10,1	27,7
7	200 - 299	14	6,5	13,0	12,0	39,7
8	100 - 199	65	30,1	43,1	33,0	72,7
9	bis 99	123	56,9	100,0	27,3	100,0

Tab. 31: Auftragsstruktur im Pilot-Unternehmen (1986)

Die Aufträge sind in Abhängigkeit von ihrem Arbeitsinhalt in neun Klassen eingeteilt. Die Klassen 1 bis 5 umfassen jeweils nur einen bzw. zwei Vertreter. Der größte Auftrag (Anlagenbau) hat ein Volumen von 1.908 Vorgabestunden und ist damit deutlich größer als alle übrigen Kommissionen. Er macht fast 7 % der Jahreskapazitätsbelastung aus. Die 28 größten Aufträge (Klasse 1 bis 7) entsprechen zwar nur einem Anteil von etwa 13 % der insgesamt 1986 abgewickelten Kommissionen (216), ihr Anteil am Jahresarbeitsvolumen liegt aber bei fast 40 %. Die Auftragsstruktur im Pilot-Unternehmen ist mithin nicht homogen. Die Beurteilung von Zielerreichungsgraden muß das unterschiedliche Gewicht der Aufträge berücksichtigen. Dies wird bei den später vorgestellten Simulationsergebnissen deutlich.

623. Programmerstellung

Für die Codierung wurde die Programmiersprache Turbo Pascal ausgewählt. Dafür waren mehrere Gründe ausschlaggebend:

- Simulationssprachen waren am Institut nicht verfügbar. Aus den Literaturüberblicken wurde nicht deutlich, ob diese

Sprachen prinzipiell geeignet sind, auch große Datenmengen unterschiedlicher Art verwalten zu können.

- Turbo Pascal ist als höhere Programmiersprache für die Software-Entwicklung auf Personal-Computern weit verbreitet, arbeitet sehr schnell und erlaubt eine modulare Programmerstellung (Unit-Konzept).

- Turbo Pascal stellt viele Hilfsmittel bereit, um Graphiken relativ einfach am Bildschirm ausgeben zu können.

Das Programm umfaßt in der jetzigen Version einen Quellcode von fast 14000 Zeilen, so daß im Rahmen dieser Arbeit nicht auf Programm-Details eingegangen werden kann. In einem Überblick soll lediglich gezeigt werden, welche der im Kapitel 5 beschriebenen Vorgehensweisen im Programm realisiert sind. Fragen der Datenverwaltung inclusive der BDE-Funktionen für den Einsatz des Verfahrens werden nicht behandelt, weil diese Punkte zwar die Effizienz (insbesondere Schnelligkeit) des Programms beeinflussen, nicht jedoch die Ergebnisse der Planungsalgorithmen.

Die Ausführungen in Kapitel 5 zeigen, daß die Retrograde Terminierung in verschiedenen Kapazitätssituationen einsetzbar ist. Drei Fälle lassen sich im Programm unterscheiden:

1. Das Kapazitätsangebot der Steuereinheiten ist nicht beeinflußbar und im Zeitablauf vorgegeben.
2. Das Angebot ist durch eine Personaleinsatzplanung beeinflußbar, flexible Arbeitszeiten sind nicht zulässig.
3. Das Kapazitätsangebot ist personalorientiert und kann auch durch den Einsatz flexibler Arbeitszeiten an den Bedarf angepaßt werden.

In der hier untersuchten Studie liegt Fall 2 vor. Ergebnisse
in den beiden anderen Fällen können der Literatur entnommen
werden.[6]

In der ersten Stufe der Retrograden Terminierung - Wunschterminierung - besteht die einzige Einflußmöglichkeit des Disponenten darin, die mittlere Höhe der Kapazitäten vorzugeben.
Für die Simulationsstudie wurden diese als mittlere Kapazitätsnachfrage je Steuereinheit und Werktag im Jahre 1986 ermittelt. In der Realität ist bei flexiblen Kapazitäten ein
iterativer Suchprozeß nötig, um das mittlere Kapazitätsangebot einer Steuerheit (Dateninput für die Wunschterminierung)
als Reaktion auf die aktuell vorliegende Nachfrage zu bestimmen. Die Vorgabewerte der Kapazitäten werden dabei nach einem
Simulationslauf mit den erreichten mittleren Kapazitätsangeboten verglichen. Bei nicht flexiblen Kapazitäten können
mittlere Vergangenheitswerte benutzt werden.

Die Ermittlung des Wunschstarttermines erfolgt so, daß
zunächst die Vorgabezeit eines Arbeitsganges in Tage umgerechnet wird.[7] Bei diesem Schritt entsteht die Abhängigkeit
der Planungsergebnisse von den vorgegebenen Kapazitäten. Anschließend wird bestimmt, welcher Tag als Starttermin genau
die geforderte Differenz von Werktagen bis zum zulässigen
Endtermin (Liefertermin bzw. Starttermin des nachfolgenden
Arbeitsganges) aufweist. Arbeitsfreie Tage laut Betriebskalender werden in der Wunschterminierung somit nicht belastet.

Das Ergebnis der Wunschterminierung kann je Steuereinheit als
Belastungsprofil studiert werden. Das folgende Beispiel zeigt

---

[6] Zum Fall 1 vgl. Adam, D. (1987a) sowie (1987b) und zum
   Fall 3 vgl. Adam, D. (1989). Diese Ergebnisse beruhen allerdings auf älteren Programmversionen.

[7] Jeder angefangene Tag wird auf die nächste volle Tageszahl
   aufgerundet.

den Belastungsverlauf eines Engpasses (Lackiererei) in der
untersuchten Datensituation.

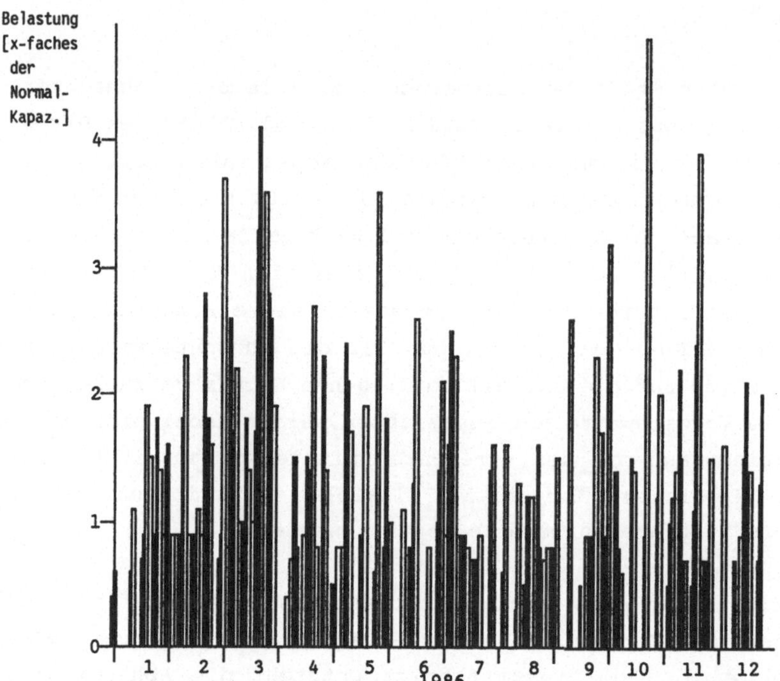

Abb. 12: Wunschbelastungsprofil der Lackiererei (1986)

Auf der Y-Achse ist die Belastung der Steuereinheit Lackiererei im Verlauf des Jahres 1986 als Vielfaches der Normalkapazität je Werktag (entspricht dem Wert 1 bzw. 100 %) abgetragen. Die Belastung übersteigt an vielen Tagen den zulässigen
Normalwert von 1. Die Spitzenwerte im März und Oktober liegen
sogar über 400 %. Die Kurve gibt Hinweise, in welchen Monaten
deutliche Anhebungen des Kapazitätsangebotes erforderlich
sind, um den terminlichen Zielen der Steuerung zu entsprechen.

Aus dem Belastungsprofil bei Wunschterminierung läßt sich
durch Summierung der Tagesbelastungswerte errechnen, welchen

Wert die Kapazitätsnachfrage bis zu den einzelnen Tagen des Jahres 1986 erreichen würde, wenn überhaupt nicht in der Lackiererei gearbeitet würde (kumulierte Kapazitätsnachfrage). Gleichermaßen läßt sich auf der Kapazitätsangebotsseite bestimmen, wie hoch das kumulierte Angebot zwischen dem 1. 1. und den einzelnen Tagen des Jahres 1986 ist. Es entspricht der Zahl der bis dahin vorliegenden Arbeitstage, weil jeder Werktag mit dem normierten Kapazitätsangebot von 1 in die Berechnung eingeht. Die folgende Abbildung zeigt den Verlauf der Differenz beider Kurven (kumuliertes Kapazitätsangebot minus kumulierte Kapazitätsnachfrage).

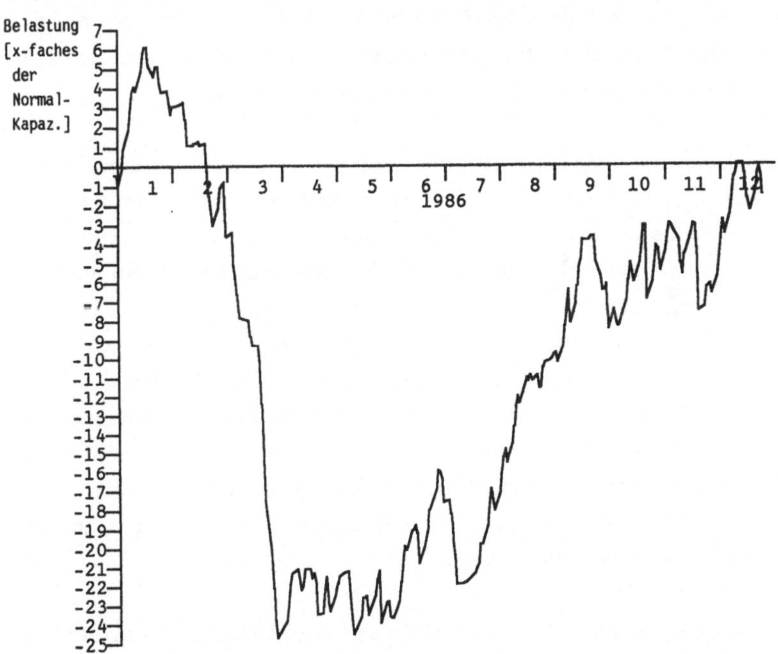

Abb. 13: Verlauf der Differenz zwischen kumuliertem Kapazitätsangebot und kumulierter Kapazitätsnachfrage bei Wunschterminierung

In den ersten beiden Monaten reicht das Angebot aus, um die Nachfrage bei Wunschterminierung zu befriedigen. Es besteht sogar eine geringfügige Unterauslastung. Zu Beginn des Monats März verschlechtert sich die Situation dramatisch. Aufträge, die dort wunschgemäß bearbeitet werden sollen, müssen teilweise mit einer Verspätung von mehr als 20 Werktagen (entspricht 4 Wochen) rechnen. Es muß deshalb versucht werden, durch das Vorziehen von Aufträgen die Kapazitätsauslastung im Januar und Februar zu erhöhen. Außerdem ist es sinnvoll, in den Engpaßmonaten kurzfristig ein größeres Kapazitätsangebot bereitzustellen. Eine gewisse Entspannung der Kapazitätssituation tritt erst Mitte Juli ein. Es bleibt jedoch bis zum Dezember bei zum Teil erheblichen Kapazitätsdefiziten. Das Diagramm zeigt, daß die Liefertermine der Aufträge nicht auf die Möglichkeiten des Engpasses abgestellt sind und deshalb Terminüberschreitungen nicht zu vermeiden sind.

Bei der Interpretation der Wunschbelastungsdiagramme sind zwei Aspekte zu beachten. Zum einen handelt es sich um eine isolierte Betrachtung der Engpaßsteuereinheit. Es wird nicht geprüft, ob die Wunschtermine von der Materialversorgung oder von der Durchlaufsituation in vorangehenden Arbeitsstationen realisierbar sind. Die Belastung des Engpasses tritt möglicherweise erst zu späteren Zeitpunkten ein. Ein zweiter Punkt betrifft die Entspannung in der Kapazitätssituation am Ende des Jahres 1986. Diese ist zum Teil rechentechnisch bedingt, weil der Einfluß von Aufträgen fehlt, die 1987 geliefert werden sollen und deren Wunschstarttermin in der Lackiererei bereits 1986 liegt.

In der zweiten Stufe der Retrograden Terminierung werden tageweise Personalzuordnungen vorgenommen und diejenigen Aufträge ermittelt, die an diesem Tag bearbeitet werden können. Dazu werden drei Teilschritte bearbeitet:

1. Ermittlung der Kapazitätsnachfrage je Steuereinheit:

a) Auftragsfreigabe

Neben den bisher auf Bearbeitung wartenden Arbeitsoperationen kommen eventuell neu freigegebene hinzu. Die Steuerungsmöglichkeiten der Auftragsfreigabe werden durch zwei
Parameter vertreten: FM (Freigabe-Multiplikator) und FK
(Freigabe-Konstante [Tage]). Der Freigabetag eines Auftrages ergibt sich, indem die Zeitspanne zwischen dem Wunschstarttermin des ersten Arbeitsganges und dem Liefertermin
des Auftrages mit FM multipliziert, FK addiert und diese
Zeitspanne vom Liefertermin subtrahiert wird. Beispiel:
Ein Auftrag mit Liefertag 200 und linearer Fertigungsstruktur hat den Wunschstarttermin 180. Der Freigabeparameter FM sei auf 4 und FK auf 10 eingestellt. Die Freigabe
erfolgt somit formelmäßig am Tag 200 - (4 $\cdot$ 20 + 10) =
110. Bei vernetzten Fertigungsprozessen wird diese Berechnung getrennt für die einzelnen Teilzweige durchgeführt.
Der formelmäßig bestimmte Freigabetag wird aufgrund vor-
liegender Informationen (z. B. Anliefertag bestellter
Teile) eventuell weiter in die Zukunft verschoben. Es wird
dazu ein Vergleich des in den Auftragsdaten festgehaltenen
frühesten Starttages mit dem errechneten Termin vorgenommen. Wird der Parameter FM auf einen sehr hohen Wert ("unendlich") gesetzt, erfolgt die Freigabe zu den in den Auftragsdaten festgesetzten frühesten Startzeitpunkten,
d. h., der Parameter hat keine Wirkung.
Der folgende Teilschritt b) ist nur nötig, falls flexible
Kapazitäten vorliegen.

b) Dringlichkeitsklassen und Gewichtung der Nachfrage
Für die Personaleinsatzplanung werden die Aufträge in drei
Dringlichkeitsklassen eingeteilt.

Klasse	Wunschstarttermin	Gewichtungsfaktor
1	Am Planungstag ist der Wunschstarttermin um mindestens DT Tage überschritten. (besonders dringlich)	1,0
2	Am Planungstag ist der Wunschstarttermin um weniger als DT Tage überschritten. (dringlich)	g_2
3	Am Planungstag ist der Wunschstarttermin noch nicht überschritten. (nicht dringlich)	g_3

Tab. 32: Dringlichkeitsklassen in der Simulationsstudie

Die Gewichtung für Klasse 1 (g_1) ist auf 1,0 festgelegt. Die Gewichtungsfaktoren der Klassen 2 und 3 (g_2 und g_3) müssen vom Disponenten vergeben werden, ebenso das Trennkriterium zwischen Klasse 1 und 2 (Parameter DT).

2. Ermittlung des Kapazitätsangebotes je Steuereinheit:

Aus den Arbeitszeiten und Effizienzen der Mitarbeiter sowie der gewichteten Kapazitätsnachfrage werden mit Hilfe des in Abschnitt 542 vorgestellten Verfahrens der Personaleinsatzplanung die Kapazitätsangebote abgeleitet.[8]
Die Gegenüberstellung von Kapazitätsnachfrage und -angebot je Steuereinheit kann mit Hilfe einer Graphik visualisiert werden.

3. Ermittlung der Arbeitsoperationen, die mit dem Kapazitätsangebot abgearbeitet werden:

---

[8] Die Mitarbeiter werden nach ihrer Personalnummer in aufsteigender Reihenfolge den Steuereinheiten zugeordnet.

Solange das Kapazitätsangebot einer Steuereinheit ausreicht, werden die wartenden Aufträge nach dem Kriterium
"frühester Wunschstarttermin" eingeplant.
Das Gantt-Diagramm erledigter Aufträge kann während der
Simulation am Bildschirm angezeigt werden. Informationen
zur Tagessituation werden gespeichert, um am Ende des Simulationslaufes verschiedene dynamische Entwicklungen aufzeigen zu können.

Die dritte Stufe der Retrograden Terminierung - Verschiebung
zu den Wunschterminen - mit den in Abschnitt 5423 skizzierten
Methoden für personalorientierte Kapazitäten wurde bisher
nicht in einen Algorithmus umgesetzt und programmiert. Um
dennoch die Wirkung einer späteren Belegung zu studieren,
wurde eine einfache Ersatzlösung realisiert.

Anstelle einer dritten Stufe wird die zweite Stufe noch einmal durchlaufen, allerdings mit eventuell korrigierten Frei-
gabeterminen. Die Grundidee dieser Korrektur besteht darin,
Aufträge, die nach dem ersten Durchgang zu spät fertig wurden, früher freizugeben, falls dies von der Materialversorgung her überhaupt möglich ist. Umgekehrt sollen Aufträge,
die wesentlich zu früh fertig wurden, später freigegeben werden. Das Vorziehen des Freigabetermines im ersten Fall - Auftrag zu spät - wird um die Summe aus der Verspätungszeit und
der Freigabekonstanten FK angestrebt. Die Verschiebung nach
hinten - Auftrag bisher zu früh - erfolgt nur dann, wenn die
Endlagerzeit größer ist als der Wert der Freigabekonstanten
FK, und zwar um die übersteigende Zeitdifferenz.

Die verschiedenen Fälle werden an einem Beispiel deutlich. Es
wird weiter von dem in der Auftragsfreigabe angesprochenen
Auftrag ausgegangen (Liefertag 200, Wunschstarttermin 180,
Freigabetag 110). Das Material kann aber schon am Tag 90 bereitgestellt werden (frühester Starttermin). Die Korrektur
des Freigabetages 110 zu Beginn des zweiten Durchganges wird
für verschiedene Fälle durchgespielt:

Fall	bisherige Termineinhaltung	neuer Freigabetag
a)	Verspätung um 15 Tage	90
b)	Verspätung um 5 Tage	95
c)	Endlager von 5 Tagen	110
d)	Endlager von 15 Tagen	115

Tab. 33: Korrektur des Freigabetermines

zu a): Der Auftrag soll um 25 Tage (15 + 10) früher freigegeben werden, also am Tag 110 - 25 = 85. Die Material-
versorung ist aber erst zum Tag 90 gewährleistet.
zu b): Der Auftrag wird um 15 Tage (5 + 10) früher freigege-
geben.
zu c): Die Endlagerzeit von 5 Tagen liegt noch unter der tolerierten Sicherheitsspanne von 10 Tagen (Parameter
FK). Die Freigabe erfolgt weiter am Tag 110.
zu d): Die Endlagerzeit übersteigt den Wert von FK um 5 Tage
und wird damit 5 Tage später freigegeben.

624. Planung und Auswertung des Simulationsexperimentes

Die Planung des Simulationsexperimentes umfaßt allgemein die
Frage, wie günstige Parametereinstellungen gefunden werden
können. Für Steuerungszwecke stehen die beschriebenen Parameter zur Verfügung:

Berechnung der gewichteten Kapazitätsnachfrage	DT	Trennung zwischen erster und zweiter Dringlichkeitsklasse
	g_2	Gewichtung der 2. Klasse
	g_3	Gewichtung der 3. Klasse
Freigabe	FM	Freigabe-Multiplikator
	FK	Freigabe-Konstante

Tab. 34: Steuerungsparameter der Simulationsstudie

Jeder Parameter-Konstellation steht auf der Outputseite eine Ausprägung der folgenden Größen gegenüber, die eine erste Bewertung erlauben:

- Zahl der erledigten Aufträge,
- Höhe des ungenutzten Kapazitätsangebotes,
- mittlere Durchlaufzeit,
- Zahl verspäteter Aufträge,
- mittlere Verspätung,
- Zahl pünktlicher Aufträge,
- mittlere Endlagerzeit.

In der Simulationsstudie wird kein wertender Vergleich der Ergebnisse unterschiedlicher Parametereinstellungen vorgenommen. Dieses ist jedoch Voraussetzung, um automatische Suchverfahren einzusetzen. Stattdessen wird lediglich die Wirkung der Parametereinstellungen auf die Zielerreichungsgrade dokumentiert.

Der Bediener des Simulationsmodells kann für die aufgeführten Parameter eine Wirkungsanalyse vornehmen, indem er eine Mehrfachsimulation startet, die automatisch die Parametereinstellungen von Durchgang zu Durchgang verändert. Diese Mehrfachsimulation erwartet für jeden Parameter die Vorgabe eines Start-, End- und Inkrementwertes. Beispielsweise kann die

Wirkung der Gewichtungsfaktoren g_2 und g_3 von 0 bis 1 im Abstand von 0,1 getestet werden. In einer Stunde können auf einem Computer der Marke IBM Personal System/2 Modell 70/386 in der Datensituation des Jahres 1986 insgesamt 18 Simulationsläufe durchgeführt werden. Die begrenzte Rechenzeit setzt der gitterartigen Analyse natürliche Grenzen für die Auswahl der Inkrementwerte.

Es muß beachtet werden, daß die Simulation stationäre Politiken unterstellt, d. h., die Parametereinstellung wird für den gesamten Planungszeitraum nicht verändert. Innerhalb eines Simulationslaufes wird somit keine Anpassung an im Zeitablauf wechselnde Rahmenbedingungen (z. B. Auslastungen der Kapazitäten) vorgenommen. Real vollzieht sich diese Anpassung auf dem Wege der rollierenden Planung. Der Disponent hätte 1986 z. B. wöchentlich eine Planung mit der Retrograden Terminierung auf der Basis aktualisierter Daten vornehmen können. Aus den verschiedenen Simulationen je Woche hätte er das jeweils beste Ergebnis auswählen können. Die Simulationsstudie unterstellt jedoch eine im Zeitablauf konstante Steuerungspolitik. Sie erlaubt es somit nicht, der Tatsache in der Einstellung der Parameter Rechnung zu tragen, daß am Ende des Jahres 1986 eine geringere Kapazitätsbelastung eintritt als zu Beginn der Planung. In diesem Punkt zeigt sich erneut, daß die Ergebnisse der Simulation eine vorsichtige Bewertung möglicher Zielerreichungsgrade darstellen.

Im Rahmen dieser Arbeit kann nur eine kleine Auswahl der Ergebnisse vorgestellt werden. Ausgangspunkt ist die Zielerreichung im Ist-Zustand 1986.[9] Die folgende Tabelle faßt die Ergebnisse zusammen, die anschließend schrittweise hergeleitet werden.

---

[9] Vgl. Fischer, K. (1988), S. 158.

Spalte	Ist 86	2	3	4
Parameter DT		bel.	bel.	14
Gewicht 2. Klasse		1,0	1,0	0,7
Gewicht 3. Klasse		1,0	0,1	0,1
Freigabe-Multiplikator		∞	∞	∞
Ergebnis nach Stufe		2	2	2
Erledigte Aufträge	216	216	216	216
mittlere Durchlaufzeit	68,5	71,1	58,0	57,6
verspätete Aufträge	145	165	158	157
mittlere Verspätung	41,9	37,6	22,0	22,0
Verspätungstage	6076	6206	3480	3448
verfrühte Aufträge	71	51	58	59
mittlere Endlagerzeit	5,2	10,5	9,6	10,4
Endlagertage	369	535	558	613

Tab. 35: Ergebnisse Simulationsstudie (1. Teil)

Spalte	5	6	7	8
Parameter DT	14	14	14	14
Gewicht 2. Klasse	0,7	0,7	0,7	0,7
Gewicht 3. Klasse	0,1	0,1	0,1	0,1
Freigabe-Multiplikator	5,0	1,0	1,0	1,0
Freigabe-Konstante	15	25	25	25
Ergebnis nach Stufe	2	2	2 Wdh.	(KOZ)
Erledigte Aufträge	216	216	216	216
mittlere Durchlaufzeit	46,4	40,8	52,2	34,2
verspätete Aufträge	157	158	148	101
mittlere Verspätung	19,0	18,8	22,0	19,7
Verspätungstage	2990	2976	3249	1985
verfrühte Aufträge	59	58	68	115
mittlere Endlagerzeit	6,1	5,7	7,5	7,7
Endlagertage	362	332	513	881

Tab. 36: Ergebnisse Simulationsstudie (2. Teil)

Wird keine Unterscheidung in der Dringlichkeit der wartenden Aufträge innerhalb der Personaleinsatzplanung vorgenommen ($g_2=1$, $g_3=1$, DT=beliebig) und nur versucht, einen möglichst großen Anteil der Kapazitätsnachfrage abzuarbeiten und wird außerdem unterstellt, daß die Freigabe zu den frühesten Startterminen erfolgt (FM,FK = unendlich), ergibt sich als erstes Vergleichsresultat die Spalte 2. Die Zielerreichung bleibt deutlich hinter den Werten des Ist-Zustandes zurück. Dies ist jedoch insofern wenig überraschend, weil wesentliche Steuerungsmöglichkeiten bewußt nicht genutzt werden. Schrittweise wird gezeigt, wie sich die Hinzunahme einzelner Steuerungsparameter auswirkt, es wird dabei zunächst das Ergebnis nach der zweiten Stufe der Retrograden Terminierung aufgeführt.

1. Schritt: Abwertung der nicht dringlichen Nachfrage

Wird der Parameter g_3 (bisher 1) - Gewichtung der nicht dringlichen Aufträge - auf kleinere Werte gesetzt, verändern sich die Prioritäten für die Personaleinsatzplanung. Aufträge, deren Wunschstarttermin erreicht ist, erhalten in der Kapazitätszuteilung Vorrang vor den nicht dringlichen Aufträgen. Die folgende Graphik zeigt die Auswirkungen einer veränderten Gewichtung der dritten Dringlichkeitsklasse auf die mittlere Durchlaufzeit (DZ), die Gesamtzahl der Verspätungstage (VS) und die Zahl der Endlagertage (EL).

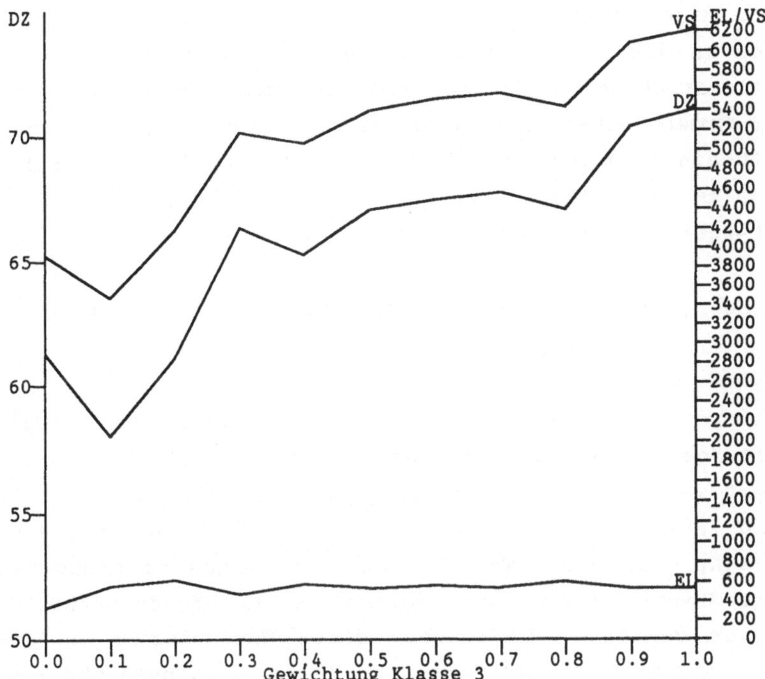

Abb. 14: Wirkung unterschiedlicher Gewichtungen der dritten
         Dringlichkeitsklasse (Parameter g_3)

Auf der x-Achse sind die Parameterwerte g_3 von 0 bis 1 im Abstand von 0,1 abgetragen. Auf der linken y-Achse lassen sich
die Werte der mittleren Durchlaufzeit (DZ-Kurve), auf der
rechten y-Achse diejenigen der Verspätungs- und Endlagertage
(VS- und EL-Kurve) ablesen. Aus Vereinfachungsgründen wurde
für g_3-Werte, die nicht auf ganze Zehntel lauten, ein linearer Zusammenhang unterstellt. Die Kurven verdeutlichen,
wie sich mit abnehmender Gewichtung der dritten Klasse die
Zielerreichung im Bereich Verspätung und Durchlaufzeit verbessert. Der Einfluß auf die Zahl der Endlagertage ist dagegen gering. Es lassen sich verschiedene Kurven-Phasen für VS
und DZ unterscheiden. Nach einer starken Verbesserung von 1,0
bis 0,8 (VS=5430, DZ=67,1) sinken die Kurven bis 0,3 nur wenig, um dann nochmals zu ihrem Minimum bei 0,1 stark abzufal-

len. Eine ausschließliche Orientierung der Kapazitätszuteilung an den dringlichen Aufträgen ($g_3=0$) verschlechtert die Zielerreichung. Das beste Resultat von $g_3=0,1$ ist Spalte 3 der Ergebnisübersicht zu entnehmen. Die mittlere Durchlaufzeit sinkt um mehr als 10 Tage, die Anzahl der Verspätungstage um fast 2600! Allerdings werden 13 Aufträge mehr als im Ist-Zustand verspätet fertiggestellt.

2. Schritt: Differenzierte Gewichtung bei den dringlichen Aufträgen

Weitere Verbesserungen sind möglich, wenn die dringlichen Aufträge weiter nach dem Grad ihrer Dringlichkeit differenziert werden. Dazu stehen die Parameter DT und g_2 zur Verfügung. Aufträge, die eine besonders große Verspätung erwarten lassen, weil deren Wunschstarttermin schon um mindestens DT Tage überschritten ist, werden in der Kapazitätszuteilung besser gestellt als solche, deren Wunschtermin nur wenige Tage vorüber ist. Die Parameter DT und g_2 können nur sinnvoll simultan festgelegt werden. Mit Hilfe einer Gittersuche wurden die Werte DT=14 und $g_2=0.7$ als günstig ermittelt. Sie verbessern das bisherige Ergebnis jedoch nur marginal (Spalte 4), d. h., eine weitere Differenzierung innerhalb der Klasse dringlicher Aufträge ist im Beispiel fast bedeutungslos.

3. Schritt: Auftragsfreigabe

Im nächsten Schritt wird untersucht, wie sich die Abkehr von der Auftragsfreigabe zum frühesten Starttermin auswirkt. Die Ergebnisse werden für den Fall einer relativ schnellen Freigabe (FM=5) und einer sehr engen Freigabe (FM=1) aufgeführt. Die folgende Abbildung beschreibt die erste Möglichkeit (FM=5).

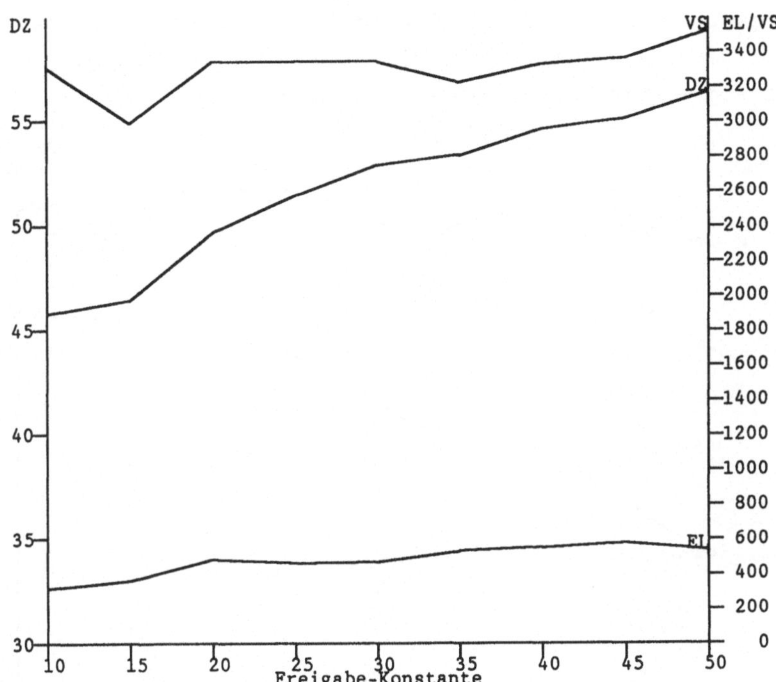

Abb. 15: Wirkung unterschiedlicher Freigabe-Konstanten (FK)
bei schneller Freigabe (FM=5)

Es werden die Auswirkungen unterschiedlicher Freigabe-Konstanten von 10 bis 50 gezeigt. Die Konstanten 0 und 5 führten
bei 3 bzw. 2 kleineren Aufträgen dazu, daß diese zu spät frei
gegeben wurden und nicht im Jahr 1986 abgeschlossen werden
konnten. Diese Konstellationen werden in der Graphik nicht
einbezogen. Über die Auftragsfreigabe kann nochmals ein
großer Einfluß auf die Durchlaufzeit ausgeübt werden. Die
Zahl der Verspätungstage kann weiter verringert werden, allerdings steigt zum Teil die nicht abgebildete Zahl verspäteter Aufträge auf bis zu 166 an.

Die nachfolgende Abbildung beschreibt die Zielerreichungsgrade, wenn der Freigabemultiplikator FM=1 gesetzt ist. Werte
der Freigabekonstanten bis zu 20 erweisen sich als nicht ge-

eignet, um alle 216 Aufträge im Planungszeitraum abzuwickeln. Der Wert FK=0 führt beispielsweise dazu, daß nur 187 Aufträge fertig werden, von denen 182 verspätet sind.

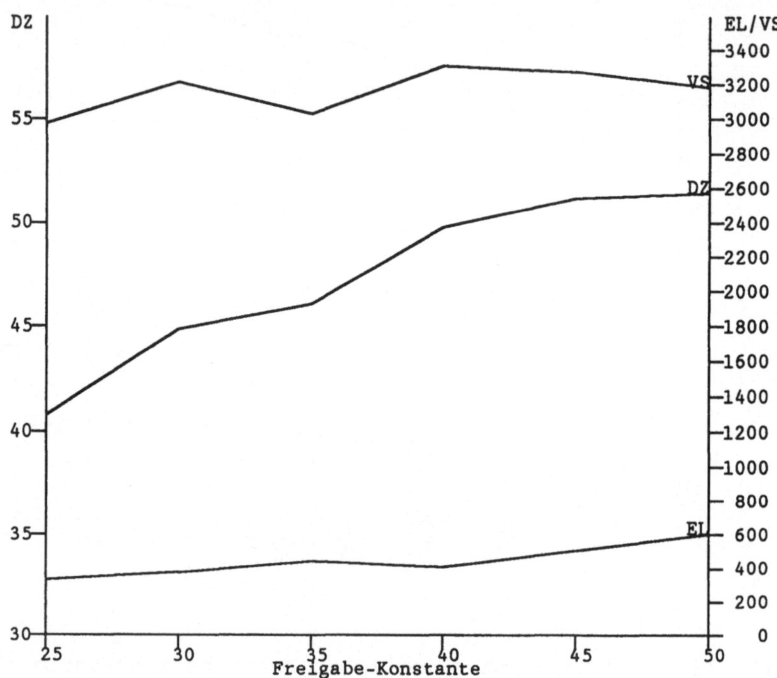

Abb. 16: Wirkung unterschiedlicher Freigabe-Konstanten (FK) bei später Freigabe (FM=1)

In die tabellarische Übersicht werden die Ergebnisse FM=5, FK=15 und FM=1, FK=25 aufgenommen (Spalte 5 bzw. 6).

<u>4. Schritt:</u> Wiederholung der Planung mit korrigierten Freigabeterminen

Die Wirkung der Ersatzlösung für die dritte Stufe der Retrograden Terminierung[10] wird anhand der zuvor analysierten Freigabesteuerung mit dem Freigabe-Multiplikator FM=1 und der

---

[10] Vgl. dazu die Ausführungen am Ende des Abschnitts 623.

Freigabe-Konstanten FK=25 gezeigt (Spalte 7). Bei den 158 Aufträgen, die nach der zweiten Stufe verspätet fertiggestellt wurden (vgl. Spalte 6), wird geprüft, ob die Freigabe früher erfolgen kann, und zwar um die Summe aus der individuellen Verspätungszeit des Auftrages und der Freigabe-Konstanten von 25 Tagen. In vielen Fällen kann die Freigabe nicht um den vollen errechneten Wert vorgezogen werden, weil der früheste Auftragsstarttermin laut Auftragsdaten erst zeitlich später liegt. Aufträge, die nach der zweiten Stufe wesentlich zu früh fertig wurden (Endlagerzeit mindestens 25 Tage) traten nicht auf.

Die Vergleichstabelle zeigt, daß die Wiederholung der zweiten Stufe in dieser Form lediglich die Zahl verspäteter Aufträge positiv zu beeinflussen vermag. Andere Zielerreichungsgrade verschlechtern sich teilweise erheblich. Der Grund dafür liegt darin, daß die Fertigstellung der Aufträge im Pilot-Unternehmen durch einige Engpaßstufen (unter anderem die Lakkiererei) determiniert wird, und frühere Freigabezeitpunkte lediglich wachsende Zwischenlagerzeiten nach sich ziehen. Die Ergebnisse des Simulationslaufes entsprechen damit dem aus dem Durchlaufzeit-Syndrom bekannten Phänomen. Ohne eine gleichzeitige Kapazitätsanpassung in den Engpässen ist die Wiederholung der zweiten Stufe im Pilot-Unternehmen wirkungslos.

Die Diskussion der Ergebnisse soll zum Schluß auf eine Gefahr aufmerksam machen, die von der reinen Betrachtung von Mittelwerten in der Zielerreichung ausgeht. In den vorliegenden Auswertungen werden alle Aufträge gleich gewichtet. In der Verdichtung ergibt sich deshalb kein Unterschied, ob ein kleiner oder großer Auftrag verspätet ausgeliefert wird. Besonders deutlich wird dies, wenn man in der Datensituation des Beispiels statt der Wunschstarttermine ausschließlich die Vorgabezeiten für die Reihenfolgefestlegung benutzt (KOZ-Regel) und ansonsten die gleichen Parametereinstellungen und die gleichen Methoden in der Personaleinsatzplanung und Frei-

gabesteuerung benutzt wie in der Retrograden Terminierung.
Das Ergebnis der KOZ-Regel wird in Spalte 8 aufgeführt. Die
scheinbare Überlegenheit der KOZ-Regel in der Reihenfolgeplanung resultiert daraus, daß kleine Aufträge gut durch das System Werkstatt geschleust werden, während größere, dringende
Aufträge lediglich für die Zuteilung von Kapazitäten zu einer
Steuereinheit sorgen, die dann aber zur Erledigung kleiner,
nicht dringlicher Aufträge genutzt werden. Die KOZ-Regel
führt dazu, daß große Aufträge erst nach langen Wartezeiten
und großen Verspätungen erledigt werden. Im Pilot-Unternehmen
resultiert die starke Belastung von März bis Mai in der Lakkiererei im wesentlichen aus einem Großauftrag, der in der
Mittelwertbildung mit dem gleichen Gewicht eingeht wie alle
übrigen, zum Teil sehr kleinen Aufträge. Die Mittelwertbildung liefert dann nur eine schlechte Aussage über die Planungsergebnisse, wie folgendes Beispiel zeigt.

Betrachten wir folgende fiktive Warteschlangensituation einer
Steuereinheit mit einer konstanten Tageskapazität von 10 Vorgabestunden:

Auftrag	Wunschstart	Vorgabezeit
A	1	30
B	5	5
C	3	10
D	6	5

Tab. 37: Warteschlangensituation des Beispiels

Nach der KOZ-Regel werden am ersten Tag B und D, am zweiten C
und erst ab Tag 3 der dringende Auftrag A gefertigt. Die
mittlere Wartezeit in der Steuereinheit beträgt 0,75 Tage.
Die Reihenfolge nach Wunschstarttermin ergibt A (Tag 1-3), C
(Tag 4), B und D (jeweils Tag 5). Die mittlere Wartezeit vor
Produktionsbeginn steigt auf 2,75 Tage an. Diese Mittelwerte
bringen jedoch nicht zum Ausdruck, daß Auftrag C das doppelte
Gewicht von B bzw. D hat und A sogar einen sechsmal so großen
Arbeitsinhalt darstellt. Damit macht Auftrag A 60 % des Be-

schäftigungsvolumens der Steuereinheit aus. Ein Vergleich der Mittelwerte ist deshalb nur dann sinnvoll, wenn die einzelnen Aufträge in etwa gleichgewichtig sind, oder falls gewichtete Mittelwerte gebildet werden. Die mit den Arbeitsinhalten gewichtete, mittlere Wartezeit beträgt im Beispiel in beiden Abfertigungsreihenfolgen jeweils 1,4 Tage. Denkbar ist es, die Gewichtung an Erlös- oder Kostengrößen zu orientieren. Dies ist in der jetzigen Version der Retrograden Terminierung jedoch noch nicht vorgesehen.

Im Fall von knappen Kapazitäten und kurzen Lieferfristen kann die KOZ-Regel zu kürzeren mittleren Durchlaufzeiten und zu einer verringerten Anzahl verspäteter Aufträge führen. Tendenziell werden diese Verbesserungen jedoch durch eine schlechtere Termintreue bei umfangreichen, wichtigen Aufträgen erkauft. Das obige Beispiel zeigt, daß der Disponent die Parametereinstellung in der Simulation nicht zwingend auf der Basis der erreichbaren Mittelwerte der Zielgrößen vornehmen sollte. Vielmehr muß er sich die Verspätungen der Aufträge im einzelnen ansehen, um die Parameter sinnvoll einstellen zu können. Die Retrograde Terminierung unterstützt deshalb auch einen auftragsspezifischen Vergleich, d. h., der Disponent kann die Ergebnisse eines Simulationslaufes benutzen, um die Termineinhaltung ausgewiesener Aufträge zu überprüfen.

Zusammenfassend läßt sich feststellen, daß eine Steuerung mit Hilfe der Retrograden Terminierung auch bei einer vorsichtigen Bewertung zu einer deutlichen Verbesserung der Zielerreichungsgrade gegenüber der Handsteuerung beizutragen vermag. Der Vergleich mit der KOZ-Regel zeigt jedoch, daß die Ergebnisse der Retrograden Terminierung in bestimmten Situationen (starker Termindruck) gegebenenfalls verbessert werden können, wenn abweichend von der Reihenfolge der Wunschstarttermine gefertigt wird.

Die Ergebnisse der Simulationsstudie haben das Pilot-Unternehmen ermutigt, das Planungsmodell zu implementieren. Das Projekt befindet sich bisher noch in der Anlaufphase, in der Probleme im Datenaustausch mit anderen Programmen geklärt werden und geprüft wird, ob das Modell geeignet ist, das reale Verhalten der Werkstatt zu beschreiben. Über Ergebnisse werden spätere Veröffentlichungen des Instituts für Industrie- und Krankenhausbetriebslehre berichten.

7. Ausblick auf den Ausbau der Retrograden Terminierung zu einem umfassenden PPS-System

Am Ende dieser Arbeit wird eine abschließende Bewertung des erreichten Entwicklungsstandes der Retrograden Terminierung vorgenommen, und es werden Hinweise gegeben, welche Teile des Verfahrens ergänzungs- bzw. verbesserungsbedürftig sind. Die Überlegungen betreffen folgende Punkte:

- Grundlegende Konzeption und Planungsphilosophie,
- Ziele der Steuerung,
- Umfang des Planungsmodells,
- algorithmische Details.

Die Retrograde Terminierung genügt mit ihren grundlegenden Ideen den wesentlichen Anforderungen an ein Produktionsplanungsmodell für die Einzel- und Kleinserienfertigung. Mit der Rahmenplanungsphilosophie überläßt das Verfahren den dezentralen Instanzen (Steuereinheiten) Entscheidungskompetenzen, ohne auf eine zentrale Koordinierung der Produktion zu verzichten. Die Planung erstreckt sich mit Rahmenarbeitsplänen auf ein daten- und informationstechnisch beherrschbares Niveau und verfällt nicht auf den Fehler, eine minutengenaue Feinplanung aller Abläufe vornehmen zu wollen. Es wird nur der prinzipielle Durchlauf der Aufträge durch die Werkstatt geplant. Durch den rollierenden Planungsmodus erfolgt eine ständige Berücksichtigung eines verbesserten und aktualisierten Informationsstandes. Der langfristige Planungshorizont erlaubt es dem Unternehmen, rechtzeitig auf Steuerungsprobleme größeren Ausmaßes (z.B. Kapazitätsüberlastungen einzelner Steuereinheiten) reagieren zu können.

Die interaktive Ausrichtung der Retrograden Terminierung führt dazu, daß der Mensch als Entscheidungsträger nicht abgelöst, sondern sinnvoll unterstützt wird. In späteren Ausbaustufen kommt an dieser Stelle auch der Einsatz von Expertensystemen in Frage. Es wurden bereits Versuche unternommen, die Auswahl von Steuerungsparametern der Retrograden Terminierung im Falle des Identical Routing mit Hilfe eines Expertensystems vorzunehmen[1]. Die relativ unbefriedigenden Ergebnisse zeigen jedoch, wie schwierig es ist, Regeln für die Auswahl der Parameter selbst in sehr kleinen Anwendungsfällen zu formulieren und in der Wissensbasis abzulegen. Da der erfolgreiche Einsatz von Expertensystemen in der Entscheidungsunterstützung nicht von spezifischen Merkmalen der Retrograden Terminierung abhängig ist, sondern prinzipielle Strukturen des Problems betrifft, können Entwicklungen in ähnlichen Pilotprojekten abgewartet werden.

Die interaktive Ausrichtung der Retrograden Terminierung ermöglicht es dem Disponenten, Einschätzungen über die aktuelle und die zukünftige Situation des Unternehmens (z.B. die Auslastung) in den Steuerungsparametern zu berücksichtigen. Das Verfahren geht somit nicht von einer starren Gewichtung der Ziele der Steuerung aus, sondern erlaubt es, die Gewichtung situationsspezifisch neu festzulegen. Gleichzeitig ist es möglich, die Auswirkungen unterschiedlicher Annahmen (z.B. über Störungen) auf die Zielerreichungsgrade zu verdeutlichen, Konflikte zwischen konkurrierenden Zielen aufzudecken bzw. allgemein Zielbeziehungen zu studieren. Dem Disponenten wird es jedoch weiterhin überlassen, eine Gesamtbewertung der Planungsergebnisse vorzunehmen und eine Vorgehensweise auszuwählen, die im Hinblick auf ein übergeordnetes Unternehmensziel - im allgemeinen Gewinnmaximierung - optimal ist. In späteren Versionen der Retrograden Terminierung sollen hier zusätzliche Hilfen angeboten werden, indem nach und nach eine

---

[1] Vgl. Krause, C., Der Einsatz von Expertensystemen im Rahmen der Produktionsplanung und -steuerung, unveröffentlichte Diplomarbeit, Münster 1988. Das in der Arbeit vorgestellte Expertensystem benutzt die Shell TWAICE der Firma Nixdorf.

Bewertung von immer mehr Einflußfaktoren mit deren Wirkung auf Kosten und Erlöse angestrebt wird.

Das vorgestellte Modell der Retrograden Terminierung ist in seiner jetzigen Form keineswegs als umfassendes PPS-System anzusehen. Die Integration weiterer Aufgaben ist notwendig und zugleich schwierig. Probleme liegen darin, daß ein Ausbau des bisherigen EDV-Programms nicht möglich ist, ohne in verschiedenen Bereichen an Grenzen zu stoßen:

- Eine Verwaltung weiterer Daten ist praktisch nicht möglich, ohne auf eine professionelle relationale Datenbank auszuweichen. Software-Produkte wie DBase, RBase oder ähnliche erlauben keine ausreichende Kommunikation mit anderen Programmen und kommen deshalb nicht in Frage. Eigenentwicklungen sind dagegen sehr aufwendig.

- Der Programmumfang und die Zahl bzw. der Speicherbedarf zu verwaltender Variablen liegt an der Grenze dessen, was mit Turbo Pascal noch sinnvoll zu bearbeiten ist.

- Die zu erwartende Zunahme von Rechenzeiten kann auf Dauer nur durch einen Einsatz noch leistungsfähigerer Hardware (Workstations) zurückgeschraubt werden.

Sind diese Probleme gelöst, steht dem weiteren Ausbau nichts mehr im Wege. In dieser Stufe können auch informationstechnische Überlegungen einfließen, die eine Integration in eine CIM-Welt erlauben. Bisher konzentrieren sich die Planungsüberlegungen der Retrograden Terminierung vorwiegend auf die Ablauf- und Personaleinsatzplanung sowie die zwischen ihnen bestehenden Interdependenzen. Im Bereich der Programmplanung wird zwar die Lieferterminfestlegung für Kundenanfragen unterstützt, allerdings wird der Disponent mit vielen Eingabe- und Auswertungstätigkeiten belastet. Angestrebt wird eine Unterstützung bei der Eingabe des Auftrages (Suche ähnlicher Vergangenheitsaufträge) und bei der Gegenüberstellung der Situation ohne und mit Annahme der Auftragsanfrage. Die Simulation soll nicht nur zeigen, daß ein Auftrag zu einem gewünschten Termin realisierbar ist, sondern auch, welche Änderungen (z.B. verminderte Terminpuffer) daraus resultieren.

Der komplette Bereich der Materialwirtschaft ist noch zu integrieren. Dazu müssen die in Abschnitt 55 skizzierten Überlegungen in Planungsalgorithmen umgesetzt werden. In dieser Ausbaustufe des Verfahrens ist es dann nicht mehr erforderlich, alle frühesten Materialbereitstellungstermine *vor* der Terminplanung zu kennen, sondern die Zeitpunkte können zum Gegenstand der Planung werden, sofern darauf von Unternehmensseite Einfluß genommen werden kann.

Der Zeitwirtschaft-Bereich klassischer PPS-Systeme wird umfassend durch die Retrograde Terminierung abgedeckt. Die Terminierung beruht nur auf den Vorgabezeiten der Aufträge und berücksichtigt, daß die Ausführungsdauer von der Person des Mitarbeiters abhängen kann. Sie vermeidet die Probleme, die im klassischen PPS-System durch die Verwendung von mittleren Durchlaufzeiten als Dateninput der Terminplanung entstehen und kommt in ihrer dreistufigen Vorgehensweise zu einem realistischeren Zeitgerüst. Aus diesem lassen sich zuverlässigere Materialbedarfstermine ableiten. Ein großer Vorteil ist darin zu sehen, daß die Retrograde Terminierung nicht nur für lineare Fertigungsprozesse einsetzbar ist, sondern auch zu einer Terminkoordinierung in Montageprozessen mit vernetzten Strukturen beizutragen vermag. Gerade in dieser Situation versagen viele der bisherigen Terminierungsverfahren.

Die Weiterentwicklung der Retrograden Terminierung umfaßt auch die Verbesserung der algorithmischen Details. Die erste Stufe - Wunschterminierung - arbeitet bisher mit konstanten Kapazitätsangeboten der Steuereinheiten im Zeitablauf. Besonders im Fall flexibler Kapazitäten erweist sich diese Vorgehensweise als wenig realistisch, so daß auch die Aussagen der Wunschbelastungsprofile nur erste Eindrücke von der Kapazitätssituation geben. Hier sollten Überlegungen zur Kapazitätsgrobplanung einfließen, um in einem iterativen Prozeß eine grobe Abstimmung zwischen Kapazitätsangebot und -nachfrage zu erreichen.

Für den Fall personalorientierter Kapazitäten sollten die bisher eingesetzten Heuristiken zur Personaleinsatzplanung mit anderen Methoden verglichen werden. Innerhalb der eigentlichen Auftragsreihenfolgeplanung sollte geprüft werden, ob in bestimmten Situationen andere Kriterien als der Wunschstarttermin verwendet werden können (beschränkte Reihenfolgetests). Die dritte Stufe der Terminierung muß auch auf die Belange personalorientierter Kapazitäten zugeschnitten werden.

Grundsätzlich erscheint es auch möglich, die in Abschnitt 531 erwähnten Schwierigkeiten zu überwinden, bei komplexen Fertigungsprozessen eine Planung gegen die Zeitachse durchzuführen. Eine Änderung der Planungsrichtung in der zweiten Stufe der Retrograden Terminierung würde dem Namen des Verfahrens gerecht und ursprüngliche Ideen wiederbeleben.

Insgesamt darf festgehalten werden, daß mit der Retrograden Terminierung ein Instrument geschaffen wurde, mit dem bei komplexen Fertigungsstrukturen und flexiblen Kapazitäten die Planung und Steuerung in der Werkstatt zielsetzungsgerecht vorgenommen werden kann. Es genügt vielen, wenn auch nicht allen Anforderungen an ein modernes Produktionsplanungsmodell für die Werkstattfertigung. Die weiteren Entwicklungsbemühungen richten sich darauf, auch den jetzt noch fehlenden oder nicht vollständig abgedeckten Anforderungen zu entsprechen.

Literaturverzeichnis

Adam, D. (1969):
Produktionsplanung bei Sortenfertigung. Wiesbaden 1969.
Adam, D. (1983):
Kurzlehrbuch Planung. 2. Auflage, Wiesbaden 1983.
Adam, D. (1986):
Produktionsdurchführungsplanung. In: Jacob, H. (Hrsg.),
Industriebetriebslehre: Handbuch für Studium und Beruf.
3. Auflage, Wiesbaden 1986, S. 655-841.
Adam, D. (1987a):
Ansätze zu einem integrierten Konzept der Fertigungs-
steuerung bei Werkstattfertigung. In: Adam, D. (Hrsg.),
Neuere Entwicklungen in der Produktions- und
Investitionspolitik. Wiesbaden 1987, S. 17-52.
Adam, D. (1987b):
Retrograde Terminierung, ein Ansatz zu verbesserter
Fertigungssteuerung bei Werkstattfertigung.
Veröffentlichungen des Instituts für Industrie- und
Krankenhausbetriebslehre der Westfälischen Wilhelms-
Universität Münster, Nr. 22, 1987.
Adam, D. (1988a):
Aufbau und Eignung klassischer PPS-Systeme.
In: Adam, D. (Hrsg.), Fertigungssteuerung I, Grundlagen
der Produktionsplanung und -steuerung. SzU, Band 30,
Wiesbaden 1988, S. 5-21.
Adam, D. (1988b):
Retrograde Terminierung: Ein Verfahren zur Fertigungs-
steuerung bei diskontinuierlichem Materialfluß oder
vernetzter Fertigung.
In: Adam, D. (Hrsg.), Fertigungssteuerung II, Systeme
zur Fertigungssteuerung. SzU, Band 39, Wiesbaden 1988,
S. 89-106.
Adam, D. (1988c):
Produktionspolitik. 5. Auflage, Wiesbaden 1988.
Adam, D. (1988d):
Die Eignung der belastungsorientierten Auftragsfreigabe
für die Steuerung von Fertigungsprozessen mit diskontinu-
ierlichem Materialfluß. In: ZfB 1/1988, S. 98-115.
Adam, D. (1989):
Kurzfristige Kapazitätsanpassung bei Fertigungssteuerung
durch Retrograde Terminierung.
In: Delfmann, W. (Hrsg.), Der Integrationsgedanke in der
Betriebswirtschaftslehre. Wiesbaden 1989.
Adam, D. / Witte, Th. (1975):
Betriebswirtschaftliche Modelle: Aufgabe, Aufbau,
Eignung.
In: WISU 8/1975, S. 369-371 und 9/1975, S. 419-423.
Adam, D. / Witte, Th. (1979):
Merkmale der Planung in gut- und schlechtstrukturierten
Planungssituationen. In: WISU 8/1979, S. 380-386.

Altrogge, G. (1979):
    Flexibiliät der Produktion.
    In: Kern, W. (Hrsg.), Handwörterbuch der Produktions-
    wirtschaft. Stuttgart 1979, Sp. 604-618.

Backhaus, K. (1979):
    Fertigungsprogrammplanung. Stuttgart 1979.
Backhaus, K. / Weiss, P. A. (1988):
    Integration von betriebswirtschaftlich und technisch
    orientierten Systemtechnologien in der Fabrik der
    Zukunft. In: Adam, D. (Hrsg.), Fertigungssteuerung I,
    Grundlagen der Produktionsplanung und -steuerung.
    SzU, Band 38, Wiesbaden 1988, S. 49-72.
Bauernfeind, U. (1987):
    Integrierte Datenverarbeitung in einem mittelständischen
    Fertigungsbetrieb. In: ZwF 3/1987, S. 122-126.
Bechte, W. (1984):
    Steuerung der Durchlaufzeit durch belastungsorientierte
    Auftragsfreigabe bei Werkstattfertigung. Düsseldorf 1984.
Bechte, W. (1988):
    Theory and practice of load-oriented manufacturing
    control. In: Int. J. Prod. Res. 3/1988, S. 375-395.
Bensana, E. / Bel, G. / Dubois, D. (1988):
    OPAL: A multi-knowledge-based system for industrial job-
    shop scheduling.
    In: Int. J. Prod. Res. 5/1988, S. 795-819.
Berens, W. / Fischer, K. / Schlüchtermann, J. / Berning, M. /
    Linten, K. / Valleé, F. / Ventzke, R. (1988):
    Entlastung des Personals von administrativen Arbeiten.
    In: führen und wirtschaften im Krankenhaus, 6/1988,
    S. 38-41.
Berg, C. C. (1979):
    Prioritätsregeln in der Ablaufplanung.
    In: Kern, W. (Hrsg.), Handwörterbuch der Produktions-
    wirtschaft. Stuttgart 1979, Sp. 1425-1433.
Bernhardt, R. (1983):
    CAD-Einsatz im einzelfertigenden Maschinenbau-
    Unternehmen. In: Fortschrittliche Betriebsführung und
    Industrial Engineering 4/1983, S. 253-257.
Bichler, K. (1986):
    Beschaffungs- und Lagerwirtschaft.
    3. Auflage, Wiesbaden 1986.
Biendl, P. (1984):
    Ablaufsteuerung von Montagefertigungen.
    Bern, Stuttgart 1984.
Biethahn, J. (1978):
    Optimierung und Simulation. Wiesbaden 1978.
Bittelmeyer, G. / Hegner, F. / Kramer, U. (1987):
    Bewegliche Zeitgestaltung im Betrieb. Hrsg.: Gesamtver-
    band der metallindustriellen Arbeitgeberverbände e. V.
    2. Auflage, Köln 1987.
Blechschmidt, H. (1987):
    CIM, eine innovative Lösung.
    In: Qualität und Zuverlässigkeit 3/1987, S. 137-142.

Boos, H. (1976):
    Entwicklung eines Verfahrens zur auftragsorientierten
    Bedarfsermittlung. Aachen 1976.
Bornemann, H. (1986):
    Bestände-Controlling: Materialfluß-Anlayse - Bestände-
    Management - Fallstudien. Wiesbaden 1986.
Brankamp, K. (1967):
    Ein Terminplanungssystem für Unternehmen der Einzel- und
    Serienfertigung. Aachen 1967.
Brödner, P. (1982):
    Schwerpunkt Fertigungssteuerung im Förderungsprogramm
    Fertigungstechnik.
    In: Brödner, P. (Hrsg.), Rechnergestützte Fertigungs-
    steuerung für die mittelständische Industrie.
    Forschungsbericht Kernforschungszentrum Karlsruhe,
    Projektträgerschaft Fertigungstechnik, Nr. 38,
    Karlsruhe 1982, S. 7-24.
Buchmann, W. (1983):
    Zeitlicher Abgleich von Belastungsschwankungen bei
    der belastungsorientierten Fertigungssteuerung.
    Düsseldorf 1983.
Bullinger, H.-J. (1985):
    PPS mit PC und Mikro aus der Sicht der Wissenschaft.
    In: Verband Deutscher Maschinen- und Anlagenbau e.V.
    (Hrsg.), PPS mit PC und Mikro. Mit Technologie die
    Zukunft bewältigen, Band 4. Frankfurt 1985.
Busch, U. (1987):
    Entwicklung eines PPS-Systems: Praktische Anleitung für
    Auswahl und Realisierung von Produktions-Planungs- und
    -Steuerungssystemen. Berlin 1987.
Busse von Colbe, W. / Laßmann, G. (1983):
    Betriebswirtschaftstheorie, Band 1: Grundlagen,
    Produktions- und Kostentheorie.
    2. Auflage, Berlin, Heidelberg, New York 1983.

Cochran, J. K. (1987):
    Techniques for ascertaining the validity of large-scale
    production simulation models.
    In: Int. J. Prod. Res. 2/1987, S. 233-244.
Czeguhn, K. / Franzen, H. (1987):
    Die rechnergestützte Integration betrieblicher
    Informationssysteme auf der Basis der
    Betriebsdatenerfassung. In: zfbf 2/1987, S. 169-181.

Deelen, H. v. (1987):
    Kostenoptimale Arbeits- und Betriebszeiten: Zusammen-
    hänge, Methoden und Anwendungsbeispiele. Berlin 1987.
Domsch, M. (1975):
    Personaleinsatzplanung.
    In: Gaugler, E. (Hrsg.), Handwörterbuch des Personals,
    Stuttgart 1975, Sp. 1513-1525.

Drexl, A. (1989):
    Heuristische Scheduling-Verfahren zur Personaleinsatz-
    planung bei Unternehmensprüfungen.
    In: ZfB 2/1989, S. 193-212.
Dyckhoff, H. (1985):
    Kompensation bei Entscheidungskriterien.
    In: OR Spektrum 1985, S. 195-207.

Eckardstein, D. v. (1979):
    Personalplanung. In: Kern, W. (Hrsg.), Handwörterbuch der
    Produktionswirtschaft. Stuttgart 1979, Sp. 1403-1416.
Eisele, K. (1987):
    PPS-Strategie für Einzelfertiger.
    In: ZwF 2/1987 S. 77-78.
Erdlenbruch, B. (1984):
    Grundlagen neuer Auftragssteuerungsverfahren für die
    Werkstattfertigung. Düsseldorf 1984.
Erdlenbruch, B. (1986):
    Aufbau eines Fertigungssteuerungssystems zur Kapazitäts-,
    Durchlaufzeit- und Bestandsplanung.
    In: Wiendahl, H.-P. (Hrsg.), Praxis der belastungs-
    orientierten Fertigungssteuerung, Hannover 1986,
    S. 181-195.
Eßer, P. (1978):
    Ein Beitrag zur Losgrößenbestimmung bei mehrstufiger
    Einzel- und Kleinserienfertigung. Aachen 1978.
Eversheim, W. (1987a):
    Maßnahmen zur Realisierung von CIM in kleinen und
    mittleren Unternehmen.
    In: VDI-Zeitschrift 5/1987, S. 38-42.
Eversheim, W. (1987b):
    Produktionstechnik auf dem Weg zur Integration.
    In: Handelsblatt, 1. 7.1987, S. 22.

Falkenhausen, F.-F. (1978):
    System zur Produktionsterminplanung für die
    Auftragsfertigung. Aachen 1978.
Fischer, K. (1988):
    Fallstudie: Einsatzmöglichkeiten der Retrograden
    Terminierung in einem Maschinenbau-Unternehmen.
    In: Adam, D. (Hrsg.), Fertigungssteuerung II, Systeme
    zur Fertigungssteuerung. SzU, Band 39, Wiesbaden 1988,
    S. 149-159.
Fleischmann, B. (1988):
    Operations-Research-Modelle und -Verfahren in der
    Produktionsplanung. In: ZfB 3/1988, S. 347-372.
Fox, M. S. / Smith, St. F. (1984):
    ISIS - a knowledge-based system for factory scheduling.
    In: Expert Systems 1/1984, S. 25-49.
Frank, U. (1989):
    Expertensysteme: Ein erfolgversprechender Ansatz zur
    Automatisierung dispositiver Tätigkeiten?
    In: Die Betriebswirtschaft 1/1989, S. 19-36.

Franke, J./Braune, P./Herr, D./Kühlmann, T. M. (1987):
    Technologietransfer und Mittelstand - Eine empirische
    Untersuchung zur Beratungslücke.
    In: zfbf 6/1987, S. 479-488.
Franken, R. (1984):
    Materialwirtschaft: Planung und Steuerung des betrieb-
    lichen Materialflusses.
    Stuttgart, Berlin, Köln, Mainz 1984.

Gasser, U. / Studer, H. U. (1983):
    Praxisreport über die Einführung der Produktionsplanung
    mit EDV in einem Mittelbetrieb.
    In: Management-Zeitschrift io 6/1983, S. 262-266.
Glaser, H. (1986a):
    Material- und Produktionswirtschaft.
    3.Auflage, Düsseldorf 1986.
Glaser, H. (1986b):
    Computergestützte Verfahren der Materialdisposition.
    In: WISU 10/1986, S. 486-492.
Glaser, H. (1987):
    Computergestützte Verfahren zur Grobterminierung von
    Fertigungsaufträgen. In: WISU 4/1987, S. 200-205.
Goldratt, E. M. (1988):
    Computerized shop floor scheduling.
    In: Int. J. Prod. Res. 3/1988, S. 443-455.
Griese, J. / Kurpicz, R. (1984):
    Die Integration von DV-Anwendungen bei kleinen und
    mittleren Unternehmen - Ergebnisse einer empirischen
    Untersuchung.
    In: Angewandte Informatik 9/1984, S. 353-360.
Grochla, E. (1978):
    Grundlagen der Materialwirtschaft. Das materialwirt-
    schaftliche Optimum im Betrieb.
    3. Auflage, Wiesbaden 1978.
Grupp, B. (1985):
    Stücklisten- und Arbeitsplanorganisation mit
    Bildschirmeinsatz. Wiesbaden 1985.
Grupp, B. (1987):
    Produktionsplanung und -steuerung mit Dialog-Computern.
    Supplement-Teil: Marktspiegel über PPS-Softwarepakete.
    Nürnberg 1987.
Günther, H.-O. (1988):
    Planung und Steuerung der Produktion bei flexiblen
    Arbeitszeiten.
    In: Lücke, W. (Hrsg.), Betriebswirtschaftliche
    Steuerungs- und Kontrollprobleme. Wiesbaden 1988,
    S. 91-111.
Günther, H.-O. / Schneeweiß, Ch. (1988):
    Kapazitative Wirkungen von Arbeitszeitflexibilisierungen.
    In: zfbf 10/1988, S. 915-929.
Gutenberg, E. (1983):
    Grundlagen der Betriebswirtschaftslehre, Band 1: Die
    Produktion. 24. Auflage, Berlin 1983 (1. Auflage 1951).

Hansmann, K.-W. (1987):
   PC-gestütze Produktionssteuerung bei Gruppen- oder
   Gemischtfertigung. In: Adam, D. (Hrsg.), Neuere
   Entwicklungen in der Produktions- und Investitions-
   politik. Wiesbaden 1987, S. 79-95.
Harmon, P. / King, D. (1987):
   Expertensysteme in der Praxis: Perspektiven, Werkzeuge,
   Erfahrungen. 2. Auflage, München, Wien 1987.
Haupt, R. (1974):
   Reihenfolgeplanung im Sondermaschinenbau. Köln 1974.
Haupt, R. (1989):
   A Survey of Priority Rule-Based Scheduling.
   In: OR Spektrum 1989, S. 3-16.
Haupt, R. / Hartung, I. (1988):
   Arbeitszeitflexiblisierung in der Metallindustrie.
   In: WISU 8-9/1988, S. 467-473.
Haupt, R. / Klee, H. W. (1986):
   Grundlagen der Produktionsplanung.
   In: WISU 7/1986, S. 341-346.
Hegner, F. / Kramer, U. (1988):
   Neue Erfahrungen mit beweglichen Arbeitszeiten.
   Hrsg.: Gesamtverband der metallindustriellen Arbeit-
   geberverbände e. V. Köln 1988.
Heinemeyer, W. (1988):
   Die Planung und Steuerung des logistischen Prozesses mit
   Fortschrittszahlen. In: Adam, D. (Hrsg.),
   Fertigungssteuerung II, Systeme zur Fertigungssteuerung.
   SzU, Band 39, Wiesbaden 1988, S. 5-32.
Heinen, E. (1976):
   Grundlagen betrieblicher Entscheidungen. Das Zielsystem
   der Unternehmung. 3. Auflage, Wiesbaden 1976.
Heinen, E. (1985):
   Einführung in die Betriebswirtschaftslehre.
   9. Auflage, Wiesbaden 1985.
Helberg, P. (1986):
   Anforderungen an PPS-Systeme für die CIM-Realisierung.
   In: CIM Management 4/1986, S. 20-29.
Helberg, P. (1987):
   PPS als CIM-Baustein: Gestaltung der Produktionsplanung
   und -steuerung für die computerintegrierte Produktion.
   Berlin 1987.
Hoffmann, J. (1985):
   Planung der zeitlichen Verteilung der Produktion. Analyse
   der Handlungsalternativen und Entwicklung eines
   effizienten Lösungsverfahrens. Münster 1985.
Hoitsch, H.-J. (1985):
   Produktionswirtschaft: Grundlagen einer industriellen
   Betriebswirtschaftslehre. München 1985.
Horváth, P. / Mayer, R. (1986):
   Produktionswirtschaftliche Flexibilität.
   In: WiSt 2/1986, S. 69-76.

Institut der deutschen Wirtschaft (1989):
    Zahlen zur wirtschaftlichen Entwicklung der Bundes-
    republik Deutschland. Köln 1989.

Jacob, H. (1986a):
    Grundlagen und Grundtatbestände der Planung im Industrie-
    betrieb. In: Jacob, H. (Hrsg.), Industriebetriebslehre:
    Handbuch für Studium und Beruf.
    3. Auflage, Wiesbaden 1986, S. 381-400.
Jacob, H. (1986b):
    Die Planung des Produktions- und Absatzprogramms.
    In: Jacob, H. (Hrsg.), Industriebetriebslehre: Handbuch
    für Studium und Beruf.
    3. Auflage, Wiesbaden 1986, S. 401-590.
John, B. (1987):
    Handbuch der Planzeiten-Praxis. München, Wien 1987.
Jones, C. (1988):
    The Three-Dimensional Gantt Chart.
    In: Operations Research 6/1988, S. 891-903.

Kahl, H.-P. (1987):
    Die Fabrik der Zukunft. In: Adam, D. (Hrsg.), Neuere
    Entwicklungen in der Produktions- und Investitions-
    politik. Wiesbaden 1987, S. 97-117.
Kang, M. (1987):
    Entwicklung eines Werkstattsteuerungssystems mit
    simultaner Termin- und Kapazitätsplanung.
    München, Wien 1987.
Kayser, P. (1978):
    EDV-gestützte Produktionsprogrammplanung bei
    Auftragsfertigung. Berlin 1978.
Kern, W. (1980):
    Industrielle Produktionswirtschaft.
    3. Auflage, Stuttgart 1980.
Kettner, H. / Jendralski, J. (1979):
    Fertigungsplanung und Fertigungssteuerung - ein Sorgen-
    kind der Produktion.
    In: VDI-Zeitschrift 1979, S. 410-416.
Kittel, Th. (1982):
    Produktionsplanung und -steuerung im Klein- und
    Mittelbetrieb: Chancen und Risiken des EDV-Einsatzes.
    Grafenau 1982.
Knebel, H. / Zander, E. (1986):
    Arbeitszeit-Flexibilisierung und Entgelt-Differenzierung:
    Bewertungen und Forderungen der Sozialpartner.
    Freiburg 1986.
Koch, H. (1982):
    Integrierte Unternehmensplanung. Wiesbaden 1982.
Kochan, A. / Cowan, D. (1986):
    Implementing CIM. Berlin, Heidelberg, New York 1986.
Köhler, R. (1988):
    Produktionsplanung bei flexiblen Fertigungszellen.
    Münster 1988.

Koffler, J. (1987):
    Neuere Systeme zur Produktionsplanung und -steuerung.
    München 1987.
Kortzfleisch, G. v. (1986):
    Systematik der Produktionsmethoden. In: Jacob, H.
    (Hrsg.), Industriebetriebslehre: Handbuch für Studium und
    Beruf. 3. Auflage, Wiesbaden 1986, S. 101-175.
Krautzig, J. (1981):
    Planung der Kapazitätsreservierung unter Berücksichtigung
    der Personalflexibilität bei Werkstattfertigung.
    Hannover 1981.
Küpper, H.-U. (1979):
    Produktionstypen. In: Kern, W. (Hrsg.), Handwörterbuch
    der Produktionswirtschaft. Stuttgart 1979, Sp. 1636-1647.
Kurbel, K. (1988):
    Flexible Konzeptionen für die zeitwirtschaftlichen
    Funktionen in der Produktionsplanung und -steuerung.
    In: Hax, H. / Kern, W. / Schröder, H.-H. (Hrsg.),
    Zeitaspekte in betriebswirtschaftlicher Theorie und
    Praxis. Stuttgart 1988, S. 189-202.
Kurbel, K. / Meynert, J. (1987):
    Materialwirtschaft in der Produktionsplanung und -
    steuerung. Arbeitsbericht Nr. 5, Lehrstuhl für
    Betriebsinformatik, Dortmund 1987.
Kurbel, K. / Meynert, J. (1988):
    Flexibilität in der Fertigungssteuerung durch Einsatz
    eines elektronischen Leitstands.
    In: ZwF 12/1988, S. 581-585.

Layer, M. (1979):
    Kapazität: Begriff, Arten und Messung. In: Kern, W.
    (Hrsg.), Handwörterbuch der Produktionswirtschaft.
    Stuttgart 1979, Sp. 871-882.
Liedl, R. (1984):
    Ablaufplanung bei auftragsorientierter Werkstatt-
    fertigung. Eine Analyse situationsspezifischer
    Strukturdefekte und ihrer Lösungsmöglichkeiten.
    Münster 1984.

Manske, F. (1986):
    Fertigungssteuerung im Maschinenbau aus der Perspektive
    von Unternehmensleitung und Werkstattpersonal.
    In: Bey, I. / Mense, H. (Hrsg.), Bewertung von
    Entwicklung und Einsatz moderner Fertigungstechnologien.
    Forschungsbericht Kernforschungszentrum Karlsruhe,
    Projektträgerschaft Fertigungstechnik, Nr. 119,
    Karlsruhe 1986, S. 85-109.

Manske, F. (1987):
    Produktionsplanungs- und -steuerungssysteme in Klein- und
    Mittelbetrieben. Gestaltungshinweise für Technik,
    Organisation und Arbeit.
    Forschungsbericht Kernforschungszentrum Karlsruhe,
    Projektträgerschaft Fertigungstechnik, Nr. 128,
    Karlsruhe 1987.
Mantel, F. S. / Bruweleit, M. (1986):
    PPS-Anwendung in einem Unternehmen der Einzelfertigung
    des Maschinenbaus.
    In: Die Arbeitsvorbereitung 6/1986, S. 209-212.
Meckner, H. / Tangermann, H.-P. (1977):
    Untersuchungen von Planungsverfahren zur Steuerung von
    Mengen und Terminen in Materialwirtschaft und Fertigung.
    Frankfurt 1977.
Mertens, P. (1986):
    Nutzeffekte der Datenverarbeitung.
    In: Der Technologie-Manager 2/1986, S. 16-18.
Mertens, P. (1988a):
    Expertensysteme in der Produktion - Eine Bestandsauf-
    nahme. Arbeitspapiere Informatik-Forschungsgruppe VIII
    der Friedrich-Alexander-Universität Erlangen-Nürnberg,
    1988.
Mertens, P. (1988b):
    Expertensysteme.
    In: Die Betriebswirtschaft 4/1988, S. 529-530.
Mertens, P. (1988c):
    Industrielle Datenverarbeitung. Band 1: Administrations-
    und Dispostionssysteme. 7. Auflage, Wiesbaden 1988.
Mertens, P. / Allgeyer, K. / Däs, H. (1986):
    Betriebliche Expertensysteme in deutschsprachigen
    Ländern. In: ZfB 9/1986, S. 905-941.
Meynert, J. (1986):
    Anforderungen mittelständischer Einzel- und Auftrags-
    fertiger an ein mikrorechnergestütztes Produktions-
    planungs- und -steuerungssystem. Arbeitsbericht Nr. 3,
    Lehrstuhl für Betriebsinformatik, Dortmund 1986.
Meynert, J. / Kurbel, K. (1986):
    Dialogsysteme für Auftragsfertiger. Entwicklungsstand und
    Bewertung neuerer PPS-Systeme.
    In: Information Management 1/1986, S. 42-48.
Missbauer, H. (1986):
    Optimale Werkstattbeauftragung unter dem Aspekt der
    Bestandsregelung. Linz 1986.
Müller, A. (1987):
    Produktionsplanung und Pufferbildung bei Werkstatt-
    fertigung. Wiesbaden 1987.
Müller, A. (1988):
    Pufferbildung und Termineinhaltung im Rahmen der kurz-
    fristigen Produktionsplanung bei Werkstattfertigung.
    In: zfbf 5/1988, S. 422-446.
Müller von Oesterreich, G. (1978):
    Job Shop-Simulation auf dem Minicomputer: Ein Instrument
    zur Reihenfolge- und Terminplanung in der Textillohn-
    veredlungsindustrie. Zürich 1978.

Müller-Merbach, H. (1979):
    Ablaufplanung, Optimierungsmodelle zur. In: Kern, W.
    (Hrsg.), Handwörterbuch der Produktionswirtschaft.
    Stuttgart 1979, Sp. 38-52.

Opitz, H. / Brankamp, K. (1970):
    Untersuchung über die Einsatzmöglichkeiten elektronischer
    Datenverarbeitungsanlagen in der Produktionstermin-
    planung. Köln, Opladen 1970.
Opitz, H. / Brankamp, K. (1974):
    Entwicklung eines Kapazitätsterminierungsverfahrens mit
    steuerbarem Aufwand unter besonderer Berücksichtigung der
    Forderung einer Real-Time-Datenverarbeitung.
    Opladen 1974.

Pabst, H.-J. (1985):
    Analyse der betriebswirtschaftlichen Effizienz einer
    computergestützeten Fertigungssteuerung mit CAPOSS-E in
    einem Maschinenbauunternehmen mit Einzel- und
    Kleinserienfertigung. Frankfurt, Bern, New York 1985.
Pantele, E. F. (1986)
    CIM-Planung und Einführung: Eine umfassende Aufgabe für
    Unternehmensberater. In: CIM Management 2/1986, S. 66-71.
Paulik, R. (1984):
    Kostenorientierte Reihenfolgeplanung in der Werkstatt-
    fertigung: eine Simulationsstudie. Bern, Stuttgart 1984.
Perridon, L. / Steiner, M. (1986):
    Finanzwirtschaft der Unternehmung.
    4. Auflage, München 1986
Popp, M. (1987):
    Werkzeugbau arbeitet belegarm mit PPS.
    In: Die Arbeitsvorbereitung 3/1987, S. 99-101.
Priewe, J. (1988):
    Abschied von gestern.
    In: Management Wissen 9/1988, S. 35-43.

Rao, H. R. / Lingaraj, B. P. (1988):
    Expert Systems in Production and Operations Management:
    Classification and Prospects.
    In: Interfaces 6/1988, S. 80-91.

Reichwald, R. (1979):
    Arbeitszeitregelung. In: Kern, W. (Hrsg.), Handwörterbuch
    der Produktionswirtschaft. Stuttgart 1979, Sp. 175-185.
Rieper, B. (1982):
    Neuere Überlegungen zur Produktionsplanung und -steuerung
    in kleinen und mittleren Unternehmungen.
    In: Betriebswirtschaftliche Forschung und Praxis 5/1982,
    S. 427-441.

Roschmann, K. (1979):
    Betriebdatenerfassung.
    In: Kern, W. (Hrsg.), Handwörterbuch der Produktions-
    wirtschaft. Stuttgart 1979, Sp. 330-340.

Sägesser, R. (1976):
    Analytische und heuristische Methoden zur Lösung des
    Reihenfolgeproblems mit besonderer Berücksichtigung der
    Werkstattfertigung. St. Gallen 1976.
Savory, S. (1985):
    Künstliche Intelligenz und Expertensysteme. München 1985.
Schaeffer, B. (1986):
    Einführung von CAD/CAM bei einem mittelständischen
    Unternehmen. In: wt - Zeitschrift für industrielle
    Fertigung 9/1986, Sonderteil CA, S. 58-63.
Scheer, A.-W. (1983):
    Stand und Trends der computergestützten Produktions-
    planung und -steuerung (PPS) in der Bundesrepublik
    Deutschland. In: ZfB 2/1983, S. 138-155.
Scheer, A.-W. (1986):
    Strategie zur Entwicklung eines CIM-Konzeptes.
    In: Information Management 1/1986, S. 50-56.
Scheer, A.-W. (1987a):
    EDV-orientierte Betriebswirtschaftslehre.
    3. Auflage, Berlin 1987.
Scheer, A.-W. (1987b):
    CIM - Der computergesteuerte Industriebetrieb.
    2. Auflage, Berlin, Heidelberg 1987.
Scheer, A.-W. (1987c):
    Neue Architektur für EDV-Systeme zur Produktionsplanung
    und -steuerung. In: Adam, D. (Hrsg.), Neuere Entwick-
    lungen in der Produktions- und Investitionspolitik.
    Wiesbaden 1987, S. 153-176.
Scheer, A.-W. (1988a):
    Wirtschaftsinformatik: Informationssysteme im
    Industriebetrieb. Berlin, Heidelberg 1988.
Scheer, A.-W. (1988b):
    Computer Integrated Manufacturing: Einsatz in der
    mittelständischen Wirtschaft. Berlin, Heidelberg 1988.
Scheer, A.-W. / Steinmann, D. (1988):
    Einführung in den Themenbereich Expertensysteme. In:
    Scheer, A.-W. (Hrsg.), Betriebliche Expertensysteme I.
    SzU, Band 36, Wiesbaden 1988, S. 5-27.
Schierenbeck, H. (1980):
    Unternehmensfinanzen und Konjunktur. Stuttgart 1980.
Schmidt, B. (1985):
    Systemanalyse und Modellaufbau. Berlin, Heidelberg 1985.
Schmidt, K.-U. (1986):
    Produktionsplanung- und steuerung in der Fabrik der
    Zukunft. In: Wiendahl, H.-P. (Hrsg.), Praxis der
    belastungsorientierten Fertigungssteuerung.
    Hannover 1986, S. 1-15.

Schnabl, H. (1985):
    Computersimulation und Modellbildung in der Ökonomie.
    In: WiSt 9/1985 S. 453-460.
Schneeweiß, Ch. (1987):
    Einführung in die Produktionswirtschaft. Berlin 1987.
Schneider, D. (1980):
    Investition und Finanzierung: Lehrbuch der Investitions-,
    Finanzierungs- und Ungewißheitstheorie.
    5. Auflage, Wiesbaden 1980.
Schoemann, V. (1986):
    Voraussetzungen für die erfolgreiche Einführung von CIM.
    In: CIM Management 2/1986, S. 22-25.
Schönsleben, P. (1986):
    Variantenreiche Fertigung wird transparenter.
    In: Computerwoche, 13. 6.1986, S. 36-41.
Schomburg, E. (1980):
    Entwicklung eines betriebstypologischen Instrumentariums
    zur systematischen Ermittlung der Anforderungen an EDV-
    gestützte Produktionsplanungs- und -steuerungssysteme im
    Maschinenbau. Aachen 1980.
Schoop, E. (1987):
    Systementwicklungen. Systemanalyse mit Hilfe rechner-
    gestützter Werkzeuge. In: WiSt 5/1987, S. 252-256.
Seelbach, H. (1979):
    Ablaufplanung bei Einzel- und Serienproduktion.
    In: Kern, W. (Hrsg.), Handwörterbuch der Produktions-
    wirtschaft. Stuttgart 1979, Sp. 12-28.
Shannon, R. E. (1975):
    Systems Simulation. Englewood Cliffs 1975.
Speith, G. (1982):
    Vorgehensweise zur Beurteilung und Auswahl von
    Produktionsplanungs- und steuerungssystemen für Betriebe
    des Maschinenbaus. Aachen 1982.
Spur, G. (1987):
    Benötigen mittlere und kleinere Unternehmen CAD/CAM?.
    In: wt - Zeitschrift für industrielle Fertigung 5/1987,
    Sonderteil CA, S. 4.
Stahlknecht, P. (1987):
    Einführung in die Wirtschaftsinformatik. Berlin 1987.
Steinmann, D. (1988):
    Konzeption zur Integration wissensbasierter Anwendungen
    in konventionelle Systeme der Produktionsplanung und
    -steuerung (PPS) im Bereich der Fertigungssteuerung. In:
    Scheer, A.-W. (Hrsg.), Betriebliche Expertensysteme II.
    SzU, Band 40, Wiesbaden 1988, S. 83-122.

Tatsiopoulos, I. P. / Kingsman, B. G. (1983):
    Lead Time Management. In: European Journal of Operational
    Research, 1983, S. 351-358.

VDMA (1985):
    PPS mit PC und Mikro. Mit Technologie die Zukunft
    bewältigen, Band 4. Frankfurt 1985.

Vormbaum, H. (1986):
    Finanzierung der Betriebe. 7. Auflage, Wiesbaden 1986.

Wagner, H. (1966):
    Die Bestimmungsfaktoren der menschlichen Arbeitsleistung
    im Betrieb. Wiesbaden 1966.
Weithöner, U. (1985):
    Erfolgsorientierte Planung des Produktionsablaufs bei
    Einzelfertigung. Krefeld 1985.
Wendt, K.-L. v. (1988):
    Expertensysteme und ihre Anwendung aus betriebswirt-
    schaftlicher Sicht. Münster 1988.
Wiendahl, H.-P. (1986):
    Von der belastungsorientierten Auftragsfreigabe zur
    durchlauforientierten Fertigungssteuerung.
    In: Wiendahl, H.-P. (Hrsg.), Praxis der belastungs-
    orientierten Fertigungssteuerung. Hannover 1986,
    S. 17-52.
Wiendahl, H.-P. (1987):
    Belastungsorientierte Fertigungssteuerung: Grundlagen,
    Verfahrensaufbau, Realisierung. München, Wien 1987.
Wiendahl, H.-P. (1988):
    Die belastungsorientierte Fertigungssteuerung.
    In: Adam, D. (Hrsg.), Fertigungssteuerung II, Systeme zur
    Fertigungssteuerung. SzU, Band 39, Wiesbaden 1988,
    S. 51-88.
Wiendahl, H.-P. (1989):
    Grundgesetze der Logistik.
    In: F + H Fördern + Heben, 4/1989, S. 289-295.
Wildemann, H. (1984):
    Flexible Werkstattsteuerung durch Integration von Kanban-
    Prinzipien. München 1984.
Wildemann, H. (1987a):
    Auftragsabwicklung in einer computergestützten Fertigung
    (CIM). In: ZfB 1/1987, S. 6-31.
Wildemann, H. (1987b):
    Logistische Kette - durch neue Steuerungsprinzipien
    optimiert. In: IBM-Nachrichten 291/1987, S. 17-23.
Wildemann, H. (1987c):
    Strategische Investitionsplanung: Methoden zur Bewertung
    neuer Produktionstechnologien. Wiesbaden 1987.
Wildemann, H. (1988a):
    Just-in-time production in West Germany.
    In: Int. J. Prod. Res. 3/1988, S. 521-538.
Wildemann, H. (1988b):
    Produktionssteuerung nach KANBAN-Prinzipien.
    In: Adam, D. (Hrsg.), Fertigungssteuerung II, Systeme zur
    Fertigungssteuerung. SzU, Band 39, Wiesbaden 1988,
    S. 33-50.
Wimmer, P. (1985):
    Personalplanung: problemorientierter Überblick -
    theoretische Vertiefung. Stuttgart 1985.
Witte, Th. (1973):
    Simulationstheorie und ihre Anwendung auf betriebliche
    Systeme. Wiesbaden 1973.

Witte, Th. (1979):
   Heuristisches Planen. Wiesbaden 1979.
Witte, Th. (1986):
   Fertigungssteuerung mit Hilfe der Simulation.
   In: WISU 12/1986, S. 597-603.
Witte, Th. (1988):
   Fallstudie zur Fertigungssteuerung mit Prioritätsregeln.
   In: Adam, D. (Hrsg.), Fertigungssteuerung II, Systeme zur
   Fertigungssteuerung. SzU, Band 39, Wiesbaden 1988,
   S. 107-120.
Witte, Th. / Deppe, J. F. / Born, A. (1975):
   Lineare Programmierung. Wiesbaden 1975.
Wossidlo, P. R. (1982):
   Probleme und Instrumente der finanziellen Führung in
   mittleren Unternehmen. In: BFuP, 5/1982, S. 442-456.

Zäpfel, G. (1982):
   Produktionswirtschaft: Operatives Produktionsmanagement.
   Berlin, New York 1982.
Zäpfel, G. / Missbauer, H. (1987):
   Produktionsplanung und -steuerung für die
   Fertigungsindustrie - ein Systemvergleich.
   In: ZfB 9/1987, S. 882-900.
Zäpfel, G. / Missbauer, H. (1988a):
   Traditionelle Systeme der Produktionsplanung und
   -steuerung in der Fertigungsindustrie.
   In: WiSt 2/1988, S. 73-77.
Zäpfel, G. / Missbauer, H. (1988b):
   Neuere Konzepte der Produktionsplanung und -steuerung in
   der Fertigungsindustrie. In: WiSt 3/1988, S. 127-131.
Zäpfel, G. / Missbauer, H. (1988c):
   Bestandskontrollierte Produktionsplanung und -steuerung.
   In: Adam, D. (Hrsg.), Fertigungssteuerung I, Grundlagen
   der Produktionsplanung und -steuerung. SzU, Band 38,
   Wiesbaden 1988, S. 23-48.
Zimmermann, G. (1984):
   Quantifizierung der Bestimmungsfaktoren von Durchlauf-
   zeiten und Werkstattbeständen.
   In: ZfB 10/1984, S. 1016-1032.
Zimmermann, G. (1987):
   PPS-Methoden auf dem Prüfstand: was leisten sie, wann
   versagen sie? Landsberg/Lech 1987.
Zimmermann, G. (1988):
   Produktionsplanung variantenreicher Erzeugnisse mit EDV.
   Berlin, Heidelberg 1988.
Zülch, G. (1979):
   Entwicklung eines lexikographischen Zuordnungsmodells zur
   qualitativen Personaleinsatzplanung auf der Basis
   gemischt skalierter Anforderungs- und Fähigkeitsmerkmale.
   Aachen 1979.
Zwehl, W. v. (1979):
   Losgrößen, wirtschaftliche. In: Kern, W. (Hrsg.),
   Handwörterbuch der Produktionswirtschaft. Stuttgart 1979,
   Sp. 1163-1182.

Peter-Alexander Plein
Umweltorientierte Fertigungsstrategien
1989. VI, 210 Seiten, 42 Abb., 5 Tab., Broschur DM 68,-
ISBN 3-8244-0019-7

Heino Schmidt
Der Sozialplan in betriebswirtschaftlicher Sicht
1989. XVIII, 354 Seiten, 25 Abb., Broschur DM 78,-
ISBN 3-8244-0008-1

Andreas Schreiber
**Konzernrechnungslegungspflichten bei Betriebsaufspaltung
und GmbH & Co. KG**
1989. XVI,156 Seiten, 14 Abb., Broschur DM 68,-
ISBN 3-8244-0032-4

Jörg Stoffels
Der elektronische Minimarkttest
Eine anwenderorientierte Analyse
1989. 226 Seiten, 33 Abb., Broschur DM 68,-
ISBN 3-8244-0018-9

Christoph Weigand
Entscheidungsorientierte Vertriebskostenrechnung
1989. XX, 341 Seiten, 12 Abb., Broschur DM 89,-
ISBN 3-8244-0036-7

Konrad Weßner
Strategische Marktforschung mittels kohortenanalytischer Designs
1989. XVIII, 247 Seiten, 59 Abb., 11 Tab., Broschur DM 68,-
ISBN 3-8244-0025-1

Peter Westhof
**Die wettbewerbswidrige Beeinflussung des öffentlichen
Beschaffungswesens**
1989. XXII, 311 Seiten, 29 Abb., Broschur DM 78,-
ISBN 3-8244-0028-6

Jürgen Wolf
Investitionsplanung zur Flexibilisierung der Produktion
1989. XII, 253 Seiten, 32 Abb., Broschur DM 68,-
ISBN 3-8244-0029-4

Die Bücher erhalten Sie in Ihrer Buchhandlung!
Unser Verlagsverzeichnis können Sie anfordern bei:

Deutscher Universitätsverlag
Postfach 300 620
5090 Leverkusen 3